摆谱

身份的潜规则

余不讳 ● 著

中国青年出版社

前言

一提到"摆谱",很多人的头脑里就会立马闪现出此类情景:某某明星出席发布会长时间迟到、某某富家子弟婚礼过于奢华、某某官员外出警车开道……当问及对这类行为的看法时,他会义正词严地说:"这不是虚伪吗?""这是陋习,应该清除!"在国人的词典中,摆谱似乎是一个彻头彻尾的贬义词,是一种不能容忍的"政治错误"。

但在事实上,人们对许多摆谱行为不但不反感,反而欣赏有加,甚至怀着强烈的期待。比如对明星的"扮酷"和大排场,追星族们就如痴如醉——相反,那些朴实无华的艺术家却门庭冷落;对聚会上碰到的某位头发发亮、一身名牌的陌生人,人们立马会刮目相看,谈兴大增;对单位里某位性情和善、"与群众打成一片"的领导,下属们在高兴之余,却会生出些"没有魄力"的遗憾!

这样的矛盾还表现在,人们对他人的摆谱表现出一脸的鄙夷,但只要自己有条件,几乎都会争先恐后地身体力行——当然他们不会承认(或者暂时忘记了)自己的行为就是摆谱。

这真是一种诡异的现象。它在现实生活中如此普遍,而人们对待它的态度又如此矛盾,观点与行为之间如此背离。对于这样一种现象,简单地以虚伪、陋习进行概括是不准确的,回避也不是明智的选择。因此,我们首先要做的就是坦然面对,正视它的存在,然后试着搞清楚它,把它从话语的禁忌和认识的蒙蔽中解放出来。这将是一件既有趣、又充满挑战的事情。

　　本书收集整理了现实生活中的大量摆谱案例（有些案例是让人震惊的），并试图从社会学与行为心理学的角度进行解剖分析（有些分析可能出乎你的意料）。通过对这些案例的归类与分析，我们试图从中找到摆谱行为的内在逻辑：摆谱是什么？人们为什么要摆谱？摆的是什么谱？哪些摆谱做法是有成效的，哪些却适得其反？

　　本书的主要篇幅用于归纳、整理摆谱的手段——这些手段是如此巧妙而复杂，聚集了人类丰富的智慧与复杂的心理，因此，为它理出一个头绪是有必要的。

　　作为一种社会学意义上的观察，本书的目标不是对摆谱行为进行价值判断——支持它或是反对它，提倡它或是批驳它。我们只是努力呈现、揭示它的"真面目"。至于读者如何看待书中的内容，那将是读者自己的权利——有的人仅仅是"看热闹""看稀奇"，有的人试着从中学习一些摆谱之道，有的人以此来解读他人行为背后的秘密，并作出相应的对策。有什么是不可以的呢？

第一章　为地位与尊严而战

第1节　不仅仅出于虚荣

哇，原来都在摆谱！　/4

有虚名也有实利　/8

不得已的选择　/11

约定俗成的"游戏"　/16

第2节　给自己下定义

财富　/23

权力　/26

人脉　/28

名声　/30

知识、才能　/33

道德　/36

出身　/39

品位　/42

可选择性（受欢迎程度）　/44

意志力（信心与决心）　/47

第二章　"热脸"：攀爬者的昂贵广告

第3节　高消费：让你"眼见为实"

昂贵 /56
高档品牌 /60
公开性 /62
目标受众的可识别性 /64
不实用性 /67
适度与"正当性" /69
全面性与一致性 /72

第4节　场所烘托：建筑是人的"第二件衣裳"

交际与消费场所 /77
办公室 /79
住所 /83

第5节　大场面与高规格：先声可以夺人

盛大排场 /89
名人装点 /91
身份展览 /93

第6节　"装腔作势"：强者自有强者的气派

神态举止 /100
语气腔调 /102
仪表打扮 /105

第7节　运用名号：给自己贴一个漂亮的标签

头衔 /111
称号 /114

第8节　展示道具：死东西也会说话

特定符号 /121
特殊用品 /124

第 9 节　"自吹自擂"："我就是这么牛！"

　　透露关键信息　/131
　　"讲故事"　/134
　　豪言壮语　/136
　　树碑立传　/138
　　引述他人赞誉　/139

第 10 节　他人烘托：人是最好的"道具"

　　陪衬　/143
　　拥戴　/146
　　帮腔　/147

第 11 节　追逐时尚：附庸才显风雅

　　新潮消费　/153
　　文化与艺术趣味　/155
　　娱乐休闲　/157
　　另类生活　/158

第三章　"冷脸"：强硬者的欲擒故纵

第 12 节　要条件：有身份的人哪会没条件

　　开高价　/165
　　制定规则　/167
　　级别对等　/169

第 13 节　拒绝：这东西我看不上眼

　　不接受邀请　/175
　　不同意对方加入　/177
　　中止合作　/180

第 14 节　设置障碍：难以得到的才会珍惜

安排挡驾者 / 184

设立必经程序 / 187

起用中介人 / 189

第15节　制造紧张：物以稀为贵

时间紧 / 193

机会少 / 196

第16节　"守株待兔"：这是你找上门的

强势者的高傲 / 201

弱势者的矜持 / 203

地位对等者的僵持 / 204

第17节　让别人等待：要等的才是好东西

拖延 / 211

后到一步 / 213

第18节　神秘主义：距离产生美

隐身幕后 / 219

控制信息 / 221

远离媒体 / 223

第19节　缄默：无声是一种恐怖主义

不动声色 / 228

引而不发 / 230

第20节　大动干戈：让你看看我的厉害

发脾气 / 235

威胁 / 237

独断专行 / 239

第四章 "温脸":权势者的等级宣言

第 21 节 隔离主义:不与大众为伍

　　看不见的阶层　/246
　　"三不原则"　/248
　　封闭式交往　/250

第 22 节 满不在乎:这个不值得我当回事

　　轻视批评和挑战　/254
　　轻视荣誉与财富的证据　/258
　　公开过去的艰苦经历　/259

第 23 节 节俭:穷人敢这样吗?

　　大富大贵者的反差性节俭　/264
　　新富一族的高调节俭　/266

第 24 节 闲情逸致:有闲才是最高的境界

　　古董与艺术品收藏　/271
　　休闲性体育运动　/273
　　仪式性味觉消费　/276

第 25 节 精细化与特殊化: 贵人哪能没要求?

　　细节上挑剔　/281
　　私人化服务　/283
　　非市场化待遇　/285

第 26 节 打破常规:规则是为大众准备的

　　"例外者"　/290
　　保守　/292

第 27 节 品头论足:这事我说了算

公开批评 /297
公开赞扬 /299
公开指点 /300

第五章 赢家的秘诀

第28节 在诱惑与危险之间
摆谱是一种极端的营销传播 /305
职业摆谱者 /311

第29节 不打无准备之战
定位：设定恰当的目标与诉求 /320
"建谱"：创建摆谱的筹码 /322
瞄准：选择恰当的情境和对象 /324

第30节 必要的技巧与尺度
综合运用，先"热"后"冷" /330
由虚到实，可信优先 /333
明暗结合，自然而然 /335
适可而止，过犹不及 /337
尊重对象，遵守规则 /339

第31节 自己与自己的较量
相信自己：摆给自己看 /343
沉住气：摆谱的"绷"与"屏" /345

附　录　摆谱成功案例

卡拉扬：大师级的摆谱艺术 /348
诸葛亮：求职者的摆谱艺术 /356

主要资料来源 /363

参考书目 /365

第一章

为地位与尊严而战

摆谱并不是成功者的专利。它在人群中如此普遍，几乎可以用司空见惯、源远流长来形容。人们在口头上对它大加鞭挞的同时，却又不知不觉地深陷其中，不仅自己争先恐后地身体力行，对他人的一举一动也怀着明确的期待：你是成功人士吗？为什么没有成功者的样子？

作为成人之间用以显示和提高身份的游戏，摆谱依赖于一套约定俗成的身份识别系统。按照这种约定行事，除了享受到他人的尊重之外，还有可能获得更多的利益与机会。

考察林林总总的摆谱行为，我们发现其中的目标与诉求同样花样繁多：有钱，有权，有能力，人脉广，品位高……通过这些侧重点有所不同的摆谱诉求，每个人给自己的身份作出定义，并不断提醒他人："这就是我！""别忘了我是谁！"

有些发现是令人尴尬的。比如，我们竟然都如此"势利"和"健忘"，又对自己的身份如此焦虑不安；我们将平等奉为圭臬，又克制不住内心中争强好胜、高人一等的欲望。这注定了，这场为身价与地位高下而展开的战争，永远不会停止。

第 1 节

不仅仅出于虚荣

[人人都在摆谱] 摆谱在现实生活中如此普遍，超越了收入、文化、职务等各方面的界限，几乎成了每个人的本能。有权有势者是这样，向上攀爬者是这样，功成名就者是这样，寻常百姓也是这样。人们几乎无一例外地、小心翼翼地、处心积虑地摆着谱，以让自己看起来更像那么回事。区别仅仅是：摆谱的次数是多是少，水平是高是低，效果是好是坏。

[有虚名也有实利] 在人们对你作出一定的身份判断后，就会给你相应的对待，除了在态度上尊敬你、重视你之外，还给你更多的信任，提供更多的机会或支付更高的价格。

[不得已的选择] 怕他人怀疑，怕受到忽视，怕别人健忘，这些恐惧的背后，体现了人们对自己的身份、地位的深刻焦虑。摆谱既出于一种主动的欲求——充分兑现自我价值，或者在现有基础上提高身价，也出于被动的担忧——生怕别人不认可，生怕身价遭贬值。

[约定俗成的"游戏"] 摆谱一是要有"谱"——能让别人信服的稀缺资源与强势信号；二是要"摆"——有意地显示与炫耀。

多年之后，功成名就的冯仑（现北京万通集团董事局主席）向一位记者透露了他当年在海南创业的经历：

1991年，冯仑和王功权（现为风险投资家）等人再次南下海南。他们在工商局注册了一家公司，注册资金1000万元，实际上几个合伙人只凑了不到3万元。3万元钱要做房地产，即使是在当时的海南也是天方夜谭。尽管没钱，冯仑也一定要将自己和公司上下都收拾得整整齐齐，言谈举止让人一眼看上去就是很有实力的样子。

为了找到钱，冯仑想到了信托公司。信托公司是金融机构，有钱。他找到一个信托公司的老板，先给对方讲一通自己的经历。冯仑的经历很耀眼，对方不敢轻视——他从中央党校研究生院毕业后，先后在中央党校、中宣部、国家体改委、武汉市经委和海南省委任职，历任讲师、副处长、副所长等职务，还主编过《中国国情报告》等图书。

然后，冯仑再跟对方讲一通眼前的商机，说自己手头有一单好生意，包赚不赔，说得对方怦然心动；然后提出，不如这样，这单生意咱们一起做，我出1300万元，你出500万元，你看如何？这样好的生意，对方又是这样一个人，有什么不放心？于是信托公司老板慷慨地甩出了500万元。

冯仑拿着这500万元，让王功权到银行作现金抵押，又贷出了1300万元。他们用这1800万元，买了8幢别墅，略作包装一转手，赚了300万元。这就是冯仑在海南淘到的第一桶金。

后来冯仑总结说："做大生意必须先有钱，第一次做大生意又谁都没有钱。在这个时候，自己可以知道自己没钱，但不能让别人知道。当大家都以为你有钱的时候，都愿意和你合作做生意的时候，到最后，你就真的有钱了。"[①]

感谢冯仑的坦率，让我们看到了一个生动的摆谱案例。冯仑在中央机关浸淫多年，见多识广，能说会道，摆起谱来自然得心应手、从容不迫。在很大程度上可以说，正是这种娴熟的摆谱技巧，让冯仑获得了宝贵的商业机会，也成就了日后中国房地产界一位鼎鼎有名的人物。

其实，只要我们稍加留意，类似的事情几乎每天都在发生。除了那些被批评为官僚主义、铺张浪费的以外，还有大量的精彩故事被人们津津乐道、广为流传。

不少人认为，摆谱就是为了满足个人的虚荣心，让自己看起来更"有面子"。仅仅是这样吗？冯仑的经历告诉我们，摆谱还包含着或多或少的实际利益考虑。人们"本能地"愿意给那些尊贵的、体面的人以更大的信任、更多的机会，形成了社会地位再生产过程中的"马太效应"。像冯仑这样掌握着一些优势资源，再加上自信心良好、熟悉社会游戏规则的人，总能够顺利地踏上这个良性循环。

但是，并不是每个人都有冯仑这般的能耐。很多人弄不明白别人摆谱动作后面的玄机，自己想模仿也不得其门。摆谱到底是怎么一回事？它有着一种什么样的运行机制？它真是像人们想象的那么不堪吗？搞清楚了这些问题，就等于拉开了一道人心的大幕。

哇，原来都在摆谱！

我们再看几个典型的摆谱案例：

2006年4月，十多辆私人珍藏的豪华老爷车在广州名车展上亮相，引来众人注目。这些豪华老爷车包括：一辆英国王储查尔斯和戴安娜的专属用车——劳斯莱斯Silver Spur Ⅲ加长型；一辆美国前总统老布什礼宾专用车——1989年版凯迪拉克Fleetwood 12米加长型；还有1998年退役的中国人民解放军总装备部使用的红旗专用车。

车的主人是36岁的广州东江海鲜饮食集团董事长黎永星。黎拥有40多辆名车，其中一半是古董奔驰，另外一半是法拉利、劳斯莱斯、宾利、玛莎拉蒂和保时捷。现价80万英镑的法拉利360，他就买了两辆。这些名车由一个主管专门负责维护，每辆车平均每年的养护费就要两万多元。

　　黎永星和他的兄弟姐妹在全国拥有24家中高档粤菜海鲜酒楼，每年总营业额达3亿元。黎喜欢把这些名车放在广州的东江系酒楼门前，其中最大的分店内还开设了展示大厅。在广州，东江酒楼和名车的联系无人不知。

　　有报道称，黎永星收藏名车的最初动机，是试图通过与香港富豪比肩而一举成名。他曾带着一辆1909年加拿大产的古董福特参加中国香港的老爷车展，时任特区财政司司长的唐英年欣然试坐。这一事件传开后，香港的富豪们对黎永星刮目相看。此后，他无论是与香港的饮食业同行交流，或者去香港收购当地的酒楼，均相当顺利。[②]

　　2004年11月，笑星姜昆来到南京，为一家名为"快乐之城"的楼盘造势。据这个楼盘的开发商石林集团透露，最初他们和姜昆接洽邀请其担任代言人时，被姜昆一口回绝了。但石林集团没有就此放手，转而与姜昆投资的昆朋网站的负责人联系。最终，姜昆答应了石林集团的请求，而且也没有要过高的价码。其经纪人称，姜昆代言全国性品牌的出场费，一般每次100万元，但由于"快乐之城"属于地区性产品，又由于5年前姜昆曾经花26万元在南京的汤山买了房子，算是半个南京人，所以姜昆开给了对方一个很优惠的价格：一年40万元！

　　在国外，类似的故事照样不胜枚举。有一阵子，甲骨文公司的创始人拉里·埃里森在世界富人排行榜上排名第二，超越了微软的另一位创始人保罗·艾伦。某天埃里森乘着自己74米长的游艇出游，看到一艘60米长的游艇从附近驶过，他认出那是艾伦的游艇，于是要船长把三具引擎加到全速，冲到艾伦的游艇前方，掀起巨浪。过了不久，甲骨文股价回落，艾伦成了《福布斯》富翁榜的第三名，埃里森是第四名，但这回，两人都换了更大的游艇。

　　这些都是媒体爆出来的消息。**更多的或许更"精彩"、更耐人寻味的故事，隐藏在人们每天的迎来送往、高谈阔论中，只是很多人根本没有意识到：**

哇，原来这也是摆谱！

也许有人会说，摆谱是有钱有势者的专利，普通老百姓没必要花那心思，也玩不起。真是这样吗？走在大街小巷，摆谱的气息几乎铺天盖地扑面而来：再没钱的人家，也要想尽办法弄几件名牌穿在身上（买不到打折的，做工考究的仿冒品也行），还要尽量让人家知道这是什么牌子；刚刚上班不久的年轻人宁愿大半年吃馒头喝白开水，也要攒钱买一只数千元的新款手机或LV手袋；条件稍微许可，贷款也要在楼下停一辆自家的小车（尽管每月舍不得开几回）；老太太提篮买菜，篮子里的河鲜、海鲜总是很有面子的谈资；小区里遛狗，牵着名狗、贵狗的人腰板挺得格外直，笑声也比别人响亮；婚丧嫁娶，更是主人的家底与社会关系的大检阅，尽可能地弄得排场风光……

虽然与达官贵人采取的方式不一样，运用的道具不一样，但老百姓摆起谱来照样一丝不苟、煞有介事。

有人说，摆谱是官场、商场上的事，那些有修养的、有文化的人不会这样，比如知名的学者、专家。当然，学者们一般不愿意在金钱上争强斗狠，但对自己的教授职称、行政头衔、社会职务，他们绝对不会遮掩。这一点，看看他们的名片和文章末尾的自我介绍就知道了。经常向名家约稿、或者组织会议的媒体人士感慨，随着这些老朋友职位提升、知名度增加，要价也越来越高，越来越难请得动了。

还有人说，那些功成名就者，比如比尔·盖茨、李嘉诚，恐怕不再需要刻意显摆了吧？传说比尔·盖茨会为买到了打折物品兴奋不已，请同事吃饭吃的是廉价的热狗。李嘉诚的皮鞋十双有五双是旧的，西装穿十年八年是平常事；传得最凶的是，他手上戴的是一块20多年前买的精工表，价值400港币（也有说是26美元）。或许真是这样，比尔·盖茨、李嘉诚已经不需要摆谱了——他们拥有的一切已经明摆着了，天下没几人不知，问题是，天下有几个比尔·盖茨和李嘉诚？绝大多数人仍然处在进取、求索的路途上，需要绞尽脑汁提升人们对自己的印象。

换一个角度思考，比尔·盖茨和李嘉诚也未必不需要摆谱。虽然他们不再需要向别人展示自己的财富和名声，但仍然有维护自己的领袖地位、显示自己的智慧与道德的需要，仍然希望社会给自己一个好评。比尔·盖茨多次对人说，与其说他有钱，还不如说他是"软件产业的卓越开拓者与领导者"更让他感到高兴。退出微软管理层后的这些年，他津津乐道的是如何以自己的财富帮助更多的人。李嘉诚虽然不承认自己是真的"超人"，但面对华人企业家的"顶礼膜拜"，他仍然非常乐意传播自己有关诚信、分享的商业理念，非常乐意讲述自己数十年如一日的简朴生活，非常乐意展示一个成功企业家对社会的责任。

更重要的是，即使比尔·盖茨与李嘉诚自己不需要再"装模作样"了，但他们的助手和形象顾问们绝对不愿让自己的老板低了价码。不够级别的人、不够分量的场合，是绝对不能让老板出面的。每一次露面、会谈的内容与形式，无不经过了精心的准备。他们在世界各地的分支机构，也绝对不敢随便租个便宜的写字楼。否则，银行、媒体和合作伙伴都会问，他这阵子是不是资金紧张了？是不是外强中干了？

经过对不同阶层、不同职业人士的多方面考察，我们发现了一个惊人的事实：哇，几乎人人都在摆谱！

这个说法确实会让很多人难以接受。在人们的印象中，摆谱就是"摆架子""讲排场"，就是"装腔作势"和"自高自大"，差不多等同于虚伪和做作。是的，这样的理解大体不错。不过尽管如此，**只要是一个处于社会关系中的成年人，只要他想让自己看上去更为强大、更有尊严，注定将难以免"俗"**。

摆谱在现实生活中如此普遍，超越了收入、文化、职务等各方面的界限，几乎成了每个人的本能——人格DNA的组成部分。有权有势者是这样，向上攀爬者是这样，功成名就者是这样，寻常百姓也是这样。人们几乎无一例外地、小心翼翼地、处心积虑地摆着谱，以让自己看起来更像那么回事。区别仅仅是：摆谱的次数是多是少，水平是高是低，效果是好是坏。

有虚名也有实利

人们为什么要摆谱？因为他们有欲望！

欲望是摆谱的催产素。**摆谱的欲望有两种情形：第一，希望在别人的眼中，自己是一个"尊贵的""有身份"的人；第二，希望别人对自己的评价不断提高，超出自己目前的身价与地位。**

煞费苦心，为的只是他人的某种看法与评价。我们似乎不是为自己活着，而是为了获得他人的好评。一个人过得好不好、幸福程度有多高，自己的内心感受并不是决定性的，最重要的是别人如何看待——如果别人都以艳羡的、尊敬的眼光看着你，你差不多就是一个幸福的人了。在原始社会，为了得到族人的认同，为了一个"勇士"或者"战士"的称谓，无数青年人甘愿以死相拼。今天，大多数社会学家相信，一个人对自己的认识，其实是你在别人眼中看到的自己的影子；所谓"自我"，不过是一个"镜中我"。每个人的一生注定要与别人纠缠在一起，为博得别人的尊重而操劳不息。

西楚霸王项羽攻克秦都咸阳后，有人劝他在物产富饶、地理位置优越的关中定都。此时的项羽却想着引兵东归，他说："富贵不归故乡，如锦衣夜行，谁知之者？！"外表粗鲁、豪放的项羽，也把衣锦还乡当成人生的一大追求——数年前，他带着八千江东子弟造反，如今胜利在望，他太希望向父老乡亲们炫耀一番了。

但项羽的愿望最终没能实现。兵败之后，他宁可自刎于乌江，也不肯过江以图东山再起，因为"无脸见江东父老"。

倒是他的死对头刘邦如愿以偿。刘邦刚做了皇帝不久，便迫不及待地带领一大班文臣武将，浩浩荡荡回到故乡。元代睢景臣在《高祖还乡》一剧中，描写了刘邦得意洋洋衣锦还乡时的情景："红漆了叉，银铮了斧，甜瓜苦瓜黄金镀，明晃晃马镫枪尖上挑，白雪雪鹅毛扇上铺。这几个乔人物，拿着些不曾见的器仗，穿着些大作怪的衣服。"

想当年，刘邦不过是一个出身寒微、衣食无着的市井小儿，周围的人看不起他、嘲弄他、呵斥他，甚至连正眼都不肯看他一眼。他太需要这样一次身体上与心理上的荣归，一扫在那些乡党故旧心中（也是自己心中）留存的印象，建立一个全新的、高大的"自我"。

获得这一众人等的好评又能怎样？只是为了一份虚荣或者志得意满的感觉吗？当然是，但不仅仅是。**在人们对你作出一定的身份判断后，就会给你相应的对待，除了在态度上尊敬你、重视你之外，还给你更多的信任，提供更多的机会或支付更高的价格。**也就是说，既有虚荣，又有实利。

比如，如果你表现得像个有钱人，导游小姐将更耐心地为你讲解，会场服务员将把你领到贵宾室，商业伙伴更愿意与你合作；如果你表现得像个绅士，那么在公共事务中，人们更愿意听取你的意见，让你做代表与领头人；如果你驾车超速，警察追上来后发现你开的是BBC（奔驰、宝马、凯迪拉克），你的样子又衣冠楚楚气宇轩昂，他们会倾向于放你一马。

2004年，杭州道远集团董事长裘德道自费去新加坡看航展。欧美国家很多前来看航展的人都是坐私人飞机或者公务机来的，一下飞机就被接到贵宾厅，还有专人迎送，而裘德道是坐民航机去的，只有在一边干等的份儿。"我当时心里就有气，琢磨着一定要买架属于自己的飞机。"随即，裘德道斥资6500万元，买下了一架全球最先进的私人公务飞机——"首相一号"。一夜之间，他成为一个万众瞩目的人物。

有了飞机后，凡是车程在两个小时以上的路程，他都坐自己的飞机去，从萧山到上海也不例外。"我的生意很多时候需要和外国人打交道，别人并不清楚你的实力。我坐自己的专机去和对手谈判，容易取得对方的信任和尊重。"裘德道还表示，坐自己的飞机和航空公司的飞机到底不一样，在自己的飞机上和朋友们喝茶、聊天很自在，安全系数也高。[3]

摆 谱 因 果 链

1. 动机 （欲望）	2. 行为 （措施）	3. 他人反应 （正面评价）	4. 他人行为 （获得的好处）
a. 显示身份 b. 抬高身价	展示稀缺资源， 释放强势信号	认同身份， 接受价格	a. 重视、尊敬，与身份 相应的态度 b. 信任，更多的机会与 身价提升

给那些看上去"有身份"的人以更多优待，是人类的一种很奇怪的行为方式。有些时候，人们这样做是出于利益考虑，希望那些人能给自己带来好处；但很多时候并没有得到任何好处（或许永远也得不到），但人们就是愿意对有身份、形象好的人另眼相看。通俗的说法就是，人人都长着一双"势利眼"。大多数人并不觉得这有什么不妥。孔老夫子老早就明白地告诉人们，要敬重尊长，服从尊长。有的学者认为，人与人之间之所以形成这种奇怪的伦理，是对潜在的利害进行权衡之后形成的行为习惯；也有人认为，这是由于人类长期生活在等级社会养成的奴性意识。

美国著名作家马克·吐温在他的小说《百万英镑》中，对人们的势利心理进行过露骨的描述：伦敦的两个富豪兄弟打赌，把一张100万英镑的钞票借给一个来自美国的穷小子亨利，看他在30天后会有什么样的结果。后来的事实是，当亨利拿出这张无法找零的百万大钞后，人们对他拼命地巴结，吃饭免费，买衣服免费，住宿免费，还主动借零用钱给他。他的社会地位也不断上升。一个月之内，他让一位朋友以他的名义销售矿山股票，人们得知后争相购买，这使他赚进了另外100万英镑，并得到了一位漂亮的妻子。

对摆谱所具有的作用，中国民间有着非常现实的认识。清末民初，北京城内不管是做生意的还是唱戏的，一旦有了点儿钱，首先想到的就是购置一套四合院，而且要住就住独门独院。还有个讲究，叫作"天棚鱼缸石榴树，厨子肥狗胖丫头"。这是当时北京四合院的一个基本标准。住这样的房不但是图舒服，还有其他大作用呢。比如，那时经常有上海戏馆子派人来北京约"京角儿"。一位经历过那个年代的老艺人回忆说："头牌那儿已然去过了，头牌和人家提名咱'当二路'。人家要登门拜访，其实是想探探咱的虚实，好给咱定包银。咱早就独门独院了，家里也收拾得挺齐整挺气派，这价儿不怕您不往高了开！"

显然，让别人知道自己是有钱人，或是有能力、有资历的人，将可能得到更多的利益和机会。摆谱绝不是一个单纯的虚荣和面子问题，它有着深刻的社会心理基础和现实的利害计算。

在人生的竞技场上，每个人都希望自己处于一个有利的地位。摆谱是自己给自己的定位，也是对别人的"广告"与"报价"。**对于大多数仍在追求、进取的人来说，摆谱是一次次向上攀爬的尝试，如果能有效地让别人接受，则无异于找到了一个迈向成功的加速器**（如果别人不接受，则会导致双方关系的紧张与"自我"的分裂）。

对成功者来说，摆谱是巩固和维护身价不可缺少的护身符，他们小心地管理着自己的身份和名声，并尽力使之保值、升值。

我们很难确切地说清楚，是越有身价的人越善于摆谱，还是越善于摆谱的人越显得有身价。但可以确定的是，摆谱是这些人制胜的法宝。

不得已的选择

有些时候，**摆谱也是一种被动的、不得已的选择，出于人们对得不到尊重、身价降低的恐惧**。这种恐惧不光普通人有，位高权重者也同样有。

1894年（甲午年）农历十月，是慈禧太后六十大寿。从这年年初开始，清政府就开始仿旧制筹备庆典。年中，日本趁机发动甲午海战。朝中部分官员纷纷上书，呼吁停止修缮颐和园，将祝寿经费移作军费。慈禧闻之大怒，坚持按原来的计划办事。对这段历史，现在很多人感到很痛惜，认为这是一个女人贪图虚荣、鼠目寸光的表现。其实，慈禧把持朝政几十年，天下都是她的，不至于这么在乎一次寿礼；而且慈禧精明过人，不会不知道战事胜败的重要性。她有另外的一番心机。在前几年播出的电视剧《走向共和》中，有一段慈禧训斥大臣的话：

"知道的人说我该享享福了，不知道的人骂我穷奢极欲，谁个又知道，我这也是为江山社稷的一片苦心哪！寻常老百姓家的老太太六十大寿，办得风光热闹，左邻右舍就会说这个老太太好福气、有面子，这户人家在这一带就做得起人。百姓如此，国家更是如此。要是连我的生日都过寒酸了，不但我的面子没地方搁，连朝廷的面子也没地方搁，还怎能体现大清国海晏河清、国泰民安？同治中兴以来的兴旺气象都跑到哪儿去啦？这样一来，不但洋人瞧不起，连老百姓也瞧不起。洋人瞧不起你，他就欺负你；老百姓瞧不起你，他就不服你。这样就会出事，祖宗的基业就会毁于一旦！"

可惜的是，日本人硬是不"配合"，抓住这个时机发动战争——据后来的史料披露，日本之所以选择在这年年中发动战事，就是算准了"今年慈圣庆典，华必忍让"。慈禧自恃有花费巨资打造的北洋海军，对军事实力的对比认识不够，最后北洋海军竟不堪一击，让她的精明算盘没有打成。

不仅居于"高位"的当事人面临着得不到尊重的恐惧，作为接受者的普通民众，也习惯于从当事人所释放的身份信号来打量对方。与慈禧同时代的美国驻寓官贝德禄曾到中国游历，他在所著的《华西旅行考察记》一书中写道："在中国西部旅行，如果不乘滑竿轿子就显不出尊贵的身份来。这并非作为一种必要的交通工具，而是为了那份尊敬和荣耀。如果没有象征尊贵的东西，他就可能被挤到路边，得一直在渡口等待；会让他住最差的旅馆，睡最差的房间，总之将遭受侮辱。更糟的是，有时会把你当成徒步的拦路蟊贼，因无法在自己国家谋生而到中国讨生活……轿子远比通行证管用。你可以骑马，但得有一顶轿子跟着。"

电影评论家伊沙曾记叙过他的一次采访经历：一个炎热的夏天，一位已小有成就的演员蹬着自行车，穿越半个北京城来到他的住处，就为接受他的一次访问。伊沙说，面对眼前已经挥汗如雨的演员，他实在有些感动，但又不禁问自己，这是一个有实力的艺人吗？怎样才能在文字中为这个演员增点明星光彩？

怀疑是人们面对一个"有身份"人物的第一反应。他真是这样一个人吗？是不是真的成功了？是不是已经不行了？人们需要通过某些具体的信息得到验证，让自己"眼见为实"。如果这种怀疑得不到消除，人们将会倾向于看低他。众口铄金，多数人的怀疑是有强大的杀伤力的。上面所说的这个演员，的确如伊沙所怀疑的一样，几年过去始终没有红火起来。

生于香港的邓智仁先生在中国房地产界曾有"营销教父"之称。但在2005年上海的几次专业论坛上，人们发现"教父"与一群中层经理一起坐而论道，"教父"的神秘感、崇高感消失殆尽。不少同行和记者的疑问是，他现在是不是过得很惨，急着找业务？

为了消除外界的怀疑，坚定合作者乃至下属的信心，许多事业有成的人和企业主管不得不经常性地向外界摆摆谱。比如，生意人要经常在高尔夫球场露露脸，请业务伙伴到高档酒店吃燕窝鱼翅，出国度假的信息也要想办法告知众人。这些消费并不一定是他们真正需要的，但如果长时间没有这类举动，就会传出一些不利的"流言"：他的生意进展不顺，或是已经在这个"冬天"冻死了。政府与企业的高层管理者如果长时间不公开讲话，态度过于低调、谨慎，内部和外部就会有人怀疑，他是不是职位不保了？大牌明星都喜欢讲排场，对衣食住行、待遇安排非常挑剔，如果他突然降低要求，圈子内就会有人猜测，他是不是接单不理想，底气不足了？

当个人的处境、身份发生变化，需要让邻里故旧重新认识你的时候，摆谱的行为就具有了特别的意义。有了钱的人通常选择奢侈性消费，买好车，住豪宅，戴名表，呼朋唤友，大宴宾客；新上位的艺人则开始拒绝一些低层次的邀请，并将事务性工作转给助手打理。这些举动向外界传递出明确的信号，他现在确实不一样了！

"有身份" 的人遇到的第二个恐惧，就是被人忽视，**身价打折**。如果你自己不把自己当回事，不敢自己给自己定身价，别人将倾向于随便对待你，甚至装着不了解你的身价。

王石在他的回忆录《道路与梦想》中讲过一个故事：

1996年，冯仑打电话给王石，说有点事想找他咨询。王石主动从深圳飞到北京。两个人在京城企业家俱乐部见了面。

冯仑说："万通买了低压开关设备厂的土地，策划建包括高档写字楼、大型商场、公寓住宅的综合高级商务区，想听听你的建议。"说完，哗啦哗啦将规划图纸在桌面上摊开，上面规划了十几栋高层项目。

王石沉思了一会儿，谨慎地吐出三句话："大——大——太大了！"

冯仑告诉他，万通正在同日本三井不动产谈合作开发："韩国三星还在后面等着呢。"

"噢，那就另当别论了。"

没过几个月，冯仑告诉王石，鉴于中国内地房地产的形势，外国财团放慢了谈判节奏，"实际上，项目搁置在那儿，赚的钱都压在土地上了。当时听你的意见就不会这么被动了"。

王石一本正经地说："你知道你为什么没有听我的意见吗？因为是免费的，所以不珍惜。以后再咨询类似的问题，我得先收100万元，一个月之后才回答，当然会有一本厚厚的分析图表做依据，告诉你，那个项目太大了，市场前景也不明朗，得放弃了，这样你就会重视啦。"

不少刚刚在单位内获得提升的人会有一个感受：原来平级的同事对他的新身份表现得满不在乎，甚至不服气。这确实是一大考验。怎么办？不摆谱是不行的。于是有意拉开距离，不再一起吃吃喝喝、随意聊天，进行某些规则上、人事上的调整，对不服气的人打打杀威棒。通过这些行为，让对方强烈地意识到：这是你的新领导！

"有身份" 的人的第三个恐惧是他人对自己的身份感觉变得麻木。人们似乎都患有一种健忘症，时间长了，接触得多了，原先的感觉就会逐渐模糊，再伟大的人在自己眼中也觉得不过如此。

中国的皇帝是世界上最专权的帝王，具有任意生杀予夺的权力，所谓"伴君如伴虎"。但仍然有臣民不断犯健忘这种低级错误。不仅身边的大臣，就是管事的奴才太监，也时常忘乎所以，忘记了应有的礼仪与尊崇。所以，皇帝要以超常的排场、严肃的仪式、残酷的杀人等方式，不断提醒他的臣民和奴仆：这是至高无上的皇帝，他的力量非常强大！

这种仪式不仅中国有，在西方同样存在。1736年出版的策特勒百科大词典，对类似的问题进行了透彻的解释：

"假如所有的侍臣都是因为君主所具有的内在的品质而尊敬他的话，就不需要那些表面的豪华排场了。然而，侍臣的服从大部分是出于君主的豪华场面……有很多例子说明，当君主单独与他的侍臣打交道的时候，很少或者根本就没有权威。这时候人们对他的态度完全不同于当他处于与身份相当的豪华场合的时候。因此，一个君主不仅需要替他治理国家的臣仆，还需要为他个人服务以及替他张罗排场的臣仆。"

这一段论述，以惊人的坦率点明了人们的认知心理和行为方式，也道出了摆谱的一种内在动机。

华为集团创始人任正非是中国企业界的大哥大，许多IT人士视之为心中的偶像。由于他极少接受媒体采访，也极少出席论坛活动，人们很难看到他的真面目。许多年轻的大学生慕名加入华为后，有机会近距离接触到任正非。生活中的任正非经常穿一身发皱的衬衣，形象也普通，完全没有架子，还经常在电梯里主动为其他人按开关，被人当成是老工人。当经人指点，得知那就是传说中的任正非后，不少新员工感到很失望，觉得心中的"高大形象"一下子没有了。

好在任总手中握有加薪、降职这些生杀大权，还偶尔爆发出雷霆大吼，否则，真不知道任总如何对这些"失望的"、不再把他当回事的新员工进行管束。

怕他人怀疑，怕受到忽视，怕别人健忘，这些恐惧的背后，体现了人们对自己的身份、地位的深刻焦虑。摆谱既出于一种主动的欲求——充分兑现自我

价值，或者在现有基础上提高身价，也出于被动的担忧——生怕别人不认可，生怕身价遭贬值。

在人们面对"有身份"的人的三种行为方式——没有确认身份之前的怀疑，知道了之后有意无意地忽视或折价，长时间接触后的麻木——的背后，或许体现了人们本能的对平等地位的追求。没有人希望别人凌驾于自己之上。这三种消极的对抗方式，有可能将强势者苦心经营所得的身价消解于无形。但是强势者不会无动于衷，他们会以各种方式提醒面前的观众和听众，"请注意我的身份！""请按我的身份和地位对待我！"

约定俗成的"游戏"

那么，摆谱者如何体现出自己的身份呢？也就是说，摆谱是怎样做的呢？从字面上看，**摆谱一是要有"谱"——能让别人信服的稀缺资源与强势信号，二是要"摆"——有意地显示与炫耀**。"谱"是筹码，是价值之所在；"摆"是策略，是显示价格的行为。

显然，没有"谱"是不行的，那样摆谱将成为无源之水、无本之木，难以取得别人的相信。所以，人们长年累月含辛茹苦，费尽心机，以获得作为摆谱筹码的各种稀缺资源，比如金钱、权力、知识等。这些稀缺资源不仅是用来供自己使用的，也是用来向别人展示与炫耀的，并以此作为进一步提高身价的基础。我们把这种获得稀缺资源、为摆谱创造筹码的行为，称为"建谱"。

"建谱"耗费了一个人大部分的精力。但光有了"谱"不行，还需要用心地将它显摆出来。你不摆，别人就很可能不知道（甚至装作不知道），就无法对你的身份作出相应的评价与判断，你的价值就无法转变成价格。

与"建谱"相比，摆谱是一种短期性、机动性的策略，但对一个人身份的确立同样重要。"建谱"是"做"，是自我身份（价值）的奠基与生产过程；摆谱是"说"，是身份（价值）的包装与推销过程。

摆谱的具体做法，就是人们常说的"讲排场"，就是"摆架子"，就是"装腔作势"，就是"自高自大"……一切显示和抬高你的身价，让别人觉得你"很牛""了不起""伟大"的行为和做法。鉴于摆谱行为的普遍性和人类学价值，我们认为，这个概念在道德上和词性上是中性的，既不是善，也不是恶；既不是褒义，也不是贬义。

细分起来，摆谱包含两种基本手段：一是展示稀缺资源，通过传递某些关键性的、有利的信息，直接实现对自我的肯定；二是释放强势信号，通过对同类人物或者摆谱对象的否定，间接抬高自我。如果我们给摆谱下一个定义，那就是：**摆谱是一种展示稀缺资源、释放强势信号，用以显示或抬高个人（产品及组织）身份与地位的行为。**

接下来的问题是，是不是每个人都可以随心所欲，想怎么摆就怎么摆呢？当然不是。人们在长期的交往互动中，形成了一系列能够有效识别对方身份、地位的符号——我们称之为个人身份识别系统。比如哪些是有钱人的证明，哪些是权势者的标志。"群众的眼睛是雪亮的"，人们无时无刻不在仔细地打量着你——当你第一次出现时，当你开口说话时，当你拿出钱包时……比如要判断一个人的经济实力，普通白领与金领、小企业主与财富世家就具有若干不同的特征与细微的差别。通过这套识别系统，人们大致能够判断出，"这家伙"是个什么样的人。有的判断非常准确，有的则存在偏差，视接收到的信号内容特点与强弱程度而定。

和交际语言一样，这套身份识别系统是约定俗成的，随着社会生活的发展和主流观念的变迁，这套识别系统过一段时间就会发生一些变化。不过，在每一个时期，总是存在着群体普遍认同的标准。**这些标准一旦形成，就具有较大的刚性，每个人只能依照大家共同认可的这套识别系统，选择相应的手段去传递自己希望传递的身份信息。**

1993年，首创集团总经理刘晓光（当时他在北京市计委任副主任），身穿乡镇企业生产的红叶牌西装到香港出差，听见有人叫他"表叔"，心里很不是滋味。他当即花了1.8万港币买了一套新西装，连鞋子也换了。不过他很快发现路人的目光又移到了他的领带、衬衣和袜子上。"当时觉得很尴尬，很难堪。"刘晓光说。今天，刘晓光无论从服饰还是神态上，都看不出当初的影子，他已经习惯按照国际性规则来塑造自己的公众形象。

1995年，刘晓光被指派为刚刚重组的首创集团的总经理。创业艰难，没钱、没好项目、没人才，其中最重要的是没钱。偌大一个集团，账上只有300万元现金。为了顺利开展业务，刘晓光咬着牙拿出近100万元，买了一辆最高档的轿车。"做企业，不能让人家感到你没钱。"刘晓光说。

这套身份识别系统可能让一些人感到陈腐庸俗，但它对人与人之间的有序交往是有帮助的。**由于被大家普遍认可，传播者用它来进行自我身份的说明与定位，接受者用它来识别对方身份，因而具有提高沟通效率、减少人际摩擦的功能。**

在动物世界，雄性动物为争夺在群体中的领导权与交配权，常常要展开激烈的搏斗，即使胜者也常常伤痕累累。于是，动物之间发展出了一种替代机制：炫耀武力！黑猩猩会挺直身躯，露出牙齿，并使劲拍打胸脯；狮子会竖起头部的毛发，并向对手发出巨大的吼声；蛇会挺直上身，尽量鼓起腮帮，以使自己看起来更高更大；公鸡会抖动显示年龄与斗争经历的血红色鸡冠和肉垂；驴子会露出巨大的生殖器以显示自己的繁殖能力……这些行为，都是明显不过的炫耀。因为它们以一定的实际能力为基础，所以大部分能得到同类的承认，弱势者往往会知趣地走开。即使双方展开战斗，往往也是象征性、试探性的，避免了不必要的流血或者两败俱伤。

人类的许多摆谱行为也与动物无异。比如有钱人身上穿的名牌服装，领导者身边的大批随从……这些行为向外释放出的信息，可以有效地降低甄别的成本，减少交往中的错位、低效与冲突。如果我们将人际关系放大到国际关系，可以看得更明显。国与国之间最典型的摆谱行为就是大规模军事演习和阅兵式。这几年来，美国等西方国家为防范核扩散，对伊朗施加了越来越强大的压力。作为回应,每到形势一触即发的紧要关头,伊朗就在霍尔木兹海峡和内陆其他地区展开大规模的军事演习,试射新式导弹。这些行为明白无误地告诉西方,如果你对我发动攻击,代价将是巨大的,中东的石油通道也可能被关闭。作为斗争的另一方,美国也联合其他国家一起在海湾地区举行针锋相对的军事演习,庞大的航母战斗群则适时地开到附近海域游弋。这些赤裸裸的耀武扬威有其特定的作用:事先提醒对方注意你的实力,按照你的实力对待你;以此为基础,形成一套彼此接受的等级秩序和游戏规则,减少不必要的实际争斗。

有清一代,康熙、乾隆分别六下江南,每每兴师动众,所费不赀。其间不断有大臣以"劳民伤财"为由上奏反对,但皇帝仍然坚持不懈。上奏的大臣以为皇帝仅仅是贪恋江南美景,但他们不明白的是,这种举动包含着难以言明的"帝王心术",那就是借此展示大清国威,让蠢蠢欲动的蒙古反叛势力知难而退,让离心力强大的南方士人诚服归顺。

与动物相比,人类的摆谱行为要复杂得多、奥妙得多。特别是诸如"拒绝""沉默""神秘"之类"冷"技巧,是动物世界根本不存在的。

在很大程度上,摆谱的前提是信息不对称——你的情况对方不够了解,你的决心对方难以判断。这几乎是一种无法克服的现象。人们不可能为每件事、每个细节去作详细调查,而且,有些情况是不可能调整清楚的,特别是你的内心、你对自己的定位。**正是这种信息的不对称,让摆谱有了必要性——加强对方对自己的了解,缓解信息不对称的局面;也为摆谱者提供了自我抬升的空间——进一步增加信息的不对称。**

不管是什么方式,每个人只会向别人展示自己优秀的、光辉的一面,借此告诉大家:我(我的企业、产品)是多么了不起!比大家原来认为的更加了不起!但是,接受者的眼睛将睁得更大,耳朵将张得更开。人们说:"你想哄我,没门!"

第 2 节

给自己下定义

[财富] 在所有的稀缺性资源中，金钱是流通性最强的硬通货，也是人与人之间发生关系的主要纽带，因而，它也是摆谱的核心诉求。

[权力] 权力长期不显示、不运用（运用权力也是显示权力），可能使他人遗忘权力的存在，或者怀疑掌权者行使权力的决心，导致权力效能的衰减甚至失效。

[人脉] 与什么样的人交朋友——要求再低一点，与什么样的人同桌吃饭——是自己所处的阶层和个人的"活动能量"的证明，当然也是显摆的对象。

[名声] 由于名声具有极大的"从众效应"和自我复制功能（与人脉类似），对名声的炫耀、传播能起到直接的增值效果。

[才能] 因为才能是绝大多数人在世界上安身立命的根本，也是与他人展开合作的前提。在这方面，炫耀、卖弄是永恒的、内在性的，谦虚是局部的、表面性的。

[道德] 在道德上走在前列的人一般都会受到广泛尊崇，并获得显著的话语优势；另外，由于道德主体不分贫富贵贱，任何人都能够拥有，标榜道德成为人们内心普遍的欲望。

……

策划大师王志纲不但是房地产营销和城市战略方面的专家，也是自我营销的行家。不管是与他人交谈、在论坛上发言还是在自己的著述中，他总是随时随地、不遗余力地宣扬自己取得的业绩和拥有的资源。下面是从他的《第三种生存》一书中摘选的几段话：

"有一点与大多数下海的知识分子不同的是，10年来，我和一支追随我的团队始终处于卖方市场。作为中国顾问咨询业的一分子，我们既有着对中国国情和宏观走势的深刻把握，又有着对企业和市场近乎刻骨铭心的熟悉与感悟，还有着对各种政治、经济、社会和文化资源的独特理解和整合方式，并且不断与时俱进，真正做到了'引领市场潮流，享受冲浪乐趣'……"

"很多年前，刚刚下海，一次偶然的机会，认识了一位老板。他希望我能用生花之笔救活他的超级烂尾楼盘。事情哪有那么简单，经过我呕心沥血的总体策划，这个超级烂尾楼最终成为超级名盘，老板也成了亿万富翁。在长达两年的时间里，这个嗅觉敏锐、行动力和操作力都超强的农民老板几乎每天晚上都要给我打电话，一讲就是一个小时，一个星期至少要见一次面。就像一个油田的磕头机，恨不得汲尽你大脑中的智慧资源。"

"今年春节前，浙江的一个大老板打电话给我，说过年时想到深圳来看我，问我有没有时间。我告诉他，可能没有，因为我要出国看两个孩子。我问他是否有事，他说没什么具体的事，只是好久不见，想跟我聊聊。"

"刚出道时，我还是个'菜鸟'，被一个老板狠狠地伤了一把。后来在他的家门口，我又扶持了一个刚刚涉足地产业的老板，帮助他获得了巨大的成功。后面这个老板就经常对我说：'他怎么那么傻？居然为了几个钱，就把你这样的高人得罪了。我绝不会做那样的事。王老师，我希望我们成为一辈子的朋友。'"

"很多年以来，业界对我们与老板的关系非常困惑——所有的老板对我们极其尊重，没有人对我们颐指气使。我们让老板换广告公司，老板就会换；我们推荐一家代理公司或设计公司，老板就会用。为什么？其实很简单，就在一个'信'字。"

"曾有有心人仔细研究过《福布斯》中国富豪榜，发现在100个富翁中我们服务过的客户居然不下10个，面对面打过交道的有一半以上。其实我私下认识或帮助过的不少老板真实的财富有许多比富豪榜上的人要多得多。因而有人开玩笑说，'王志纲的产品是制造老板'；'王志纲像孙大圣有一双火眼金睛，能识别转世灵童'。"

……

几段娓娓道来、看似不经意的讲述（很多评价是转述别人的意见），王志纲传递出了一个策划高手多方面的强势信息，怪不得不少出道多年的策划人也对"王老师"五体投地。"王老师"本人肯定不愿承认这是有意而为或者夸大其词的摆谱，我们只能说，这种摆谱已经成为他在商海闯荡的习惯。

王志纲文中的摆谱诉求

	自我夸耀的内容	诉 求
1	救活超级烂尾楼、帮助刚出道的老板获得巨大成功	才能
2	"始终处于卖方市场"	可选择性
3	人称"高人"、"像孙大圣有一双火眼金睛"	名声、才能
4	推荐的代理公司或设计公司，老板就会用	道德、才能
5	两个孩子在国外读书	财力
6	在富翁百强榜中，服务过的不下10个，面对面打过交道的有一半以上	才能、人脉

摆谱是一种诉说。不管是以有声还是沉默的方式，它都试图将自己的强势身份信息传递给别人，让别人相信你是一个了不起的人。

细分起来，摆谱的目标（诉求）又可以分为财富、权力、名声、知识与能力、德行、品位等多种。这些东西自始至终统治着地球，既是人们努力追逐的目标，又是争相标榜的对象。让别人知道自己拥有了其中的一项两项，你就可以把头昂得更高，把胸挺得更直。

幸亏还有这么多不同的选择，人们不用在一个地方较劲、在一条道上拼到底。世界也因此精彩得多、安全得多。

我们发现，根据社会发达程度、个人发展程度的不同，摆谱的目标和诉求呈现出从权势开始，向出身—财富—人脉—名望—知识与能力—品位—德行不断演化、递进的规律。也就是说，你周围的人群是什么样，你自己处于什么地位，你就会选择什么样的摆谱目标。如果你周围的人只相信权力、出身或者金钱，你大约也只能尽力显摆这些东西；如果你自己刚刚解决温饱，十有八九也会以炫耀这些"低级"的东西为荣。有谁能够摆脱这个"宿命"，超前性地显示得高雅一点呢？

现代社会，人与人的交往大多以职业身份进行。如果说纯粹为彰显个人而摆谱还存在着正当性的质疑，那么以推进业务、以维护所在单位形象为目的而摆谱，则名正言顺、理直气壮得多——不仅合情合理，还是一件值得赞赏的事情。

以下是摆谱的10种主要诉求——

财富

仅仅有钱是不够的，还有必要让别人知道你有钱。 美国新制度经济学派的创始人凡伯伦在他的成名作《有闲阶级论》中指出："光是拥有财富，并不足以获得人们的尊敬和景仰，还必须通过某种方式展现其财力。"古今中外，新富阶层在财富与收入增加之后，大多急切地通过某种方式向社会显示自己经济地位的变化。

显示"我有钱"或许看起来非常原始和"庸俗"，但在实际效果上，它仍是对他人最有吸引力的信息。**在所有的稀缺性资源中，金钱是流通性最强的硬通货，也是人与人之间发生关系的主要纽带。因而，它也是摆谱的核心诉求。**

2011年2月26日，伯克希尔·哈撒韦公司董事长沃伦·巴菲特发表了最新的致股东公开信。信中直言不讳地告诫人们："记住：要是有人说金钱买不到幸福，那他只是还不知道该上哪儿买。"另一位白手起家的亿万富翁深有感慨："**财富不会使人改变，它改变的是别人对你的态度。**"让别人相信你有钱，除了获得尊重之外，还将给当事人带来诸多实际利益：

第一，你可能获得更多的信任。"有钱"是信用的第一保证，这一点在借款中最为明显。不管是银行还是私人，大都只愿意借钱给有钱的人（或机构）。中国自古就有所谓"有恒产者有恒心"的说法，对无产者的怀疑直接明了。人们倾向于认为，有钱人将少一些"贪小利""溜号""耍赖"之类的道德风险。

第二，你有可能获得更多的机会。你有钱说明你有实力，也更有能力，事情交给你更容易办成。在这方面，每个人、每个企业甚至政府都是"势利眼"。

第三，你将获得一定的谈判优势。在人际交往与商业交易中，人们倾向于给有钱人提供更好的价码。这中间隐含的逻辑是："他的日子过得很好，不会急于与别人合作，除非达到他的条件。"相反，如果别人知道你处境艰难，你将失去要价的筹码。

出于财产安全的担心，中国人也有"财不外露""闷声发财"的传统。但在竞争日益激烈、法制日益健全的今天，显示"有钱"已成为一种必要。**如果你有钱，你就可能更有钱，这就是财富的"马太效应"。**

对一个商人而言，拥有的财富是他的最大资本。没有商人不希望别人认为自己"有钱"，他们最怕的是别人认为他"其实没什么钱"。每年的《福布斯》富豪榜和胡润百富榜推出之后，大多数富人表现出一种复杂的心态：口头上强烈反对，声称自己从不关心，但又对自己是否上榜，以及在榜单上的位置耿耿于怀。

李晓华是"亚洲第一位拥有劳斯莱斯的富翁"、"中国第一位拥有法拉利的人"，曾有"北京首富"之称。2000年，他被《福布斯》杂志以2.5亿美元的总资产，排在中国内地富豪榜的第11位。之后数年，他在《福布斯》的位置不断下降。当有记者问及这方面的情况时，他表示自己拒绝参与任何财富排名，"我不喜欢别人称我是富豪，我曾多次致电胡润不要把我排进富豪榜"；"自己在《福布斯》的排名也经常有变，但这种变化无须捕捉，这个排名不一定准确，真正的商人是不会在意这种排名的"。

虽然对财富的具体数额不愿多谈，但李晓华仍然非常着意地宣传自己的经济实力。某次他告诉采访他的记者："我有10多辆车，刚买了一辆700万元的车，你可能没听说过牌子，天窗太阳能发电，坐进去腿伸直还够不到前座。""我生活中最奢侈的就是车了。看到世界顶级名车下线，我就禁不住要拥有的冲动。""我现在是名副其实的皮包公司，只不过我的皮包里有钱，其实，我只是利用了自己的品牌优势、诚信人格以及在国际上的影响力，用虚拟经济模式在全球进行招标、采购、加工、生产、销售。"

和李晓华一样，太平洋建设集团的严介和也曾被胡润排到中国百富榜的第二位。对这一排名的可靠性，严介和一直不置可否，只表示自己曾要求胡润将他从排名第二降到第五。他对记者说："我自己也不十分清楚自己到底有多少钱，太平洋建设集团无论从总资产还是净资产都有上百亿元。"在此之后，太平洋建设一度传出财务危机，严介和也转而从事企业培训与咨询工作，扮演中小企业家的"教父"角色，但是，在此后的媒体报道与宣传中，胡润百富榜第二位经常是他的一个标签。

善于炫耀财富的人有两条基本原则：一是只针对自己的同类，或者有明确合作可能的人，这样无疑更安全，也更有获得利益的可能；二是数字抽象，这样不会有明显的破绽，也给他人留下了想象的空间。

2002年6月，周正毅邀请香港各大传媒的记者及基金经理到上海，参加两天一夜的"上海首富真人秀"活动。活动期间，他向记者和基金经理们自爆有150亿元的身家，并透露自己正在静安区打造房地产巨舰，弄得风生水起。不过，事实上那次"秀"的结果并不佳，很多媒体反而对他产生怀疑。《壹周刊》认为，他的资产中仅有两分真实，八分悬疑。之所以造成这种局面，周说的数据太具体是一个重要原因。如果你显得自己很有钱，没有人会有疑问，如果你说有150

亿元，别人就要问一问，这些财富是由哪些部分构成的？有充分的证据吗？

让我们看另外一则广告人的案例：

2007年7月，由孔繁任领衔的奇正沐古咨询公司在《销售与市场》杂志上刊登了一整版的广告，标题是《我们搬家了》，广告中的文字："我们搬家了。这回是上海奇正、杭州奇正沐古都搬新居，买了新房子，想念老朋友。"

两间分公司搬到更大、更好的地方办公，为什么还要花几万元昭告天下？很简单，无非是告诉同行与客户，我们做得很好，势头不错，有钱了，找我们这样的公司合作信得过。与周正毅相比，他们的高明之处在于，只向有关系的同行声张，而且不说具体的金钱数目，含蓄内敛，一切尽在不言中。

特别值得一提的是，他们在广告的最后巧妙地加上了一句"想念老朋友"，一下子境界全上来了，冠冕堂皇又含情脉脉。多好！

当然，显示有钱并不是总能让你获得敬仰。金钱不像权力、名望一样，可以在自己不减少的条件下使别人受益（投资是一种例外）。对没有合作可能的人来说，"你的钱是你的，不可能白白给我"。所以，人们在表面上常常装出对有钱人的满不在乎："你不就是有点钱吗？"

权力

按照政治学上的定义，权力是一种指使他人、调配资源按自己的愿望行动的能力。权力在人类社会中几乎无处不在，最明显的是在正式组织内带有强制性的法理权力，权力所有者一般具有正式职位，享有决策权与对组织资源的调配权；其次是在各种非正式组织中的影响力，如意见领袖、专家、长老等，以其人格魅力、独特背景、知识技能影响追随者；还有一种是在临时性的人际关系中占有的地位优势，如主持人、质问者、指导者等，依靠拥有的暴力、信息、技巧与角色安排等操控、俯视他人。

不管其来源与表现方式如何，权力都是一个让人产生无限遐想的对象。有权意味着有势，意味着可以控制局面，意味着主导地位和话语权。它是一个人身份地位的最直接证明。在任何社会，彰显权力都是一种近乎本能的冲动，甚至比炫耀财富的欲望更强烈。

如同炫耀财富有其实际功用一样，作为一种普遍的人类行为，**显示权力也有其内在的实际功用：对外，可以引导其他人以相应方式给予对待，避免遭到怠慢、降格或产生不必要的实质冲突；对内，不断地提醒、敦促他人认同你的强势地位，起到让人信服、遵从、不战而屈人之兵的作用。**每逢一个地方局势紧张，美国就会派航空母舰到附近海域游弋，就是典型的显示权力（武力）的方式。

2003年3月，年仅22岁的李兆会紧急接替被歹徒枪杀的父亲李海仓，成为庞大的海鑫集团的董事长和90%股权的所有人。在不到两年的时间里，李兆会先后将李天虎（其五叔，原海鑫总经理）和辛存海（原海鑫副董事长、书记）"挤"出海鑫权力层，从而完成了自己对海鑫的绝对控制。

控制住海鑫的局面后，李兆会接连出手签署了两项股权收购协议，总金额超过6.5亿元——2004年10月18日，李兆会与中色股份达成协议，将以接近6亿元的代价，分期取得后者手中的1.6亿股民生银行股权。海鑫实业为此付出每股3.7元的收购价格，这是到当时为止民生银行最高的股权转让价格；同一周，李兆会又通过一家由其一手创立的公司，以近6000万元的价格达成了收购华冠科技21.25%股权的协议。

这两宗股权转让涉及的交易金额，对于当时净资产为18亿元的海鑫实业来说，绝不是一个小数目。李兆会为什么要将这么多的资金投向两家主营业务与海鑫钢铁相去甚远的上市公司？有业内人士分析说，除了看好两家公司的发展前景外，李兆会如此大手笔的目的，醉翁之意不在酒，关键是要向世人证明自己已取得权力。怎样证明？那就是行使自己的权力。海鑫已经不是从前李海仓的海鑫，而是李兆会的海鑫。

据媒体透露，在海鑫集团所在的山西省闻喜县或是省城太原，如果看到三辆奔驰车同时驶过，那可能就是李兆会的车队。他喜欢坐中间的那辆。这种阵势与古代的官员出巡有相似之处，除了有安全上的考虑外，也向内外宣告：李兆会就是海鑫的新主人。④

研究权力政治学的学者认为，**权力长期不显示、不运用（运用权力也是显示权力），可能使他人遗忘权力的存在，或者怀疑掌权者行使权力的决心，导致权力效能的衰减甚至失效。**古时官员出行时鸣锣开道，被认为是必行的官仪，否则被认为不成体统。郑板桥任知县时，夜间出巡悄无声息，也不用"回避""肃静"牌子，只让一小吏打着写有"板桥"二字的灯笼为前导。时人对此都看不惯，他的朋友郑方坤说他"于州县一席，实不相宜"。

权力在社会中的重要性越高，对权力的炫耀就越张扬。古代社会，官家无所顾忌地彰显自己的权力。即使牢狱的牢头，也要对新进犯人大打一通"杀威棒"以示权威。现代社会，在民主和多元力量的制约下，权力拥有者变得低调、平和得多，但"摆威风"的喜好并没有从本质上消除。外出时的前呼后拥、"拿腔拿调"、冗长的汇报与审批程序、新上任时的"大开杀戒"、特殊化的待遇等，都是彰显权力的手段。

人脉

20世纪30年代，胡适在国内的声誉日隆，文化界、教育界乃至政界，不少人以认识胡适为荣，"我的朋友胡适之"成了社会名流口头上的招牌话语，以至林语堂在文章中拿这开起玩笑。在今天的文艺圈，胡适的名字换成了王朔、张艺谋、余华、贾樟柯之类，前面照样以"我的朋友"开头；在企业界，"我的朋友柳传志""我的朋友王石""我的朋友史玉柱"也是让人为之一震的说法。与什么样的人交朋友——要求再低一点，与什么样的人同桌吃饭——是自己所处的阶层和个人的"活动能量"的证明，当然也是显摆的对象。

人际关系有天然性的，如亲戚、同学、战友等；也有人为努力营建的，如各种业务伙伴、兴趣上的朋友。它们之所以成为一种值得显摆的资源，是因为它们的稀缺性和难以替代性：前一种需要天然性的客观条件，可遇而不可求；后一种需要经过长时间的培养，建立起彼此的了解、信任与互利关系。

中国社会是典型的"人情社会"，民间有"人熟好办事""有钱比不过有人"之类的说法，对人际关系高度崇拜。企业招聘员工，社会关系广泛是公开的优先录用的条件；商学院招收EMBA，其天价学费的重要理由就是高层次的同学关系。北大光华管理学院的EMBA招生广告，曾赫然标出一些国内企业界风云人物的名字。广告词极具诱惑力："在这里，你可以跟李宁做同学，称张维迎为老师。"这种现象的背后，体现的是人们对减少交易风险、降低交易成本的利弊权衡。

好的人际关系具有"高（级别）、广（范围）、深（交情）"三个特点。**精于世故的人士总是有意无意地散布各种传言，说自己"门路宽""层次高""关系铁"。**这样做的好处在于，让别人相信你甚至依赖你，从而增加交往的机会，提高自己的身价。一般老百姓的婚丧嫁娶、单位的各种庆典仪式，也无不尽可能地邀请到与自己有关系的头面人物，内在动机之一就是公开展示自己的人脉。

博客、微博以及QQ空间这些社交性网络出现后，人们有了一个便利地展示自己人际关系的渠道。如果哪天与某位有头有脸的人一起吃饭了、喝茶了，随手用手机拍下来，然后在博客、微博上发出来，自己俨然就是一个有圈子、有身份的人了。每年年底，微博上的这类信息特别多，几乎成了一个比拼人际关系的大秀场。香港作家梁文道有一次感慨地说，自从有了微博，参加饭局的气氛变得诡异了。客人来了之后不再和你寒暄、交流，而是不时拿出手机来拍照，再埋下头来按键，原来都在现场播报呢！

与金钱、权力不同，人际交往在使用过程中有可能不仅不贬值，反而在交往互动过程中进一步深化（金钱用一点就少一点，权力的使用也面临着诸多制约和风险）。这正是人际关系的魅力所在。此外，**人际关系还具有一种玄妙**

的自我复制、波浪式扩大的特点。如果你的"关系广",别人希望通过你结识更多的人,掌握更多的信息和机会,他也就进入了你的关系网络。在每一个行业,都有一些交游广泛的半职业性活动家——掮客、社交积极分子、咨询顾问专家以及资深媒体人,他们将自己原本有限的人脉充分利用,最终由虚变实并不断扩大。这些人不一定是这个领域最有实力的人,但常常是最受欢迎的人。

展示、交换人际关系更适于在私人场合、小圈子中进行。一则公开的、成本低的东西都不值钱,而且有可能给关系人带来打扰;二则避免被想象成为违背公平原则、损害公共利益的非正常的私人关系。陈永正在担任摩托罗拉公司中国区总裁时曾经说,为了进行政府公关,"我几乎与所有省、市领导吃过饭,喝过酒,我的通讯录里还有许多领导的电话"。这一说法被媒体广泛报道,被认为是他2003年受到微软挖角并授予大权的原因。不过,陈永正在跳槽到微软不久就向媒体诉苦,"这一说法(指他几乎与所有省、市领导喝过酒)把我害苦了","政府关系不是某一个人的关系,而是要看公司的政策是不是符合政府发展的方向"。

所以有的时候,人们要刻意掩盖自己的人际关系。找政府办事,到企业打单,本来熟悉的对象也要装出是"陌生拜访",避免让旁人认为有徇私舞弊和暗箱交易之嫌。

名声

名声是外界对一个人的认识与评价。**由于它具有公认性与一定的稳定性,名声一旦形成,就成为个人可以调配的重要资源。**好的名声与财富、权力一样,是个人成功的三大重要标志之一。特别是对专业人士、学者等难以在财富和权力方面出人头地的人来说,名声是其一生孜孜不倦、奋力追求的目标,也是重要的生存手段。

名声有知名度与美誉度两个基本维度。知名度是公众、行业、社群对他的知晓程度，知名度越高，名声越稳定；美誉度是外界的认可与排名，一般从能力与道德的角度进行，美誉度越高，表明他在公众或行业、社群中的地位越高，话语权越大。

由于名声具有极大的"从众效应"和自我复制功能（与人脉类似），因此对名声的炫耀、传播能起到直接的增值效果。 财富、权力的"马太效应"有一定的滞后性和不确定性，要靠把握事后增加的机会来获得，名声的"马太效应"——"从众效应"则迅速、明确得多，当下即可实现。名声制造出更多的名声。当人们了解到你在公众或行业内的名声时，将倾向于按照其他人共同的认识来定位你。只要你能基本保持与名声相对应的姿态，并将这种信息不断地传递下去，就会不断有新人加入信从者和崇拜者的行列，使得你的名声逐步累积，进入一个良性循环。

这一现象在明星人物身上表现得特别典型。演艺明星是依靠名气生活的群体，名声越大，地位和报酬就越高。水平一般的二三流明星，其报酬也要远远高于没有知名度的一流艺术家。所以，艺人及其经纪公司无不极尽所能地进行包装和炒作，大摆排场，大造声势，以此凸显自己的当红形象。一个艺人最大的灾难不是才艺平平，而是场面寒碜，被人认为是不入流的演员或过气明星。这种信息控制不好，有可能使艺人的事业由此滑入恶性循环。

商界与学界人士在知名度上不能与娱乐明星相比，一般更乐于炫耀自己获得的美誉度。展示媒体、行业对自己的赞誉与排名，在大型庆典、论坛和电视媒体亮相并发言，向合作单位要求特别待遇，都是这类人士显示自己名声的重要途径。这些方式提醒面前的对象："我是一个获得了社会公认的人，你应该按照相应的规格、待遇对待我。"

2006年，有媒体推出"中国作家富豪榜"，余秋雨以1400万元的版税收入排在榜首。当晚，余秋雨在博客上贴出文章，说自己看到这个数字很吃惊，统计者应该是把"远远高于正版书的盗版"算了进去。在批评完盗版行为后，他话锋一转："不管怎么说，这个财富榜证明，只要是印有我名字的书，销售情况一直很好。对于这个事实，我有一种超越经济数字的喜悦。"

大师的一番话，含意丰富，韵味无穷：一方面，对于盗版，他可谓爱恨交加。恨的是，这种行为侵犯了自己的版权；爱的是，这些"远远高于正版书的盗版"证明了他的名字的分量，"只要印有我的名字"，书就好卖。相比而言，大师的"喜悦"更多一些，因为对文人来说，宁可食无肉，不可出无名。

另一方面，对于这1400万元的数字，大师也是爱恨交加。恨的是，这么多钱，让自己似乎沾染了铜臭，似乎自己是在为金钱写作，有损"君子固穷"的传统伦理和大众期待；爱的是，这充分说明自己是首屈一指的有影响、受欢迎的作家。

总而言之，"想让所有人都觉得他是一个赚钱最少、书又卖得最好的作家，让人给他贴上一个'德艺双馨'的标签"，同为畅销书作家的郑渊洁一语道破天机。

在炫耀名声方面最露骨、也最富想象力的知名人士，当数有"股神"和"奥哈马贤者"之称的巴菲特。这是一个精明透顶的商人，他充分了解公众（特别是企业界人士）对他的仰慕，并懂得如何运用这种价值。巴菲特屡次将自己用过的普通物品进行公开拍卖，几乎到了一种上瘾的程度。在1999年的一个慈善拍卖会上，他将自己用了20年的钱包以21万美元的价格卖出；2004年，他在一张一美元钞票上签上自己的大名，在内布拉斯加州的一次教会拍卖会上以100美元的价格卖出；从2000年开始，巴菲特在全世界范围拍卖与他共进午餐的权利——"巴菲特午餐约会"，2003年拍卖地点更转到eBay网上进行。

这些拍卖所获得的收益，都转入了巴菲特旗下的慈善基金。巴菲特的钱太多了，钱对他已经没有任何刺激，那他为什么要这样做呢？当然你可以说，主要是为了慈善，但不能排除的是，里面也包含了巴菲特对自己名声的公开炫耀。敢于将自己用过的旧东西（在自己还活着的时候）拿出来拍卖，一次共进午餐的机会也在全世界闹得沸沸扬扬，这种骄傲与自负，不是一般人能想得出来的。巴菲特需要一种新的刺激，一种自己受到景仰与崇拜的证明，他不惜以自己的名声为赌注。

眼下，巴菲特的大胆行为在中国有了传人。2010年，央视前主持人王利芬下海后创办了优米网。为了吸引人气，她如法炮制，策划了"名人时间拍卖"活动。当她试着向以前认识的一些名人游说时，却一时感到羞于启齿。没有想到的是，不等她开口，史玉柱就主动提出："要不然你就拍卖我吧！"更让她喜出望外的是，马云、俞敏洪等重量级名人也纷纷应允，排着队等着被拍卖。

近3个月的网上拍卖开始后，由于初期投标者的出价不高，史玉柱一度非常紧张，生怕最终成交价格难看。好在有媒体的关注，商界新秀们也投桃报李，很给史玉柱面子，"史玉柱3小时"当年就卖出了189万元的高价；2011年12月，一位叫袁地保的安徽商人以1962912元的价格夺标。为什么要报这个价格？袁地保说，他从媒体上得知这是史玉柱的生日，以此祝他生日快乐。史玉柱得知后，高兴之余在微博上表示，外界传言的生日有误，正确的日子应是1962年9月15日，"希望袁地保能够再加上3块钱"。

作为一种资产，名声并非由个人完全独占，而是个人和公众共同拥有，具有与财富等其他资产不同的属性与生长规律。妥善地管理名声，通过恰当的摆谱使之保值、增值，是知名人士的一项重要任务。

知识、才能

财富可能耗尽，权力可以失去，名声可以毁坏……比较而言，知识与才能则是一种非常稳固的、难以被剥夺的资源，由个人拥有并随身携带。古人说，"家有黄金八斗，不如一技在手"；20世纪80年代，又有"学好数理化，走遍天下都不怕"之类的说法。

对大多数人来说，财富、权力、名声这些东西离自己较远，达不到可以拿来显摆的地步，但在个人才能与知识上，即使是一个能力平庸之人，也绝不愿意说自己不行。因为知识、才能是绝大多数人在社会上安身立命的根本，也是与他人展开合作的前提。**在这方面，炫耀、卖弄是永恒的、内在性的，谦虚是局部的、表面性的。**

由于才能被隐藏在个人身体内部，不"说"出来别人就难以知晓，所以，对知识与才能的炫耀比金钱、权力更加普遍。这种炫耀是对自我的广告，也是自己给自己的开价。

不仅要"说"出来，还要信心百倍地"说"、有板有眼地"说"。**由于知识、才能难以量化和客观鉴定，拥有者与他人之间存在严重的信息不对称，自信的表述将在很大程度上感染和鼓舞他人，进而尝试认同你对自己的定位。**人们会想："这家伙如果没有那样的本事，可能就不敢说这样的话了"，"如果不接受他的报价，他可能不会乐意工作"。与此相反的状况是，如果连自己都不能充分相信自己，别人怎么能相信你呢？

对大众来说，显示知识与才能的最常规方式，是公布获得的学历学位、职称、工作履历、社会职务以及获得的各种称号、奖项。学历、证书是知识的证明，履历、职务、业绩是能力的证明。虽然两者之间不能画等号，但有着正的相关性，人们在不知情的时候习惯于从这些信息中进行推断。在名片上印上博士、MBA、MPA、注册会计师、兼职教授之类的光辉头衔，在对外发送的简介中精心罗列在著名机构的工作经历、重要职务及所获奖项，总能让人眼前一亮。比如小布什在与戈尔竞选总统时，其宣传班子反复强调他此前的职位一直是正职，是独当一面的领导者，而不像戈尔一直做的是副手。没有谁批评这样做有什么不妥。

出版专著、在媒体上发表文章或评论、公开演讲，是塑造自己的专家形象、显示专业能力的有效方式。稍微有一点成就的管理顾问、营销策划人员、专业技术人员和学者，无不在这方面耗费心力、不吝投入。为扩大炫耀的效果，这些成果与活动不能让它安静地躺在原处：书籍、杂志要摆放在办公室的醒目之处或家中客厅里，并给部分重要人物免费寄送；相关报道则通过电子邮件发给认识的每一个人；演讲要保留好照片或录像，适时地展示给相关的来宾。

不过，学历、工作经历、头衔都是抽象的，自我夸耀也是值得怀疑的。如果能**通过某种具体的事例、细节性的行动展现才华，无疑是更有说服力的，效果更好。这样不仅可感（让人记得住并印象深刻）、可信（真实性强），还能让对方产生进一步的联想和期待，起到放大光环、提升形象的作用。**最多被采用的方式是讲述成功故事。这是所有的经理人求职、服务性企业承揽业务都少不了的做法。唐骏最乐意给别人讲的故事，是他在日本留学时发明卡拉OK评分器并把它成功卖给三星公司的故事，这样的事例有力地说明，他不仅是一个管理者，本身还是一个发明天才。

张艺谋对自己挑选新人的能力非常自信，认为自己的能力足以让没有任何拍戏经验的新人成名。有一次他拍汽车广告时选中了一个女孩，可是那女孩为了演一部电视剧放弃了。张导后来见到她便说："你看××拍了那个广告之后，现在的戏一部接一部，多好的机会啊，你却错过了。"

另一种让别人对其才能产生深刻印象的方法，就是在某个细节"露一手"。比如随口准确地说出精确到个位数，甚至小数点后面的数字，或者一字不漏地引经据典、引用某人原话，不光让人感觉记忆力强、做事严谨，还传递出非常在行、成竹在胸的信息。专业技术人员展示一项拿手绝活，或者在很短的时间内完成某项难题，都将让人对他的能力产生深刻印象。

除专业才能之外，展露业余才能能使自己获得更多的欣赏。人们会说："哇，这个人真是多才多艺！"香港经济学家张五常在摄影和书法上非常投入，在别人称赞他学术精湛的时候，他说："我的学术不算好，更好的是摄影。"北京书生公司创始人王东临的简介上，时常提及的是他曾在专业哲学刊物发表过一篇名为《逻辑学问题》的专业论文——这样的文章，不是一般的业余爱好者能够写出来的。著名作家海岩的真正职业是上海锦江集团副总裁、北京昆仑饭店董事长，但他说自己最大的爱好是室内设计，并出版了一本《海岩室内设计》……

谈论哲学与比较生僻、深奥的书籍，是展示自己知识面的重要手段。复旦大学教授钱文忠因为据传精通梵文、巴利文，又在央视上讲授《大唐西域记》，受到大批粉丝的狂热崇拜。近年来，随着论坛与微博的兴盛，企业家正成为一个新的热爱读书、也热爱分享读书心得的群体。当然，他们读的书、评的书要么是外国人写的，比如日本的稻盛和夫、大前研一，美国的乔布斯、亨利·明茨伯格；要么是已死了的老祖宗写的，比如司马光、王阳明、黄宗羲之类。总之，不会是今天的中国人写的，因为不适合公开谈论，不能展示自己学问的渊博。

信息也是一种重要的资源。谙熟各类内幕消息、马路情报，也是一种可以拿出来显摆的才能。哪家餐馆的风味独特，哪个酒吧新换了乐队，某某单位人事大变动，哪个楼盘销售出了问题……不管是声色犬马的消息还是有用的行业情报，能抖搂出这样的信息总是受人羡慕的，说明你生活精彩、消息灵通，是会玩的主儿或是圈内人。

道德

不管是正人君子还是黑帮地痞，在台面上，道德总是占据着价值的制高点——尽管他们的道德标准和侧重点有所不同。**在道德上走在前列的人一般都会受到广泛尊崇，并获得显著的话语优势**；另外，由于道德主体不分贫富贵贱，任何人都能够拥有，因此标榜道德成为人们内心普遍的欲望。每年的福布斯中国富豪榜、胡润中国百富榜出来后，记者们回访新晋榜单的企业家，得到的答复大都是对这种排名"不感兴趣""不关心""不在乎""不了解"。那他们关注的是什么呢？是"纳税榜"（张欣）、"慈善榜"（南存辉），是"为社会创造价值"（马云），是"怎么做人"（周正毅）。可见，在道德品行上受人尊重，能获得比首富头衔更大的满足。

有两类人是标榜道德的主要人群：大富大贵者和贫弱者。对前者来说，道德标签是最耀眼的光环，是名成利就之后的最大满足。如果不能得到社会对他道德上的肯定，注定将成为终身的遗憾。对后者来说，由于在其他方面一无所长，道德是最后一根能够让自己获得部分身份优势的稻草，"我虽然无钱无权，也没有大的本事，但我行得正坐得直，以德服人，照样可以昂首挺胸"。

由于信息的不透明及鉴别的困难，口头上标榜道德是一种相对安全的行为。不过，**正如中国古老的格言所说，"衣食足而知廉耻，仓廪实而知礼节""无恒产者无恒心"，成功者的道德标榜更容易让人相信**。事实上，不管是因为手中已握有大量的资源，还是出于赢得更多的机会与更大利益的目的，成功者更愿意在道德上进行投入，为追求道德标签而牺牲其他利益。

道德存在于不同的领域，有商业道德、职业道德、家庭伦理、社会公德、江湖义气等区分，又有高、中、低等不同的标准与要求。**当一个社会中某一方面道德最匮乏、公众关注度最高时，炫耀这种道德最能引起人们的反馈**。在中国传统社会，淡泊名利、超脱凡俗具有极大的道德正当性，这就培养了一大批著名与非著名的隐士。像赫赫有名的陶渊明先生，六出六隐，数番折腾，一会儿称贫出仕，一会儿因酒归隐。

在崇尚竞争的现代商业社会，归隐已显得不合时宜，道德标榜也不断转换它的主题。当下社会，诚信、公平、社会责任成为成功人士和企业家们争相炫耀的焦点。

王石是国内企业界第一个站出来公开宣称自己"不行贿""不做暴利项目"的商人。在行业论坛和大学演讲等多种公开场合，王石一再表示这是自己多年的底线，"我做万科20年了，别的大话不敢说，'不行贿'这句话我敢说，这条底线我是把持住了""万科的项目赢利不超过25%，拿到的地都不好，逼迫经理人在产品、营销、服务上创新"。尽管这类说法遭到了很多人的怀疑（特别是不做利润超过25%的项目），但也让很多人记住了这一点。敢于公开站出来说自己不行贿、不要暴利，毕竟也是需要勇气的。

策划大师王志纲说得更"直白"，更"大言不惭"："下海10年了，我可以自豪地讲，我们工作室从来没有收过任何人的回扣，也从来没有给任何人回扣。

"很多人都问，到底老板们向王志纲工作室买什么？老板们的回答是：

买信心，买方向，还有买公信力。我们向老板推荐规划设计、园林景观、广告代理等下游公司，从来不要任何中间介绍费，如果哪个员工敢这样做，不管是谁，我一定要他走人。如果我们要了别人的回扣，不管正当与否，我还敢据理力争、直抒胸臆吗？还敢大刀阔斧、阵前换将吗？

"我们的做法恰恰相反，'宁可天下人负我，不可我负天下人'。这样说并不意味着我们比别人高尚，只表明我们彼此之间算账的方式不同。"

对企业老板来说，善待员工，为员工提供优厚待遇，自然也是值得炫耀的美德之一。2012年春节前夕，两位企业老板争相在微博上晒出自己为员工发出的年终红包。一位是来自四川的中国世代投资集团董事局主席禹晋永。他在微博中写道："今天提前给员工发放年终奖，我讲到要让大家充分把公司的利润分享，元旦节后我们就放年假，和往年一样正月十六后再上班，大家欢呼雀跃奔走相告。一个小姑娘哭了，我问她你是嫌年终奖少吗？她说都拿到六位数了，没有想到这么多，所以激动得哭了。人事总监悄悄告诉我，她是拿得最少的。"

另一位则是中国郑和舰队资本国际集团董事局主席严介和。他连发几篇微博，高调秀他给员工开的超长带薪假和年终奖：

"新的一年即将到来，我的2012年开端将由兑现员工福利开始，员工新春假期定为1月6日至2月7日，共计30天的全薪新春年假，工资及年终奖全部提前兑现；2012年所有员工包括应届毕业生的实习工资：太平洋建设集团工资最低5000元/月，华佗论箭7500元/月，郑和舰队10000元/月。"

"年中，一批由优秀走向卓越的员工公司将安排最高招待规格的欧洲21国行。2012年底，真正将五大系统（产经、财经、智经、文经、子经）打造成全球华人企业员工幸福指数最高的企业。小平要做人民的儿子，我要在2012年践行'厚待员工'的理念，实现做好人民的孙子的夙愿！"

这两则微博一出，立即引来众多网友的围观与转发。不少人留言询问："贵公司还招人不？"虽然有人说这是自我炒作，但你也来炒作看看？

出身

2007年8月，复旦大学教授、自称"关门弟子"的钱文忠进入季羡林先生的病房，突然跪倒在地，给季羡林连磕三个响头。这一场景，被尾随而至的摄像机拍摄下来。画面后来在中央电视台播出，引起了人们的热议。赞成者说，钱文忠的举动弘扬了尊师重道的传统；反对者说，现在提倡的是师生人格平等，磕头下跪这一套早就不时兴了；还有人说，钱文忠要下跪是他的自由，干卿何事？

确实，钱教授跪拜，季先生受拜，看似与旁人无关。但是，人们感兴趣的是，钱教授为什么要公开地在摄像机镜头前重温这种看似"封建"的拜师礼仪？季羡林先生更早的学生、现在中国社科院供职的葛维钧"一针见血"地指出，"对此唯一的合理解释，就是他希望在公众面前进一步强调自己与季羡林先生的'密切'关系，而倘若可能，最好借强大的视觉冲击，把这样的关系定格下来"，"意在暗示衣钵授受，学术传承"，起到"收名定价"之功效。

对个人背景——家世、出生地、早期生活、求学经历、师承、工作资历等的看重与骄傲，是人际交往的一个奇特现象。人们总是对那些有显赫背景与资历的人另眼相看，给予更多的尊敬、信任，提供更好的条件与机会。这正是钱文忠总是强调自己是季羡林弟子的原因。另一位有"名门痞女"之称的出版人洪晃（章含之之女、乔冠华养女），虽然经常疾呼"我不靠家庭背景吃饭"，但如果没有显赫的家庭背景与富于故事性的留洋经历两大光环，她的受关注、受欢迎程度势必会减弱很多。

不能说这种社会心理完全没有道理。如果某人家底殷实，那么我们可以期待，他担任领导职务时贪污受贿、以权谋私的动力可能会小一些；某人祖辈、父辈是社会名人，那么他在担任公职时可能会有某种"不辱家风"的使命感；某人曾在某个重要机构任职，一般来说具备了一定的素质与能力，也多少积累了一些工作经验与人际关系。

很多时候，这种对出身与背景的尊重纯粹是出于"想当然"的推断、"爱屋及乌"式的情感转移,以及存在于人们心中的等级观念,似乎有身份的人(哪怕跟有身份的人有一点关系的人)理所当然应该受到优待。比如,某人在"文革"时曾为某中央首长担任保卫,某人原来的单位领导是一位大人物,某人的爷爷是国民党的高官,这样的人在职场上就可能享受到某些优先权利。

有这样的社会心理做基础,也就怪不得那些有着光辉背景的人克制不住向别人显摆的欲望。尽管他们有时装出要刻意隐瞒的样子,但仍然时不时会透露一点,内心的优越感溢于言表。这些信息无不在提醒着他人:我"出身名门",我是"有来头""有资历"的人,应该受到重视与优待。

家庭出身是主要的炫耀对象。新中国成立后,传统的出身与门第观念受到批判,不过,另一种血统论取而代之——只有"贫下中农"的出身才算"根正苗红",才是放得了心的"接班人"。当然这种"反等级"只是昙花一现的表象,正统的血统观念、精英情结仍然根深蒂固。"文革"时期,部队和机关大院的孩子格外趾高气扬;"文革"后,城里人看不起乡下来的,大城市看不起小地方来的——即使这些人比他们有钱有名,已经获得了和他们一样的身份证编码。很快,出身富贵之家、书香门第,再度成了一件让人羡慕、值得声张的事情。公关策划人王力(王恩波)在初入职场时,就搬出自己的外祖父傅作义;潘石屹虽然一再说小时候家境贫寒,但还是清楚记得"爷爷当年曾经是黄埔军校的军官";足球运动员谢晖"拥有八分之一英国血统",因为他的曾祖父娶了一位英国护士……

歌坛怪才雪村刚出道时,其貌不扬,性格乖张,走的又是平民路线,很多人对他并不看好,以为是哪个山包里冒出来的愣小子。雪村适时地透露他是文艺界某位"德高望重的前辈"之子,又坚决不肯说出其父亲的名字。不过大家很快知道了他父亲是谁,雪村也很快被圈内人所接受。

在西方社会,有钱人是否真正能够进入"上流社会",还要看他的钱是"旧钱"(old money,指经几代经营得来的钱)还是"新钱"(new money,指靠自我奋斗一下子暴富得来的钱)。如果手中的钱属于"新钱",那么他充其量也只能说是属于按家庭经济状况划分的"上层阶级",暂时还算不上"上流社会"的人。

形象设计师英格丽·张认为，身世观念是"人们血脉里的东西"。她在一本书中写道："成长于宽松、经济有保障的家庭的孩子，会对生活中的一切都容易满足。他们易于按社会的标准行事，会表现得自信、有安全感、善良、大方、宽容、开通、缺乏野心，因而易于与人合作。他们看待世界、人生的眼光与贫困中长大的孩子不同。"

事实上，**随着社会的富足和稳定，家庭出身越来越受到重视，身世的"魔鬼"正迅速复活**。很多跨国公司、投资银行在中国选择高管，优先选择的就是所谓名门之后。现任新浪网副董事长汪延，1996年从法国巴黎大学毕业后加盟新浪前身四通利方公司，职业生涯一帆风顺：1999年出任新浪网中国地区总经理，2003年，时年32岁的他兼任该公司CEO。人们认为，汪延的留学背景特别是家庭出身，让他在事业发展初期得到了格外重视——他的父亲汪华是中国首批驻法外交官之一，爷爷汪德昭是中科院声学所的创始人，两位叔爷爷一位是中科院院士，一位曾任厦门大学校长。

曾任TOM在线首席执行官、现为空中网CEO的王雷雷，是另一位所谓"将门虎子"。1999年，26岁的他加入TOM在线并出任中国区运营总经理。他最愿意给记者讲的就是他"最崇拜的爷爷"。他的爷爷王诤在20世纪30年代是红军总司令部无线电台大队长，新中国成立后历任电信总局局长、军委通信部部长、第四机械工业部部长，1955年被授予中将军衔。王雷雷不无得意地说，"所有的官宦子弟都要向我学习"，"学习我的吃苦耐劳"。

对多数没有身世资源的新贵来说，辉煌的学习、工作经历是炫耀的主要内容。毕竟时代在变化，个人奋斗已经被社会广泛接受并受到推崇。唐骏就任盛大网络、新华都总裁后，念念不忘的是他在微软的十年工作经历，以及比尔·盖茨对他的嘉奖，演讲时常讲他在日本、美国留学和创业的经历，名片上醒目地打着微软"终身荣誉总裁"的头衔；张朝阳一再声称自己是互联网启蒙大师、《数字化生存》一书的作者尼葛罗庞帝的门生；王志纲时常提及的，是自己曾担任十年新华社记者；张宝全最愿意告诉别人他从北京电影学院毕业，是著名导演谢飞的学生……

品位

　　财富、权力、名声……这些目标实在太醒目，人们像潮水般地向它们涌去。一阵追逐与较量之后，总有一批人脱颖而出，一批人被淘汰出局。即使如此，成功的大厅里也很快挤满了有钱、有权、有名的人，人满为患，相互之间的差别似乎不再明显。

　　但是，竞赛不会就此停止，人们发明了新的鉴别符号——品位。这是一种对物质、文化消费的独特偏好，以及对生活方式的与众不同的选择。**通过品位高低的比较，人们得以在相互之间进行新一轮的等级区分。**

　　前几年在国内风行一时的《格调》一书的作者保罗·福塞尔说："有钱并不必然使你的社会地位提高，因为这世界上总是有人不在乎你的钱财。但有生活格调和品位却必然会受到别人的尊重和欣赏，因而提高了你的社会等级。"

　　品位是在财富、权力、知识等强势资源的基础上发展起来的一种文化资本。有品位意味着高雅、文明、有档次、有修养。**对品位的重视，是一个社会、阶层长期生活优裕的产物。**金钱、权力、名声可以在短短几年内取得，但品位却需要长时间的熏陶与培养。因此，有品位的人可以满脸不屑地对那些有钱人说："他不过是一个暴发户！""哼，土老财！"

　　品位的傲人之处还在于它的隐秘性。财富、权力、名声这些"显贵"都有一些明确的外在标志——财富的标志是货币的数额，权力的标志是官阶，名声的标志是各种排行，容易被大众发现并追逐。但品位没有一个外在的、显而易见的标准，它只在一个相对封闭的阶层、圈子内部酝酿与流传，而且不断花样翻新，一旦被大众掌握之后，它就会变幻出新的形式，永无止境。一个"没品位"的人如果无人指引、不得其门，即使想努力也不知道往哪个方向使劲。从某种程度上说，品位是身份地位的最后符号，鉴别效力更高。

　　天涯网社区曾爆发过一次有关上流社会生活方式的大论战，成千上万的网友参与争论。论战的焦点除了财富的攀比之外，更主要是所谓品位。争论的"始作俑者"是一位自称"高贵的上海人"的网友易烨卿，她说自己的家人几乎每2~3天就要坐一次飞机，从欧洲的俄罗斯到美国的三藩，一个月的机票钱都要好几万美元。虽然遭到很多人的反对，她仍坚决表示瞧不起农民工。

批驳她的是另一位自称来自真正"上流社会"、网名叫"北纬67度3分"（下面简称"北纬"）的网友。北纬的策略是证明易烨卿不是真正的"上流社会"人士，没有资格代表"上流社会"瞧不起农民工。北纬说："我们坐飞机从来不买票的，因为是私人飞机"，"贵族"是不说"三藩"的，只叫圣弗朗西斯克，并且他们从不去那里，"也不去莫斯科，自从沙皇死了之后莫斯科就没有贵族了"。他们的选择是到阿拉斯加钓鲑鱼，或者到中非草原打猎。

易烨卿说，自己在除夕夜里喝的红酒一两千元一瓶。北纬教导易烨卿："上流社会只喝香槟和少数几种法国红葡萄酒，此外我们只喝苏打水或矿泉水。"

易烨卿提到自己爱在家里煮咖啡或到上海的五星级宾馆——花园饭店喝咖啡。北纬说："易小姐居然说喝咖啡！天哪！我们上流社会是根本不会喝咖啡的。我们只喝茶！"

关于衣服，易烨卿最喜欢宝姿。北纬以自己的妹妹为例，教育易烨卿上流社会是怎么穿戴的："她们的衣服是没有牌子的，因为是在巴黎皇后区的几家专门的店里定做的"，并且这种店只接待特定客户。

易烨卿说家里的车是Lexus的轿车，但她本人更喜欢TOYOTA的大霸王。北纬的标准答案则是：BMW或BENZ之类是暴发户开的，"我们开雪佛兰，白色的"。

易烨卿说她喜欢Karajan指挥的作品。北纬答："我们是看歌剧的！"

一番论战下来，易烨卿完全处于劣势。在北纬的论战中，真正上流社会的标志，除了显赫的出身与高档的消费外，还有不能等同于财富的所谓品位。

表现品位的形式有物质消费、文化消费、言谈、生活方式、礼仪等。其中艺术修养是公认的品位之一。在艺术面前，金钱、生意是一种"俗"务。各国演艺名人对于自己的投资和开设的公司，大都通过经纪人或者私人会计师进行管理，很少会亲自参与经营。美国女歌星麦当娜具有相当精明的商业头脑，《福布斯》杂志将她列为美国最精明的商界女杰，她的营销术甚至成为哈佛大学商学院的案例。麦当娜在媒体面前也相当开放和直率。不过，只要话题一涉及她的生意，她谈得就少之又少了，闭口不谈利润、岁入的细目或者商业策略这些内容。麦当娜告诉她的工作人员和朋友，不要谈论这些事情。

必须指出的是，由于慈善和艺术品收藏的高区隔性，很多有钱人把精力、金钱转向了这两个战场。大佬们不玩品位了，没有多少钱的中产、钱更少的小资与年轻人正好可以一展拳脚。当然，由于资金实力和眼光不同，不同阶层的人对品位有不同的定义与标准。中产以消费知名品牌、体验新潮服务为品位，新锐青年和艺术工作者以消费小众品牌和新奇打扮为品位，年轻白领以紧跟西式生活方式为品位。

时尚与文化生活，是小资和年轻一族对品位的最新诠释。他们在这方面的比拼，比老一辈们更加"残酷"，更不惜血本。最典型的表现就是所谓"果粉"。苹果公司自iPod之后，一路推出了iPhone、iPad、iTouch等不同产品，每每引领时尚消费潮流；每一款最新的苹果商品，也成为潮男潮女们眼中品位的代表。为了获得这种简单有力的品位符号，他们不惜通宵达旦地排队，以远高于同类商品的价格来追逐一代又一代的新产品，唯求跟得最快，唯求品类最全。

可选择性（受欢迎程度）

书画收藏界流传着这样一个故事：画商刘方铭专做旧画生意，一天他来到一位名门之后的老艺术家家里。老艺术家收藏有很多古画，刘方铭看后爱不释手，尽管他断定其中有真有假，但决心在自己力所能及的条件下买到手。老艺术家说要买就一起拿走。于是刘方铭报价8万元，老艺术家说他开玩笑；报价10万元，老艺术家说把他当"叫花子"；一直报到了38万元，老艺术家还是没有松口。天色将晚，刘方铭坚持不住了。正在这时，老艺术家的老婆从里屋出来，指着老艺术家的鼻子骂道："你这个老穷鬼，一辈子就知道瞎写乱画，两个儿子要结婚，房子和聘礼从哪里出？38万还不卖？"老艺术家的底牌暴露无遗，于是形势急转直下，双方以此成交。

老艺术家老婆的一声吼，泄露了两个不利的信息：一是家里没钱，二是儿子等着结婚。后一个信息更是灾难性的，没有钱可以日子过苦一点，画的价格不合适就不卖，但两个儿子结婚等着用钱的信息，让老艺术家丧失了选择权，画必须卖，而且得尽快卖。没有可选择性比没钱更可怕，因为你只能"在一棵树上吊死"。

对很多没有财富、权力、名声等强势资源的人来说，拥有可选择性（受到各方的欢迎）也是一件值得骄傲的资本。俗语说，"东方不亮西方亮"，"此处不留爷，自有留爷处"。**在各类谈判、交易过程中，比如买卖物品、求职或招聘、择偶、求学等，彼此地位的强弱并不取决于你是甲方还是乙方、买家还是卖家、主动方还是被动方，可选择性的多少是真正的决定因素。**明白或不经意地透露这种可选择性，等于将对方置于被挑选的地方，能让自己获得一定的优势——更好的条件或更快的速度。可选择性越大，可能获得的利益越大，地位越稳固。

前微软中国区总裁、现任新华都总裁的唐骏，据称是国内身价最高的职业经理人。他在职业面临变动的时期，都会适时地释放一些自己受到职场欢迎的信息。2003年8月，陈永正被任命为微软大中华区首席执行官后，唐骏权力被架空，离开只是时间问题。2004年1月初，唐骏向媒体透露，他现在有很多选择的机会。"我收到各种外企的电话，说有更好的待遇职称，但到目前为止，我的一致说法是：不敢进去，如果去你们公司的话我不如留在微软了。"他还透露，有投资商愿意在他身上投一大笔钱，让他去做一家公司，也被他婉言拒绝。他的理想是到中资企业去工作，已经有比较成熟的企业正在联系。

一个月后，唐骏宣布加盟盛大网络。他在接受媒体采访时又透露说，微软全球CEO鲍尔默对他挽留再三，并且委派微软第三号人物多次劝说。比尔·盖茨也写信感谢他的贡献，并表示等着他"吃回头草"。这段时间，他先后收到了七家公司的邀请，但最终选择了盛大。

加盟盛大后，仍然经常传出他可能辞职的传闻。唐骏不厌其烦地对每个记者说："三年内我不会离开盛大。"2005年底，他在接受《财经时报》采访时透露，当年1月Google公司曾找到他，许以中国区总裁的职位，被他拒绝，因为"我在盛大的使命还没有完成"。

不管是在离开微软前还是在加盟盛大后，可选择的"机会多"都是唐骏手中的一件法宝。我们可以认为，唐骏之所以公开释放出这样的信息，一方面是给自己的身价加码，表明自己受到人才市场的欢迎；另一方面也是说给盛大老板陈天桥听的，除了表明忠诚之外，也些许透露出"我是值这个价钱的""我并非只能在你这里找饭吃"的意味。

可选择性有排他性选择与兼容性选择两种。排他性选择是指不能同时选择两个或两个以上的对象，比如购买大件商品、寻找爱人、物色学校、求职、招聘总经理等；兼容性选择是指可以同时保有几种选择对象，比如购买日常消费品、兼职顾问、聘用普通员工和代理商。在排他性选择状态下，透露自己的可选择性将给对方带来较大压力，不过同时也显示自己与对方合作的意愿不足，具有一定的风险性；在兼容性状态下，炫耀可选择性的负面影响相对较小。因此，很多人和企业乐于进行兼容性选择，并且只在这个状态下告知对方。

对可选择性的透露有实有虚。有的是无中生有的编造，有的适度地加以夸张，有的则是以实相告。**不管是否确实拥有，最重要的是让对方相信你有（起码很可能有）**，而且，不同选择对象之间的替代性越强，给别人的压力越大，自己的优势也越明显。

意志力（信心与决心）

意志力和可选择性一样，也是摆谱的一种特殊手段，表现为强烈的自信心、过人的胆量和坚持到底的决心。它不一定让人羡慕和尊敬，但肯定会使对手担忧。通过对意志力的刻意彰显，强势者将继续为自己加分，弱势者则能获得一定的力量平衡。

意志力是每个人与生俱来的力量，任何人都难以剥夺，只要你愿意拥有，它就存在。这也是弱者最后的武器。俗话说，"横的怕愣的，愣的怕不要命的"，如果你摆出一副不管不顾、"吾与汝俱亡"的架势，愿意付出全部的时间、精力乃至生命，多数对手会望而却步、知难而退——当然，如果双方同样强硬，也可能带来针锋相对、两败俱伤的结局。

彰显意志力最典型的人群是刑事犯人、黑帮成员和暴力分子。很多犯人从监狱里出来后，不是躲起来不见人，也不是想办法掩盖自己的牢狱经历，相反，他们趾高气扬地四处声张："老子牢都坐过了，还怕什么？"他用这种方式提醒周边的人："别惹我，我什么都不在乎，逼急了我什么都干得出来！"黑帮成员和暴力分子则会采用残忍的打击与报复手段来表明自己的决心，逞强斗狠，无所不用其极——极端的时候是对自己施暴，比如用刀在自己身上划出血痕、剁掉自己一根手指。人们往往只是意识到他们性格凶残，却不知道这种行为一半是做给别人看的，目的是让别人心生畏惧。他们并非管不住自己意气用事，而是有意图、有目的地放纵自己。

对意志力的炫耀常常以性格的面貌展现出来。魏晋时期黄老哲学流行，社会崇尚虚无、淡泊之风。竹林七贤之一刘伶性格豪迈，为人放荡不羁。据说他经常是抬棺狂饮，纵酒佯狂，以此表明自己超然物外、"齐万物，等生死"的人生态度。更绝的是，他"常乘一鹿车，携一壶酒，使人荷锸随之，谓曰：'死便埋我'"。如此连生死都置之度外，还有什么放不开呢？不过据考证，刘伶虽然经常醉醺醺，可他并不糊涂，在应付一些人生大事如出仕为官、躲避政治迫害之类的事情上，是可以应对自如的。

微软CEO鲍尔默以性格暴躁著称。但他的脾气坏到什么地步呢？我们看一个被媒体渲染得沸沸扬扬的例子：

2004年11月的一天，一位名叫Mark Lucovsky的高级工程师来到鲍尔默的办公室，向他递交一份辞职报告。

"你不会告诉我你要到Google去吧？"鲍尔默问。

"是的，我要去的地方正是Google。"

Mark Lucovsky的话音刚落，鲍尔默抄起一把椅子向他扔去。"我要干掉他妈的Google！"鲍尔默高声叫嚷道。

在此前不到一年的时间内，微软先后有近百名员工跳槽到Google。这确实是让鲍尔默生气的理由，况且他还有公认的坏脾气。但是，鲍尔默在高层管理岗位任职多年，不至于如此没有自制力。他被商界公认为魅力型领导人。我们可以认为，鲍尔默的冲动是有意识的，他以这种极端的方式告诉微软内部想跳槽的人和对手Google：我不能容忍这种行为，我非常生气，请你们小心一点！

如果你不能确定鲍尔默的大发雷霆是控制不住还是有意摆谱，请看下面这个故事：

一次鲍尔默和比尔·盖茨谈事。双方争论得激动起来，鲍尔默将拳头砸在了桌子上，比尔也砸了一拳。鲍尔默会罢手吗？不，他在自己的老板面前又砸了一拳。后来鲍尔默说："如果你对他畏缩不前，他就不会尊重你。"

鲍尔默是有控制力的。他知道自己在做什么。

极限运动、冒险游戏是和平时期对意志力的典型化卖弄。借助这些富于刺激性的冒险举动，参与者告诉别人："你们看哪，我多么大胆，我是真正的英雄！"在这些玩家的眼中，似乎只有在危险的边缘舞蹈，才值得人们真正钦佩。

在争斗与谈判过程中，显示意志力更是一种被经常运用的策略。古时有的将领出征，会让人把自己的棺材抬在身边，以示战斗至死的决心。这既是对己方将士的鼓舞，更是对敌方的示威。20世纪50年代，美国试图以自己握有原子弹来胁迫中国，但毛泽东只回了一句话："原子弹是纸老虎。"几乎就让原子弹的武力全废。后来中苏交恶，毛泽东又说，"就算是死一半人，剩下的一半人还可以在废墟上重建我们的家园"，让苏联的威胁也成了泡影。两个超级大国意识到：中国是吓唬不住的，还是不要招惹它。

对谈判者来说，"难缠"不啻一个好名声，让对手提前降低期望值。职业外交家沙祖康曾担任中国常驻联合国日内瓦大使多年，他说话直言不讳，作风强悍。有一次他公开说："我要赢你就赢定了，要不你把我尸体抬出去。所有的谈判，都争取到了最好的结果。"或许正是这一少有的强悍作风，让他成为公认的谈判高手。1995年至1997年期间，他曾主持中国与其他国家的裁军谈判，"从来没有输过，没有挫折"。特别奇怪的是，许多和他打过交道的老外都非常喜欢他。2007年2月，他被任命为联合国负责经济和社会事务的副秘书长。

第二章

"热脸"：攀爬者的昂贵广告

人类是最社会化、最聪明的动物。在相互的竞争中，他们创造出了丰富多彩的摆谱手段，以便让自己在同类的眼中更强大、更尊贵。与孔雀的开屏、狮子的低吼、猩猩的龇牙咧嘴相比，这些手段不知要复杂多少倍、奥妙多少倍。即使是同为人类的一员，如果不是天资聪颖或久经世故，也难以完全掌握多样面孔下的摆谱玄机。

按照人类面孔的温度，我们将这些手段分为三大类型："热脸"、"冷脸"与"温脸"。

"热脸"以热情、主动的姿态，兴致勃勃地对着人群说："Yes！我就是这么厉害！"

"冷脸"则是一副冷漠、被动的模样，它板着脸告诉面前的对象："NO！这样我不能接受！"

"温脸"呈现给人们的是一副温和而暧昧的神色，温文尔雅，含笑不语。其中蕴含的高人一等、不可侵犯的信息，只能由接受者去慢慢体味。

比较而言，"热脸"的表现手法最为高调、张扬。它是对自我的赤裸炫耀与直接肯定，代表性的做法就是摆阔、大排场和"自吹自擂"。仍在向上攀爬的奋斗者展现给他人的，大多就是这种面容。尽管这些人已经取得一定的优势地位，但觉得还不满足，或者感到自己的地位不够稳固，需要通过大张旗鼓的宣传和强有力的推广，让自己更上一层楼。

"热脸"的诉求、目标比较简单明确，比如"我拥有多大的资金实力""我具备什么样的能力与资历"等，是一种正面的、广告式的自我推销。为了让接受者信服，它一般需要展示自己拥有的一部分稀缺资源，因而，这也是一种成本高昂的摆谱手段。它说服接受者的逻辑是："你已经亲眼看见、亲耳听到"，"有真凭实据"，以此为基础，接受者展开对其身价的合理联想与推断。

由于"热脸"的传播对象比较广泛和分散，看上去并不是针对特定的人，也不以贬抑他人为代价——它只是说"我很了不起"，而没有说"我比你了不起"——因而，这是一种易于为他人接受的摆谱方式。

第 3 节

高消费：让你"眼见为实"

[昂贵] 消费最大的特点是永不止息的扩张与升级……当大众的购买力逐步增强，能够支付以前只有上层阶级才能承受的价格时，这种消费就不再具有荣誉性。这时，它就势必为上层阶级所抛弃。价格更高昂的消费将被创造出来，以便将上层阶级与下面的各阶级区别开来。

[高档品牌] 只要将这些知名品牌穿在身上、拎在手上——即使搭配得不是那么协调，走出去也会信心倍增——"我这是顶级品牌，如果你讥笑，说明你不懂行"。

[公开性] 高消费的产品与行为应该能够被别人所知晓、看得到或者听得到，否则，它就变成了孤芳自赏、自说自话。

[目标受众的可识别性] 一件高档商品仅仅让别人看得到是不够的，客观上属于高档品牌也是不够的，还要让你针对的目标受众看得懂，明白你消费的是好东西。

[适度性与正当性] 人们要为高消费的奢侈、浪费、招摇寻找各种正当的、合法的理由——也就是掩盖其本来动机的借口。

……

据说，车是男人的玩物，有钱的男人都爱车。赵本山这些年一步步发达了，当然也不能例外。他说："我从几岁起就盼望着买辆汽车，可小时候家里很穷，那阵子想买也买不起呀！当时，我最大的梦想就是有一辆拖拉机去县城。"经过十多年的努力，他终于买上了一辆夏利车。与前妻离婚时，赵本山把夏利送给了前妻。

2003年春天，赵本山买了一辆雷克萨斯吉普车，从此便开始了成名后的豪车之路，一辆更比一辆强。

赵本山现在最常使用的坐驾，是一辆配有厨房和床铺的道奇公羊房车。道奇公羊被人们称为移动行宫、飞机头等舱，拉上窗帘就成为一个独立的封闭空间，非常适合本山大叔这样的大腕。在外演出或者拍戏的时候，道奇公羊就成了本山大叔的不二之选。

如果在北京和沈阳，赵本山坐的是"帝王"劳斯莱斯；车库里还放着一辆劳斯莱斯，只有在迎接重要客人时才会派上用场。

赵本山还有一辆福特E450豪华型房车。2010年参加《建党伟业》演出时，他曾坐着这辆顶级房车入驻片场。这辆车长9.6米、宽2.5米、高3.5米。

赵本山还有一辆黑色的奔驰，曾在他的影视作品中出现了多次。由于与其他车相比不会引起群众围观，赵本山很爱开这辆车。另外，还有一辆日产英菲尼迪，赵本山唯一的洋徒弟博比肯结婚时，他以主婚人的身份乘坐这辆车抵达现场，气派非凡。

2007年央视春晚时，网友们发现，现场外停着一辆红色悍马，也是本山大叔的坐驾。

虽然赵本山称"男人天生爱车"，但车开多了，看多了，也有不满足的时候。2009年，本山大叔不惜血本，以近2亿元的巨资购买了一架加拿大产的庞巴迪商务飞机。他的助理解释说，买私人飞机是为了能在飞机上尽量休息，不过多被粉丝打搅。不过，每次赵本山乘坐这架专机到外地，都能在当地媒体上引起一阵小小的轰动。赵本山也非常乐于在飞机上与"赵家班"合影，并在网络上秀出来。

自人类进入文明社会之后，消费就不仅仅是为了满足生存需要，也不再是单纯的个人享乐。它展示在世人面前，无声地传递着你的现状：拥有的财富、所处的地位、个人的品位以及对未来的信心。即使是独自在家，或者身处陌生的外地，你仍能感到那些相识与不相识的人围在你四周，细细地打量着你。因此，人们要用某种拔高的消费行为表明自己的身份，显示自己的存在。

高消费因为需要支付较高的成本，"真刀实枪"难以伪装，所以它成了一个阶层识别同类的有效手段，也是新人进入一个圈子的入场券。这一点在财富人群和时尚圈中特别明显，隐含的说辞是："你要是玩不起，就别掺和！"

一般说来，不同社会经济地位的人有不同的消费对象，比如，刚刚解决了温饱问题的人喜欢大喝啤酒，而品味红酒则是衣食无忧、又有一定文化者的习惯；富豪阶层到欧洲或东南亚海滨度假，小康之家则热衷于跟团旅游……日常生活中的每一种消费行为，几乎都可以翻译成精确的身份标签。借助于对他人的消费对象、消费习惯的观察，具有大致相同特征的人建立起彼此间的认同——"这是我的阶层的人""这是我的同类"，进而相互信任、相互欣赏——"我们有共同的语言""他会站在我们的立场上"。

因为消费的过程和结果非常直观，可以让别人"眼见为实"，所以它是使用最频繁的表述身份的手段。**对很多已步入成功的人来说，高消费是一种随身携带的身份证，比政府发放的身份证件用途更广、作用更大。**

随着事业的发展和收入的增加，许多人会强迫自己提高消费水准，借此一方面暗示自己："我已经是个人物了"；另一方面也提醒别人："该调整对我的看法了"！古今中外，大约都逃不出这一路线。在欧洲的中世纪，很多暴发户模仿贵族的奢侈生活，逐渐把自己变成了贵族中的一员。

需要指出的是，高消费并不等于奢侈性消费，也不是有钱人的专利。只要高于社会的平均水平，甚至只要高于自己的平均购买力，就算得上一种高消费。比如，一个老太太在菜篮里拎着河鲜和时令蔬菜，一个大学生在路边小店吃吃喝喝，就足以让她的邻居、他的同学羡慕不已。

许多奢侈品牌的调查显示，在他们的购买人群中，那些处于上升阶段、小有所成的中等收入者占有很大的比重。虽然这类人不能像富人一样经常性地一掷千金，但消费的热情与欲望远远高于富人。通过有选择性的购买（比如只购买可以长期使用的耐用品，或者顶级品牌的小配件、低价系列）、示范性的购买（比如一年中只消费一两次），从中体会到一种自我向上提升的满足感，同时变相地向邻里、亲朋宣告自己地位的提高。英国学者迈克·费瑟斯通用有些揶揄的口吻说，新型小资产阶级是一个伪装者，渴望自己比本来的状况要更好，因而一味地对生活投资。

炫耀性消费的主体嬗变

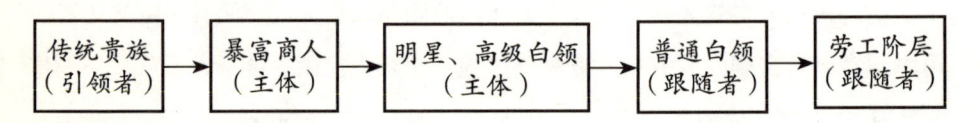

传统贵族（引领者） → 暴富商人（主体） → 明星、高级白领（主体） → 普通白领（跟随者） → 劳工阶层（跟随者）

作为一种显示或提高身价的手段，高消费遵循着以下原则——

昂贵

2006年初，世界杯足球赛备战正酣，英国足球界爆出了一桩"国际玩笑"：著名小报《世界新闻报》以7个版的篇幅，公开英格兰队主教练埃里克森与他人的私密谈话，并挖苦他"身在曹营心在汉"。这些私密谈话从哪里来的呢？原来，这家报社派了两名记者假扮成阿联酋富豪，引诱埃里克森离开英格兰队去阿联酋的一家俱乐部执教。两人与埃里克森在迪拜的一家高档海鲜餐厅会面。为了显示身份，他们叫了一瓶极品香槟。埃里克森很痛快地同意了他们的要求，不过表示要等世界杯结束后，并要求年薪至少500万英镑。埃里克森还建议假扮的阿联酋富商购买英超球队，说只要自己一句话，就可以把贝克汉姆和欧文罗致帐下。报道公开后，在英国球迷中引起了轩然大波。

执教多年的埃里克森可谓见多识广，但一瓶极品香槟就蒙住了他的眼睛，让他对这两位所谓阿联酋富豪的身份深信不疑。这也不能完全怪他，只能说这家报社把戏演得太逼真。不是钱多得没处花的主儿，谁敢跑到高档海鲜餐厅开这么贵的香槟？

在构成高消费的诸种因素中，高昂的价格是最重要的、也是最有说服力的——尽管有些粗鲁，但最为有效。"一贵遮百丑"，一件消费品、一次消费行为只要具备了昂贵这一特征，就是足以傲人的，人家就是有钱，买得起！你尽可以批评他是暴发户，穷奢极欲，但不能不服气。所以，消费作为一种摆谱工具，基本的做法就是："不买对的，只买贵的。"

曾几何时，手机就是奢侈的代名词。20世纪90年代初，一部大哥大的价格相当于一个工人10年的工资，在那时，拿着一部大哥大站在人群中大声通话，是一件十分拉风的事情，周围的人几乎掩饰不住崇拜的眼神；90年代末期，手机价格大幅下滑，普通的手机不再能为持有者增加荣耀，于是价格相对较贵的诺基亚、三星、多普达、黑莓先后扮演起高贵的角色，受到体面人士的追捧。但毕竟价格差异不大，不足与普罗大众划清界限，于是诺基亚顺势推出了奢侈手机品牌Vertu。赵本山就拥有一部Vertu手机，被眼尖的记者一眼认出，猜出价格在6万元人民币以上。不过与河北巨力集团执行总裁杨子比起来，本山大叔的这款是小巫见大巫了。某次接受记者采访时，杨子的三部手机（两部办公、一部私用）齐齐摆在桌上，其中一款是内含宝石轴承的Vertu手机，市场价格为22万美元。据说这款手机是一个优秀的贴身秘书，在世界各大城市只要一按手机上的客户专键，便会直接连接到Vertu的24小时服务总台。有人评论认为，它的真正特点，就是一个字——贵！

杭州道远集团董事长裘德道拥有多辆奔驰和宝马车，本来想着什么时候再添一辆劳斯莱斯或者宾利，不过，买了飞机后，裘德道就不再考虑这些名车了，因为飞机比汽车更值钱、更耗钱，身份的识别作用更显著。只要人们知道你坐的是私人飞机，不需要像汽车一样看牌子，马上就可认定你是超级富豪。

在东亚国家的高档酒宴上，鱼翅是一道足以显示身份的标志性菜肴。中国俗语称："无翅不成席。"这倒不是因为鱼翅的营养价值高到哪里去，而是因为人人都知道它的价格昂贵。由于亚洲海域的鲨鱼资源近乎枯竭，鱼翅变得更加昂贵，这进一步提高了鱼翅在宴席中的地位。

消费最大的特点就是永不止息的扩张与升级。层出不穷的更新颖、更昂贵的商品不断地刷新着原有的价格等级表。当大众的购买力逐步增强，能够支付以前只有上层人士才能承受的价格时，这种消费就不再具有荣誉性。这时，它就势必为上层阶级所抛弃，与此同时，价格更高昂的新消费形式也将很快被创造出来。这样，一轮一轮的消费竞赛游戏得以不断地进行下去。

20世纪六七十年代，拥有一辆自行车就是一件让人羡慕的事；80年代初，只有"凤凰""永久"这样的名牌才让人觉得荣耀；随着价格的下降和普及化，自行车很快不再具有炫耀功能；从90年代后期开始，随着汽车逐步成为主流的代步工具，自行车沦为低收入者的标志。很多人宁可步行或者搭乘公交车也不愿骑自行车上下班（除非以锻炼身体为理由），"自行车歧视"成为大城市的普遍现象。

20世纪90年代，产自法国的依云矿泉水在国内一些五星级宾馆和涉外商场中出现。由于它的价格是其他矿泉水的几倍，当时的口感也确属上乘，因此依云矿泉水一度成为中国高品质生活的象征，财富阶层趋之若鹜。有人将喝依云矿泉水作为"优雅女人的必修课"，甚至打出口号："只喝依云矿泉水，否则宁愿渴死。"2004年，周杰伦、李玟等到西安演出，他们下榻的酒店得到通知，明星们只喝这种水。由于本地货源有限，酒店不得不紧急从外地空运来一批。

从本世纪初开始，依云矿泉水大举进入国内各个超市。虽然价格仍然昂贵，但由于单瓶水的价格已处在大众可以接受的范围内，人们见得多了，也就不再惊奇。依云正逐步失去标榜生活质量和身份等级的功能。不过，有钱人把它派上了新的用途：化妆和洗脸。

富人是高消费的领跑者，也永远推动着消费对象与消费方式的翻新。20世纪90年代，打高尔夫球、住高档别墅、开豪华跑车，是中国财富新贵们的三大身份象征。尤其是高尔夫，在中国一经出现就受到新兴富豪们的追捧。人们认为，一个人能够付得起打高尔夫的昂贵费用，他一定事业有成，是可以让人放心的合作伙伴。

进入21世纪，富人们又发展出了三种更高级别的消费竞赛游戏：玩私人游艇、开私人飞机、圈岛屿当"岛主"。"新三样"比"老三样"更能彰显身价和实力，具有更好的交际与炫耀功能。一位游艇玩家对比了其中的差别："比如有三个人，一个有100万元，一个有1000万元，一个有1亿元，那么，这三个人在吃饭上面是分不出区别的，再好的饭店他们都敢去。到买汽车的时候区别就出来了，100万身家的人就赶不上了，可拥有1000万和1个亿的还是难以拉开差距，这时候就要游艇出场了。游艇是一个没有极限的东西，好的游艇装修就是五星级酒店的标准，什么设施都有，连海事通信卫星电话都有……"

香港由于临海，港湾条件优良，成了中国富豪游艇风潮的滥觞之地。"小超人"李泽楷就是一个超级游艇迷，当年他与传媒大王默多克关于出售香港卫视的谈判，就是在其私人游艇Morning Glory号上谈成的。后来，他又购买了一艘价值3000万港币的豪华游艇August Moon，经常邀约各类朋友上去游玩。

这股潮流很快蔓延到中国内地。从本质上说，大陆沿海具备停泊游艇条件的优质港湾不多，并不适合发展游艇项目，但这并不妨碍财富人群购买游艇的兴趣，像张朝阳、王石这些知名企业家，纷纷成为私人游艇的新主人。

2007年，张朝阳购入一艘据称是当时中国最大、最豪华的私人游艇，取名"快乐号"。这艘游艇长达22米，豪华程度让人惊讶。红酒柜、雪茄盒、卡拉OK音响设备、小型舞池一应俱全，都是按照张朝阳的需要专门定做的。他得意地形容它为"在海上移动的豪宅"。他说："在茫茫的大海上，没有比快乐更重要的。最好是叼着雪茄、晒着太阳……"

据测算，驾游艇到深海游玩，在海上过一夜回来，光油钱就要几万元。花费如此高昂的代价，难道仅仅是为了享受悠闲与宁静吗？当然不是。事实上，这样在大海上的寂寞体验，一两次就够了。作为交际工具招待朋友，炫耀主人的财力与品位，才是游艇的根本用途。张朝阳有一次上电视接受采访，就曾公开邀请主持人到他的游艇上游玩。他坦承，买这艘游艇就是为了满足自己的虚荣。他说："虚荣一直是人类无法克服的东西，这是动物的本能，你根本无法回避它。就如同这艘船，如果它不是中国最豪华的，那对我来说意义可能就失去了很多。虽然我知道用不了几天，就会有另外一艘船超过它，但至少现在我很满足。我承认这里有炫耀的成分，但更重要的是，我可以凭着它获得一种更好的生活方式。它能让我感到被肯定、被接受。"

高档品牌

品牌是与商品的价格密切相关的指示符号。很多时候人们不知道某一种商品和服务的具体价格，但从品牌上可以作出大体的判断。除了能显示价格，品牌还凝聚了商品的质量、可靠性、社会评价、文化内涵等诸多信息。消费一种知名的、高档的、奢侈性的品牌商品，不仅可以传达"我是有钱人"的信号，还可以表示"我是有品位的、有地位的、有情趣的"等诸多内容。因此，**作为商品的"图腾"，品牌也构成高消费的重要内容。它与高昂的价格一样，是一种简便易行的表达身份的工具。**

1978年，36岁的荣智健办了单程证只身前往香港，和堂兄弟荣智鑫、荣智谦等人会面。当时荣智健的手上戴着一块瑞士柏达翡丽牌的手表。从这个细节上，他的不少香港亲戚惊讶地发现，大陆豪门对顶级物质生活的认知度并不比他们差。直到20世纪80年代后期，中国普通大众对名牌手表的认知还停留在"雷达""劳力士"这些牌子上，对"柏达翡丽"这样的顶级品牌，迄今为止知道的人也不多。

在中国社会，小汽车一直是一种重要的身份符号。社会被简单明了地划分成有车族和无车族两个族群。在20世纪90年代，典型的汽车广告就是一位成功人士深情地望着远方，然后开着一辆车回家。成功被简化成了一辆汽车。虽说这样的广告俗气，但它确实很能唤起人们对汽车的欲望。随着汽车的逐渐普及，汽车作为身份代言人的功能逐步下降。不过，高档的品牌仍是进行社会区分的标志。这就是说，仅有车是不够的，还必须是名车、好车。

华谊兄弟传媒董事长王中军1987年开的第一辆车，是天津大发面包，然后是夏利，捷达，丰田佳美，奔驰E300、SEL560、S600、SL600，宝马Z8、Z3、X5、740。王中军是国内第一个买宝马Z3、Z8和X5的人。他对汽车品牌及型号的更新，与他身家的提高以及中国社会对汽车的鉴赏力基本同步，使他得以持续地保持着成功者的形象。

中国的顶级富豪倾向于选择劳斯莱斯、宾利、法拉利等欧洲传统名车。北京慈善家李春平拥有三辆顶级劳斯莱斯房车，上海豪都房地产公司董事长屠海鸣拥有一辆"全球特别纪念版"劳斯莱斯。李晓华是中国第一辆法拉利的拥有者，在民间获得了"北京首富"的称号。这些天价车被主人当成一种身份装饰和社交工具，每个月在重大场合或限定的圈子内亮相几次，而大多数时间则"睡"在车库里。

成功人士购买得最多、也使用得最多的还是所谓"BBC"系列——BENZ、BMW、Cadillac，特别是前两种德国车，由于分别代表了乘坐的尊贵和驾驶的舒适，成为中国的有钱人热衷的主流车型。杭州道远集团董事长裘德道有一辆宝马760和一辆奔驰600，也喜欢给亲戚朋友送宝马和奔驰。有一次他一口气为亲戚购买了4辆宝马，而孝敬自己老爹的则是奔驰600。

不同的社会经济地位，被不同的汽车品牌及型号区隔开来，虽不是泾渭分明，但有相对明确的边界。只要经济状况有所提升，大多数人会迅速添置与其地位相当的品牌。开富康的人筹划着买一辆日本车；而开上了日本车的人，则想着添一辆奔驰、宝马、保时捷，否则；如电影《大腕》中所说，都不好意思和别人打招呼。

一种品牌要成为摆谱的道具，知名度是首要的因素。极高的知名度可以掩盖美誉度的不足。因为有名，消费起来就可以心安理得、有恃无恐。对在写字楼里出没的高级白领来说，LV的箱包、Mont Blanc的钢笔、Burberry的衬衫、Prada的皮鞋、Hermes的丝巾，这些知名的国际品牌是必备的行头。似乎只有搭配这一类品牌，才能显得自己属于精英阶层。只要身上穿的、手上拿的是知名品牌，即使搭配并不那么协调，走出去也会信心倍增。

品牌是一种简单而有力的武器，能为消费者起到撑腰、壮胆的作用。摩根士丹利的一份报告中指出，中国买家都是忠实的名牌追随者，对国际性的高档品牌产品推崇备至。面对突然增加的财富，新富阶层毫不犹豫地选择了这种富贵的标志来证明自己。

公开性

作为一种摆谱的手段，高消费的目的不是仅仅满足自己的实际需求，而是要摆给别人看的。**高消费行为要能够被别人看得到或者听得到，否则，它就变成了孤芳自赏、自说自话。**同样是吃山珍海味，躲在家里大嚼与同朋友们一起分享，两者的滋味是大不一样的。虽然前者的信息也会通过亲戚、邻居、家政服务人员辗转地传播出去，但比较而言，炫耀效果要大大弱于后者。古人曾就此提问："独乐乐，与人乐乐，孰乐？"答案是："不若与人！"

所以，高消费行为大都会尽可能地公开化、外在化，以便被目标受众所知晓。远大集团总裁张跃买了6架飞机，包括两架商务机和4架直升机，价值近两亿元人民币。除了自己开着参加一些中小型商务活动外（高规格的活动则请飞行员来驾驶），他经常把飞机当人情，亲自驾机接送客户。万科集团董事长王石、SOHO中国董事长潘石屹都曾搭乘他的商务机，潘石屹还在他的鼓励下体验过亲自驾驶的乐趣。有报道说，张跃在乘坐商务机时常会情不自禁地哼唱《远大之歌》："让我一生的时光，在蓝天上自由飞翔；我用一生的时光，追求远大的理想。"可以设想，如果这些花巨资购买的飞机不能翱翔在别人面前，如果不能邀请圈子内的其他人一起分享，张跃的快乐会减少很多，他哼唱《远大之歌》的频率会降低很多。⑤

即使是打着寻找清静、远离尘嚣的名义，也要力争让自己的优裕生活被同道们所知晓。私人岛屿一直是西方富豪和明星们的寻幽之处，近年来，随着中国沿海和湖泊中无人岛屿的有偿使用，一些商人也把目光瞄准了这一领地。不过，孤岛的寂寞并非买家心中想要的，呼朋唤友才是他们不惜巨资的真正用意。2002年，浙江商人陈铭建"厌倦了生意场上的纷争"，"想找个安静的地方清静地过日子"，他在千岛湖租用了两个小岛50年的使用权，并将其中一个岛精雕细琢，结庐盖屋，种树养花，总共花费近1000万元。他是想在这儿隐居吗？非也。事实上，他经常邀请朋友来岛上休闲，品尝他亲手种的"全绿色食品"，在自己搭建的凉亭里喝茶打牌。朋友们当然乐得享受，陈铭建更觉得倍儿有面子。

西方岛主们在如何发挥私人岛屿的炫耀作用方面，早已作出了积极的探索。由于没有时间到岛上长住，他们将小岛的照片做成明信片，在商业派对或是家庭酒会时分发，供来宾们欣赏。

西楚霸王项羽说："富贵不归故乡，如锦衣夜行！"少年得志的出版人郭敬明对此体会颇深。有一次，郭敬明在自己出品的杂志《最小说》中晒出了自己的随身小物件，有爱马仕的笔记本、LV的钱包和Prada的小熊钥匙扣……郭敬明不仅把这些奢侈品拿出来晒，而且还给每件物品作了批注。他这样写道："我也不知道为什么我一个几乎不用笔写字的人，要买一个四位数的爱马仕笔记本……四爷我的钱包大概有十几个，这个是我放在书架上没有用的，随手拿过来拍照应付一下这个新栏目，我也就不提这个钱包其实中国只有限量的×个了。早知道，我就拿我的纯黑色的Prada钱包了……"此番表白，让各色人等那真叫羡慕嫉妒恨。

过了不久，他在博客上再次曝光他位于黄浦江边的江景豪宅——巨大的落地玻璃窗，松软的白色沙发，梦幻般的上海陆家嘴外景……只需一张照片，一个时尚新贵的生活方式，活脱脱就在眼前。

郭敬明认为，作为生活在现代大都市的人，只要有消费能力，喜好奢侈品理所当然。问题是，不能自己关起门来偷偷喜欢，"秀"出来也很重要。西方的奢侈品生产商们对此深有体会。近些年，欧美的知名服装品牌全线进入中国，但同样是服装，外衣和内衣的境遇完全是冰火两重天。外衣不管多贵，买的人一个接一个。但内衣呢？因为不能秀出来，国人对它的热情就大打折扣。

坊间关于穿着打扮有一句话，叫做"男人看表，女人看包"。在这个着装标准越来越崇尚简洁随意的时代，手表和手袋分别是男人和女人最合法的炫耀武器。手表被戴在手腕上，手袋被挎在腰间，随时随地都可看到，而且经久耐用。对一个事业有成的中年男人来说，佩戴一款正统而典雅的高档手表是必不可少的；而一个在写字楼和社交场所穿梭的女人，即使省吃俭用也要购置一两个名贵的手袋，表明自己也是顶级消费阶层中的一员。

消费的公开性不仅表现在商品的使用和持有阶段，也体现在购买阶段。典型的方式就是在拍卖会和展示会上公开采购。在这样的场合购买，最能产生轰动效应。2004年，一辆价值近1000万元的"全球特别纪念版"劳斯莱斯在上海车展上展出。超级豪车"花落谁家"，是历届车展的热点，不过以往数届车展都没有出现本地买主购得的情况。这一次，这辆劳斯莱斯亮相仅4个小时，就被豪都房地产公司董事长屠海鸣收入囊中。一时间，屠海鸣在上海商界声名大振。[6]2002年9月30日，"远华案"涉案保时捷车进行第二次拍卖，起拍底价为38万元，影视投资人宋祖德一直咬住不放，最终以99万元的价格拿下。宋祖德顿时成为媒体追逐的对象。三年后宋祖德坦承："拍卖保时捷的确是有预谋的，是我们兄弟俩联手搞的！"[7]

目标受众的可识别性

一件高档商品仅仅让别人看得到是不够的，还要让你的目标受众看得懂，明白你使用的是高档货。

这就是消费的群体认同原则。近些年，广告界越来越认识到，品牌信息仅仅面向目标消费者传播是不够的，还必须传播给你的消费者的"消费者"——消费者展示或炫耀的对象。如果消费者花了大价钱购买一件商品，但他周围的人却弄不明白，那么他的荣耀感就会下降很多，购买的动力也会消减很多。

有一些国际一线品牌到中国后，由于当地大众不知晓，几乎无人问津。相反，有的二、三线品牌由于在当地具有较高的知名度，购买者反而很踊跃。比如雷达表与斯沃奇手表、宝姿服饰，在原产地只是二线甚至三线品牌，在中国的年轻消费者中却享受崇高的声望。而皮尔·卡丹、梦特娇、老人头、鳄鱼、APPLE、金利来，在一线城市已经过时，或被归为二、三类品牌，但在内陆城市和县级市场，由于公众的认知度高，仍然是最能为人增光添彩的服饰。众口铄金，同样，如果人人都觉得它好，它差不多就是好东西了。

真正的上流阶层有着独特的品位，热衷于消费一些不为公众所知的品牌。但是，这并不意味着他们愿意默默无闻，他们也希望自己消费的东西能被小圈子的人一眼认出，只是其受众对象要少一些而已。有的时尚人士经常穿戴一些走在潮流之前的甚至搞怪的东西，普通人当然看不懂，但是，它们可以被其所在的圈子看懂，这就够了！

要让目标受众方便地进行识别，消费的对象最好具有独特的标志和醒目的外观。在20世纪六七十年代，上海出产的大白兔奶糖是中国人幸福生活的标志，上山下乡的上海知青利用回城探亲的机会捎带上几斤，就可以在乡下人面前显示自己的高人一等。而大白兔的铁盒包装由于更易于识别，成为过年和结婚喜庆之日的必备用品，风靡一时。

在今天的中国市场上，路易·威登是最知名的皮具品牌，在内地的销量以接近每年30%的速度增长。路易·威登的每一件皮具上都印满了它的Logo，让人一眼就能辨认。而它卖得最好的手袋，就是Logo最醒目的一款。

近年来，国人对来自欧洲的名牌手表、手袋的热情不断升温，但这种热情却无法扩展到名牌珠宝领域，一个重要原因就是，珠宝饰品难以让别人一眼认出它的品牌。珠宝商们把它归结于珠宝本身的特点，说它不能像手表、手袋一样打上Logo，所以无法让消费者分享产品本身之外的荣耀。真是这样的吗？

2010年，法国时尚品牌Christian Dior推出了一款金色隐形眼镜。这款眼镜没有度数，仅具有装饰功能，且只能佩戴两个月，售价高达100多美元。这么昂贵的东西，如果真做成"隐形"产品的话，如何能让佩戴者展现它的奢华呢？Dior的印度设计师用水晶设计了隐形眼镜，内置的眼膜上有一圈小水钻和三颗点缀水钻，戴上之后瞳孔里闪闪发光；除此之外，与一般隐形眼镜的无色透明相反，这款隐形眼镜有3/4的部分呈现出Dior品牌经典的金色，还在眼膜上加了一个大大的"CD"标志，让别人一眼就可看到。真应了它的广告语："从未如此闪耀！"

虽然名为"隐形眼镜"，但Dior才不想隐形呢，相反，它生怕别人看不到，它要的是高调的"显形"。而它的佩戴者们甘愿用身体最敏感的部位——眼睛，来为大牌做广告，并引以为傲。

小汽车在中国是典型的形象商品。调查显示，国人购买汽车的首要理由是显示身份，其次才是追求动力性、安全、舒适度。但小汽车进入中国人生活的时间并不长，多数人并不能从品牌和款型上来判断一款车的好坏。于是，是否能让汽车具有显著的、能够让公众轻易感知的华贵外观，成为一款车能否畅销的重要因素。在多数中国人的脑海里，轿车的体积越大，也就越豪华、越有气派。基于这种认知，宽大、加长的车型成了中国汽车市场的主流。奥迪在中国市场的销量长期遥遥领先于奔驰、宝马，除了多年的品牌与渠道建设外，体积大是一个重要原因。在中国销售的奥迪车，统统比德国原装车加长了10厘米。宝马3系以运动和性能著称，在全球卖得最好，进入中国后也不得不入乡随俗，增加车长和轴距。

几年前，河北巨力集团执行总裁杨子购得一辆悍马，长达10.5米，轴距约8米，22个座位，最高时速可达180公里，内部配置极尽奢华。据说这款车在全世界只有3辆。有一次路过武汉，有两辆车为了超前看看它不慎相撞，酿成一起车祸。因为"太招摇"，杨子一般不用它。平时它停在巨力总部办公大楼的大门外，分外抢眼。

随着近几年中国大众对汽车认识的提高，小体积的汽车也得到了一部分人的认可。宝马旗下的迷你，由于具有醒目的外观和鲜亮的颜色，公众识别度高，受到不少年轻男女的青睐。

不实用性

要更好地体现自己的身份与实力，消费的不实用性是一条重要的标准。如果某次高消费行为的实用性、功利性太强，那它的身份证明效力势必大打折扣。比如，你为了办一件事请人到高级餐厅吃大餐，那只能说明你的眼光高、舍得投入；如果你平时有事没事就呼朋唤友大快朵颐，则绝对证明你是一个财务上自由了的人。美国经济学家凡伯伦在19世纪末指出，要维护自己的门面，人们"必须从事于奢侈的、非必要的事物的消费"。

无论表现在数量上还是质量上，不实用性都能制造出让人震惊的效果。《故宫史话》记载，慈禧太后每顿饭要摆出108道菜，其中一个大盘要作出"万寿无疆"的字样。这么多的菜别说吃，闻都闻不过来，可是每餐照例要这么摆。看到的、听到的人无不瞠目结舌，但也不得不感叹，这就是皇家气派。

现代社会，成功的明星和富家子弟的某些消费行为常常令人匪夷所思：太不经济了，太不划算了！却不知，这正是有钱的行为标志。为每一分钱的消费精打细算的，那是过日子的平头百姓，或是仍停留在贫困记忆里的第一代创业者。1976年的土拨鼠日（2月2日），美国摇滚歌星猫王乘着自己的私人飞机从田纳西州的曼菲斯飞到科罗拉多州的丹佛，再飞回曼菲斯，共耗掉5500加仑汽油。而此行的目的，不过是要买一个三明治。

当代的明星、名流在消费上的奢靡，较之猫王毫不逊色。以对名贵汽车的拥有量为例，他们差不多是在暗地里举行一场竞赛。英国球星贝克汉姆拥有爱车无数，且经常更换，记者们报道出来的至少有7辆，包括法拉利跑车、保时捷911、路虎揽胜、捷豹、奔驰S500和宾利Arnage等。贝克汉姆喜欢将庞大的车队整齐地排列在他的车库中。周正毅发达之时,除了在上海第一个开上法拉利跑车外,还有数辆宾利、兰博基尼超级跑车;影星赵薇原本已有两辆宝马、一辆奥迪和一辆从美国进口的百万元豪华保姆车,2006年身家暴涨,她又拿出300多万元买了一辆保时捷跑车。

这些车主也许会说,不同的车有不同的用场,但真正的、也是最大的用场,就是让人们震惊。

瑞士机械表是不实用的代表物品。从性能上说,哪怕最好的机械表也赶不上石英表和电子表——前者每天的误差有几秒钟,而后者可以精确到每天误差仅0.5秒。20世纪80年代,人们一度冷落机械表,转而购买经济实用的石英表。不过,精英男士很快意识到,一块手表的意义远非只是计时器,它更是个人身份与品位的标签。石英表和电子表大都在流水线上大规模生产,再好的也贵不到哪里去,而机械表却可以一块块地由技师手工定制,长时间地精雕细作,在做工与价格上几乎都没有边际。只有这样制造出来的东西,戴在手上才有分量。于是,机械表又很快在男人手腕上卷土重来。

凡伯伦曾对19世纪末美国上层人士住宅的车道样式与使用材料进行过细致的观察。他发现,一般而言,社会等级越高的人家,车道也就越长。而且,长而曲折的车道远比长而直的气派。究其原因,蜿蜒的车道占地更多,却没什么实用价值。按照"不实用原则",最有档次的车道是在"平坦的地面上拐来拐去的"。不过,如果拐来拐去的原因是由于地面本来高低不平,不得不迂回绕行,那这种弯曲的车道就不能体现主人社会地位的高贵。

不光是车道的样式,路面材料也是一个显示身份的重要因素。如果车道是用色调暗淡的砾石铺就的,那将给人留下深刻的印象。因为砾石铺就的车道必须经常更换,花费不菲。沥青路面是效果最差的,因为造价太便宜了。**对有钱人来说,他们经常要做的一些事,就是花掉本可以不花的钱,说得更直白一点,就是要浪费。**

高消费的物品(服务)除了具有一定的实际功用之外,更重要的功能是充当身份地位的符号,消费者必须为这些不实用的符号支付额外费用。虽然这些物品的质量、性能通常要高于普通物品，但就其实际的功能而言，远远不值得为此花费数倍、数十倍甚至成百倍的价钱。**高档商品的性价比要远远低于普通商品。**在国际上，奢侈品（Luxury）被定义为"一种超出人们生存与发展需要范围的，具有独特、稀缺、珍奇等特点的消费品"，又称为非生活必需品。世界最大的奢侈品集团LVMH公司的总裁阿尔诺上任之初，就开宗明义，明确地把公司业务定位为"生产销售没人需要的产品"。

适度与"正当性"

尽管大多数人对高消费充满向往并身体力行，但在口头上却没有对它说什么好话，批评的声音铺天盖地。为什么呢？因为高消费的这些原则与做法，违背了人类头脑中其他几种重要观念——节约（珍惜资源）、理性（规避风险）、平等（尊重他人）、本分（不逾越自己的身份）。具体来说，高消费的罪责可归结为以下三点：

1. 消费的"昂贵"增加了个人的经济负担，破坏了人们谨慎、量入为出的生存理性，有可能给个人和社会带来不安定因素；同时，一部分人"扮大款"的超前消费，破坏了人们头脑中潜在的消费等级观念，是一种严重的僭越行为。

2. "不实用性"必然包含着浪费，破坏了人们在长期的物质匮乏生活中形成的节俭、珍惜财富的生活价值观。尽管被浪费的物品属于你个人的财产，但人们倾向于认为，任何财富都是社会财富，你只有消费权而没有浪费权。如果你有多余的，为什么不用来帮助别人呢？

3. 按照"公开性"与"可识别性"原则，将自己财富上的优势赤裸裸地展示在他人面前，无异于公然挑战他人的自尊心，违背了人们内心中追求平等的欲望。

虽然奢侈、炫耀是每个人内心中近乎本能的渴望，但理性、本分、节约、平等也是人们在长期生活中形成的根深蒂固的价值观。这两类相互矛盾的念头同时存在于人们的头脑中，相互纠缠，或明或暗地展开对抗（其实后一类观点之间也存在着矛盾，比如本分与平等，不过，人类似乎有能力兼容这些矛盾）。虽然前者更加内在与持久，但后者更加堂而皇之、义正词严。在台面上，后者显得人多势众，力量更强，占据着道德的优势。

为了使高消费行为避免受到后一类观点的强烈批评，引发道德责难，有钱人发展出来一些必要的尺度与技巧：

1. 不入不敷出。如果消费支出大大超出自己的经济承受能力，以至于债台高筑难以为继，注定将受到鄙视和嘲笑。

2. 不大肆浪费。虽然完全避免浪费很难，但如果浪费太过明显，也是让很多人难以容忍的。

3. 不招摇过市。在同样有钱的人面前，高消费是安全的行为；但如果展示在公众（特别是低收入人群）面前，势必让别人眼见心烦，由羡慕而生嫉妒，由嫉妒而生恨。

这三个"不"，类似于高消费面前的三条"红线"，少碰为妙。当然，要精确地把握这些分寸是很难的。而且，遵守这些规则势必降低高消费的炫耀效果，这是很多希望通过高消费行为来拉升自身形象的人所不甘心的。所以，**有钱人要为高消费的奢侈、浪费、招摇寻找各种正当的、合法的理由，掩盖其本来的动机**。

借口之一：强调某种高消费物品（或服务）的实际功能。实用是购买的最正当理由。以手表和手袋为例，人们可以心照不宣地说，买这些是为了计时和贮存之需。正是因为有了这些理由，手表和手袋成为两种最具合法性的显摆道具。其实，如果细究起来，这种借口是不充分的。如今电脑、手机普及，在汽车上，在家庭的每一个房间，在每一间办公室里，时间显示器几乎无处不在，越来越多的人不戴手表，并没有感觉有什么不便；并不是任何时候都必须带一个手袋在身边，很多人在手袋里放的尽是些不会用的东西。但是，有谁会和你认真地计较这个道理呢？只要它们多少具有一点实用性，哪怕是象征性的，男人和女人就可以师出有名、极尽奢侈地将这些物什放在身边，而不必让它们像首饰一样"退居二线"。

机械手表成为摆谱道具的原因

	机械表具有的特性	作为摆谱道具的原因
1	价格上几乎没有边际	昂贵（不是任何人都能承受的）
2	存在着多种被人们知晓的手表品牌	可识别性（人们普遍认可它的价值）
3	时刻可以从袖口亮出来	公开性（能让别人看得到）
4	有多种替代的或廉价的计时工具可以选择	不实用性（只有真正的有钱人才会花这个代价）
5	具有象征性的计时功能	正当性（可以堂而皇之地显摆）

借口之二：强调它的质量或文化因素。好的产品质量与有意义的文化内涵，是人类不懈追求的目标，具有强大的正当性。在这种正当性面前，多花一点钱算什么呢？如果有谁指责购买奢侈品是一种浪费，使用者都可以抬出质量与文化作为挡箭牌，而不会说是为了显示自己的身份地位（匿名调查例外）。郭敬明在杂志上公开展示他使用的多款国际名牌产品后，遭到不少人的批评，说他是"炫耀""虚荣"，他的助理正是以生活质量与文化内涵来回应的。事实上，几乎所有的奢侈品都是以这两点来对外进行广告宣传的，没有人会直白地说，"我这是身份的象征"。

借口之三：强调利他性或者"被迫性"。为避免让别人感觉做作与刻意，同时增加自身的亲和力，如今，简单、自然已成为社会的一股潮流。不过有些情形却大可例外。比如戒指，如果它是订婚、结婚的信物，那么再名贵的钻戒戴在手指上，也没人敢说你是刻意显摆；在各种典礼、晚会上，尽可以穿戴得光鲜亮丽，没人会指责你出格，因为这时候的豪华气派被公认为是一种礼仪。

全面性与一致性

拥有一两件奢侈品并不难，偶尔在别人面前摆一回阔也不难，难的是事事处处都出手大方，难的是像真正的成功者一样挥洒自如。社会经济越发展，人们对成功者的判别标准越高，对消费行为的打量也越仔细。所以，**高消费要具有充分的证明力，让别人完全信服，还需要具有全面性与一致性的特点，体现到日常用度的每一个细节，并成为一种生活习惯**。具体来说有以下几点：

1. 范围全面。覆盖到生活消费的各个方面，特别是在大的、主要的消费类型上应有所表现。如果你的经济实力及消费能力未达到某一水平，只能在某一方面进行突出的高消费，将给人以不真实的感觉，甚至可能遭到嘲笑。

一个中国女画家嫁给一个英国商人。她的丈夫很慷慨，自己买保时捷跑车，给她买奔驰跑车，却不让她买顶级品牌的服装。丈夫告诫她："在英国，看一个人有没有钱，先问他住在哪里，再看他开什么车，绝不会看他穿什么。"在欧美人士看来，如果一个人没房又没车，却穿着一身名牌，未免有招摇撞骗之嫌。

2. 体现在细节之处。细节让人感到最真实，也最能打动人。消费的细节往往能透露一个人的真实身份。这就像一个人虽然外套光鲜挺括，但袖口却露出劣质衬衣，腰间系着仿冒的皮带，一下子就暴露了其草根本色。

形象设计专家提醒人们，别忽视了你身上、手头的"附件"与"配饰物"——手机、钱包、腰带、钢笔、钥匙扣、剃须刀、皮包、钢笔、笔记本、信笺、电脑、眼镜、手套、水杯……这些小玩意无时无刻不在传递着你的信息。有时候，它们比那些大家伙、浮在表面的东西更抢眼。不管是你的商务合作伙伴，还是报纸杂志的编辑记者，他们的眼睛都尖着呢！一支精制的金属水笔与一支字迹模糊的塑料笔，可能就区分出"你是一个真正成功的人，一个具有权威的领导，还是一个还没有走向卓越和貌似成功的人"。

3. 作风自然熟练。如果你对所消费的物品与环境表现出相当的熟悉状态，那就说明你是一贯如此,而不是为了做给别人看而偶尔为之。浸泡在富贵中的纨绔子弟与偶然踏入名利场的穷家小子,消费时表现出来的习气大不相同。一般来说,前者大大咧咧,自然随意,后者小心翼翼,犹豫拘谨。"大家子气"需要长时间的熏陶、历练才能养成。所以,尽管有些高消费不能展示在他人面前,起不到直接的炫耀作用,但有些人在私人生活中仍坚持这样做,因为这可以培养自己的消费作风,让自己日后运用起来更加娴熟自然。

在电视连续剧《大宅门》中,编剧兼导演郭宝昌以自己早年在同仁堂的生活为原型,创作了一个人物李天意。七老爷的老婆李香秀为了自己老有所靠,买了穷人家的孩子李天意为养子。李香秀将李天意接进大宅门后,为避免别人小瞧他,从生活起居的点滴开始培养他的少爷作风:大块吃肉,大碗喝酒,吃不完就扔。本来李天意不会喝酒,香秀仍坚持要他学:"你要会喝,因为你是个爷。"几经调教之后,曾经的穷小子变成了一个大手大脚、匪气十足的少爷。

来内地发展地产项目的香港商人王士诚,在招待客人吃饭方面有独特的坚持。只要在省会城市,他一定要将吃饭地点安排在当地的五星级宾馆,一日三餐莫不如此。原因很简单,他对内地的多家五星级宾馆熟门熟路,在引路、点菜之时所显示出的那种从容和娴熟,能让客户在潜移默化之中,增进对他的信赖与认同。[8]

4. 消费方式符合物品的特性,且与环境协调一致。消费什么东西是重要的,如何消费同样重要。人们通常说,"坐奔驰,开宝马",如果你有一辆大奔却没有司机,给人的感觉是要降一个档次的(奔驰跑车除外);如果有宝马车却不能亲自驾驶,那说明你不够新潮。华谊兄弟公司董事长王中军在这方面非常讲究,上班时,他会开宝马V12或者敞篷的奔驰SL600跑车;重要的商务活动,则乘坐由司机驾驶的奔驰房车;参加派对时开宝马Z8,休闲外出开宝马X5。[9]杭州道远集团董事长裘德道平时自己开宝马760,需要司机随行的时候就坐奔驰600。[10]

5. 自己与家人、随从的一致性。你的家人的消费水准,应该与你处于一个水平线上，甚至随从、保姆的消费也应具有一定的水准。凡伯伦在他的《有闲阶级论》一书中说，仅仅自己进行炫耀性消费是不够的，还需要他人为你进行"代理消费"。妻子是"代理消费"最重要的角色。妇女们在被赠予昂贵的衣服、气势宏大的住所和悠闲的生活后，就成了宣传其丈夫财富的"活广告"。周正毅发达后，除了自己从手表到皮带扣都镶钻包金，还热衷于把老婆打扮得"金碧辉煌"，曾经买下11克拉的钻石送给她。

在很大程度上，子女也扮演着为大人"代理消费"的角色：在孩子小的时候，聘请名师进行艺术训练，穿最好的服装，配备全套的体育用品，参加各种夏令营；等孩子稍大之后，再想方设法将他们送到国外留学——国外教育质量好、让孩子见世面当然是重要的原因，但这也证明了大人的经济能力与社会关系。

第 4 节

场所烘托：
建筑是人的"第二件衣裳"

[交际与消费场所] 请人吃饭，与人会谈，娱乐交友，外出购物，大都在公开的场合进行。对于当事人（特别是邀请人）来说，选择什么样的场所大有讲究。置身于什么样的环境中，你差不多就是什么样的人。

[办公楼与办公室] 个人的办公室处于什么位置，空间是否宽敞，设施是否讲究，既体现了所在单位的实力，也昭示着本人的地位。

[住所] 住所提供给居住者的，不单是肉体上的寄居功能，还有对其身份的强力广告。

在建设位于北京西直门附近的空间蒙太奇大厦时，今典集团董事长张宝全为自己准备了一间办公室。这间办公室的面积有100多平方米，从地板到天花板的高度有7.6米（差不多是普遍房屋的3倍），装修后的高度也有6米。偌大的房间居然没有承重墙，坐在其中，让人感觉到异样的高大、空旷。

　　办公室中央用屏风隔出了一间20平方米的书画室。工作间隙，张宝全经常在这里恣意挥洒一番，写下"掬水月在手，弄花香满衣"之类的诗句。

　　除了一个硕大的鱼缸、一长条绿得发亮的小叶植物这些摆设之外，办公室里最让人称奇的是，在几盆高大的盆栽绿树上居然挂着几个鸟窝。几只小鸟在屋子里飞来飞去，啾啾地鸣叫。张宝全说："有一只鸟是2004年上班的第一天自己飞进来的，其他是从花鸟市场买来给它做伴的。"每天一上班，张宝全就先把小鸟从笼中解放出来，让它们在屋子里自由飞翔。

　　这就是一个老总的办公室。张宝全在这里会客时，时常变换谈话地点，让客人全方位感受它的大气与独特。看到这样一幅幅场景，来访者可以想见张宝全平日在工作之余，舞文弄墨、逗鸟喂鱼的怡然自得。

　　2004年底，张宝全建在十三陵水库附近的柿子林会馆落成后，陆续邀请朋友和记者前去参观体验，很快又引起阵阵"骚动"。这个会馆建在一片有100多年历史的柿子林里，占地320亩，堪称国内最大的私人会馆。主体建筑面积有5000平方米左右，包括主房、客房以及林林总总的室外游泳池、网球场、酒吧、马厩、狗舍、鸽笼、花房等附加建筑。会所的建筑大量运用石墙、玻璃、钢材等材料，看起来硬朗通透；巨大的落地窗将林子里的风景与室内的布置完美地融合在一起。美国好莱坞的八大片商到这里参观时，连声说"仿佛看了一部建筑大片"。[⑪]

　　对于建造柿子林会馆的动机，张宝全的解释是，想借此"表达对居住的理解和我们的价值观"，唤起人们对于自然和人的互动体验。而来此体验过的各路精英则直率地说："有钱人的生活真他妈棒！"是啊，如果一个人既有钱、有权，又占据着文化与生活的高地，这样优裕、优越的人生，旁人只有羡慕的份了！

　　人类自从走出穴居时代后，场所与建筑物的地位就与日俱增，几乎成为人的"第二件衣裳"。一个建筑物所处的位置、结构布局、外观与内部设置、使用的材料，无一不释放着关于财富、权力与历史文化的信息。当一个白领说他在北京的国贸中心、嘉里中心，在上海的中信泰富广场、金茂大厦，在广州的中信广场，在深圳的地王大厦上班时，语调里所隐含的优越感已经呼之欲出。2006年，巴菲特宣布捐出他的绝大部分财产时，选择的地点是纽约公共图书馆。这座图书馆由钢铁大王、慈善家卡耐基捐资修建。巴菲特显然认为，只有在这样一个包含着知识与仁爱精神的地方，这笔人类有史以来最大的捐赠，才能充分显现出应有的意义。

建筑学家认为，建筑是一种控制空间的艺术，蕴含着丰富的"场所精神"。**人与人之间的关系与互动的规则，已经提前被建筑的空间形式所界定。**鲁迅先生曾说："我从前也很想做皇帝，后来在北京去看到宫殿的房子都是一个刻板的格式，觉得无聊极了。所以我皇帝也不想做了。"确实，中国的皇宫沉闷刻板，不是什么好的住处，但它却雄伟庄严，自有一股帝王之气，所以帝王们是绝不愿放弃这个场所，去住那种更舒适的小院的。

第二次世界大战期间，英国威斯敏斯特议会大厦被德军炸毁。1943年，战事还没有结束，英国首相丘吉尔提议重建议会大厦。他专门就此事发表演讲，他说："我们创造了建筑，而建筑反过来也创造了我们。"这句话无意间道出了建筑的本质。有的评论者甚至认为，议会大厦的构造界定了民主的品质。重建的议会大厦最终于1950年落成。

因为场所、建筑物影响着我们对他人、对自己的判断，也影响着人们相互的关系，所以它不可避免地被有心人所利用，作为建立自身形象、获得心理优势的工具。这是一种摆谱的利器。

交际与消费场所

请人吃饭，与人会谈，娱乐交友，外出购物，大都在公开的场合进行。对于当事人（特别是邀请人）来说，选择什么样的场所大有讲究。**置身于什么样的环境中，你差不多就是什么样的人**。场所的光芒投射在你的身上，牢牢地包裹着你，定义着你的形象与身份，而观察者被强烈的心理暗示所支配，产生相应的联想和印象。

成功人士大都非常善于利用场所来烘托自己。台湾原首富、国泰集团董事长蔡万霖和他的哥哥蔡万春都遵循这样的原则：宁可住大饭店的小房间，也不愿住小饭店的大房间。如要谈公事，就到大厅去。"以壮行色"，**是他们重要的经商秘诀**。

与此类似的一个情景是，某位台资企业的市场总监到大陆办事，在路边等待合作单位派车来接。时值寒冬，同行的人看到衣着单薄的总监在风中瑟瑟发抖，提议说到身后的汉庭酒店大堂里等一会儿。但总监一口回绝，理由是："不能让别人以为我是住汉庭的人。我这个Level的人，最起码要去往喜来登酒店。"总监在寒风中伫立了十分钟，最后潇洒地跨入客户单位的专车。

对多数都市白领或金领人士来说，招待亲朋好友、重要客户吃饭娱乐，挑选场地是一项重要的功课。现代人不再过于讲究吃了什么、花了多少，但场地的档次、环境的雅致是不能不在意的。这不仅关系到受邀者的脸面，也直接地体现了邀请者的经济状况与生活品位。在人际交往中，绝大多数人都乐于向朋友介绍自己"混得不错"，但说得再漂亮，如果你选定的约会地点不起眼儿，别人在心里是要大打问号的：要么你没有经济能力，要么你平日的生活平淡无奇。

随着社会风潮与评判标准的变化，交际场所也进行着相应的迁移。20世纪80年代，带着西洋风味的咖啡厅、西餐厅使人感到身价倍增；90年代上半期，夜总会、娱乐城一度是最受欢迎的宴请宾客的去处，其后，酒吧、茶楼取代了前者的功能。近些年，由于与外国人士交往的增多，交际场所回归正统，五星级酒店成为高层社交的中心舞台。越来越多的企业家学会了这一点，将与客人会谈的地址选在五星级酒店。像华为这样有一定实力的企业，碰到举行签约仪式、商务谈判之类的活动，甚至小到招聘面试员工，经办人员几乎不再花精力考虑场地，选一家五星级酒店好了！

财富人群总是推动着交际场所的不断升级，力求更高档、更私密、更新颖。高级会所、游艇是其中的代表。对大多数人来说，购买私人游艇似乎高不可攀，那么偶尔租用一下商务游船招待亲友、答谢客户，则是一种既"长面子"又可以承受的选择。在上海的黄浦江上，已经有5艘经营性游船对外营业。"盛融国际号"是其中档次最高的游船，包租费用在每小时2万～3万元之间，酒店管理集团波特曼丽嘉为它提供五星级酒店式的餐饮和活动服务。一次活动搞下来，平均花费20万元。游船公司原来设想，每个月接待7次商务活动保住成本就谢天谢地了，但让他们喜出望外的是，游船从2005年9月营业以来，一直受到各方人士的喜爱，包租次数大大超出当初的预料。许多举办婚礼的新人也将目光投向了这里。

除了费用标准外，场所的历史背景、文化特色，也能为置身其中者增光添彩。北京还保留着众多的四合院和名人故居，上海则有众多的老式洋房和经典古建。这样的地方经过用心改造之后推陈出新，每每成为潮流人士的餐饮与休闲的新宠，比如北京的花家怡园、黄埔会、刘老根会馆，上海的新天地、首席公馆、外滩三号等。在这样的地点会客交友，为主人平添了一分知识韵味与文化品位。

场所与政治权力、与社会名流的联系，也是其受到追捧的重要原因。比如，钓鱼台因为是国宾馆，中国会因为曾经是康熙二十四子的府邸，上海雍福会因为原先是英国领事馆的地址，上海复兴公园内的官邸酒吧因为由艺人吴大维出资……**凡是能"说出故事"的地方，都能让人脸上有光。**

办公室

对一个组织的领导者来说，办公场所是他与外界沟通的重要窗口，也是其形象的物质化、具体化。办公室的周边环境如何，规划设计如何，建筑设计与空间布局如何，体现了一个组织及其掌管者的实力与性格。

古往今来的帝王将相似乎都明白建筑格局中包含的玄妙之处。清朝皇帝受贺的金銮殿（太和殿），殿前的台阶共3层39级。建这么多台阶干什么？就是为了让群臣进殿时亦步亦趋，到大殿时膝盖已发软，背上已出汗，自然而然地慑服于天子的威严之下。希特勒的女秘书晚年回忆，希特勒经常对他们讲，到新的总理府来拜访他的人必须先穿过平滑如镜的大理石大厅，然后再经过他那间大办公室。只有这样，才能保证这些人在见到希特勒之前，就已对元首肃然起敬了。

近一二十年，国内新建了许多政府办公楼。这些办公楼在规划设计上具有一些共同的"偏好"——

占地面积大，建筑体量大；

造型设计厚实、稳重、传统。楼层不能太高，结构向横向发展，材料以石材为主，外立面色彩灰暗沉着；

门前或入口处有高耸的华表、罗马柱和高高的台阶；

视野要开阔，进出的道路要宽敞，周围环境要安静，没有（或只有少许）商业门面；

建筑物前有阻隔或遮蔽，遮蔽物可以是绿化植物，可以是水体，也可以是围墙，可以是假山，可以是屏风……总之，不能让人一览无余，感到轻易就可以靠近。

以上这些元素，就是当今的"衙门"气派，彰显出政府的权力与威严，向每一个参观者、来访者强烈宣示着权力的存在。

商业企业由于希望传达给外界的信号与政府机关有所不同，在办公场所的选择上与后者存在着诸多差异。为了吸引外界的更多注意，赢得羡慕与尊重，商业企业一般倾向于在中心地段的高档写字楼内拥有大面积的办公区，有财力的还会尽量建设独立的办公楼。这些气派的办公场所，是企业实力外在化的、可以触摸的证明。

企业与政府在办公楼环境与外观上的差异

		特　点	诉求（象征）
地段与环境	企业	位于城市中心区域与核心地段，或者某种概念性的办公区	财力与知名度
	政府	肃静、通畅	权力（庄严、不可侵犯）
建筑形态	企业	高大挺拔，向高空发展	能力（突破性）
	政府企业	庞大臃肿，横向发展	权力（巨大与稳定性）
设计风格	企业	新潮、醒目	品位（前沿性与创造力）
	政府	传统、保守、暗淡	权力（来源的正统性与行使的严谨性）

在办公大楼内，**个人的办公室处于什么位置，空间是否宽敞，设施是否讲究，既体现了所在单位的实力，也昭示着本人的地位**。特别是办公室的空间分配，更是内部等级关系的明显体现：各个办公楼里朝南的、有阳光的那排房间，基本上是老板和高管的领地；主管人员通常要占用更大的空间，高层管理者一般拥有独立的办公间。近年来，中国有一定级别的官员和企业高管的办公室，兴起了一股建造独立卫生间之风，有的还配有临时卧室，以体现其与众不同的尊贵身份。

对成功的企业家而言，办公室对他们的内外形象具有特别的意义。这里既是其企业王国的指挥塔，又是自己的私人宫殿。当下属走进时，不一样的空间格局提醒着他们，办公桌后面的方寸之地就是权力的所在；当客人们应邀前来时，办公室则像一幅无声的画卷，展示着主人的骄傲与梦想。

作为一种权力与实力的载体，企业家办公室的首要特征就是大。面积的大小与权力、实力成正比，足够大的空间在彰显主人统治地位的同时，还能给谈话带来庄严、肃静的感觉。空间的布局也具有细腻的心理提示作用：漫长的走廊、过渡性空间与屏蔽物，办公桌正对着来人的方向，桌椅"浪费性"地摆放在房屋中央，这类看似不经意之处，无不蕴含着明显的权力和财力信息；而陈设物的类型与风格，则体现了主人不同的文化品位与情趣。

让我们看一看几位老板的办公室吧——

国美电器原老板黄光裕的办公室，位于北京黄金商圈的鹏润大厦。这座大厦是他投资30亿元建造的，高达36层，有顶级写字楼、超五星级酒店和直升机停机坪。穿过迷宫般曲折的走廊，他的办公室几乎占据一层楼的面积，足足有200平方米，由屏风隔墙分成四个大套间，分别作为办公、会议、会客和休息之用。黄光裕在入狱之前，每天坐在巨大的椭圆形办公桌后发号施令，遥控着他迅速扩张的几百家连锁店。这样的办公室，无疑与他昔日作为首富的地位极为匹配。[12]

李嘉诚的办公室位于香港中环长江中心的顶楼——70层。向窗外眺望，怡人的海港和远处海空一线的景色尽收眼底。以前李嘉诚在长江中心的9层办公，但禁不住下属的劝说，最终还是搬到了70层。他的办公室简洁、朴素，又不失雍容大度。房间内四壁饰以梧桐木板，地板上铺着淡褐色地毯，玻璃柜中整洁地摆放着若干件玉器，一幅张大千在巴西时的泼墨画靠墙悬挂。办公桌背靠着大落地玻璃窗，上面电脑、办公用具排列整齐，没有一页纸张。这样的布置给人一种清晰的印象：这里经过了服务人员的精心侍弄，最重要的是，一切都在主人有条不紊的掌控之中。[13]

沈阳和光商务公司原董事长吴力的办公室，从门口到办公桌的距离足有20米。一位曾拜访过他的记者感叹："这不由令人想到过去臣子们必须穿过一个又一个大殿，在路上一遍遍温习顺从的概念，方能一睹龙颜。"

金庸在香港明河出版社有一间近200平方米的超大海景办公室。办公室位于25层，两边窗户占据了半面墙壁，窗外即是维多利亚湾。一位到他办公室采访过的记者形容说："海外湛蓝，高楼巍峨，香港的浮华和浪漫似乎触手可及。"[14]

住所

居住也是消费的一种。不过，由于它将人"笼罩"在它的环境中，赋予居住者强烈的身份光环，因而受到人们的格外重视。很多有钱人对吃什么东西、穿什么衣服、开什么车并不太讲究，但对于住所——不管是购买住宅、租住还是住宾馆，没有任何人愿意马虎、敢于马虎。只有当他居住在某个高尚社区，或者下榻于三星级以上宾馆时，他才敢于爽快地告诉他人自己住在何处，而不是顾左右而言他。唐骏在微软工作时曾告诉采访他的记者，他长期住在中国大饭店的商务套间，衬衣每天由饭店清洗、熨烫。阿里巴巴创始人马云自称无钱买豪宅，但他每次到北京，都住中国大饭店的商务套间。这一点在媒体圈中几乎无人不知。马云喜欢将中国大饭店简称为"中国大"，亲昵之中，些许透露出作为此间常客的自豪。[15]

住所提供给居住者的，不单是肉体上的寄居功能，还有对其身份的强力广告。美国的娱乐明星获得成功之后，大都要在加州比佛利山上买一套住宅，以此向公众和同行宣告其已经上位的消息。几年之后，他便可以将这套房子转手，自己另觅一处更僻静、更合口味的住处。这套房子又可以被其他新人购来当作自己的广告牌。所以，比佛利山上的别墅永远不怕找不到买主。

在香港也是如此。明星和富豪的上位，是以购买山顶豪宅为标志的。原上海地产大亨周正毅从上海滩的穷小子晋升为亿万富豪后，立即着手打造自己的富豪形象。1997年8月，他以6200万港币的价格购入香港湾仔会景阁西翼顶层复式豪宅，从此迈入香港上流富豪圈。1999年4月，他又以8600万元购入位于渣甸山的一套900多平方米的豪宅，与刘銮雄等香港著名富豪为邻，装修费就花去了3000万元。从此，周正毅"上海首富"的名号从香港传出。[16]

在英美等西方国家，判断一个人是否有钱，首先不是看他穿得怎么样，也不是看他开什么车，而是看他住在什么地方。私有的住宅是一个人身份的最真实体现。住宅是一个人拥有的最大宗财产之一，又是最外在化的、最易于识别的符号，所以拥有什么样的住宅，对每个人都是重要的事情。

2004年4月，已取得英国国籍的印度裔钢铁大王拉克希米·米塔尔以1.28亿美元的天价，买下了伦敦市区的一处豪宅，打破了单座房屋交易额的世界纪录。这座房产位于伦敦市中心有着"亿万富翁区"美誉的肯辛顿宫花园，附近就是戴安娜王妃曾居住过的肯辛顿宫和文莱苏丹的住宅。米塔尔的一位朋友透露了他买下这座豪宅的真正原因："拉克希米希望融入到英国社会中，他认为这座房子是身份的象征，有助于进一步加强他的地位。"此前，欧洲钢铁业的同行并不太接受米塔尔这位"外来和尚"，总是以傲慢的姿态给他制造种种难题。

中国大量的农民工长年在外打工，省吃俭用积攒下来一笔钱，为的就是在老家盖一幢两层的楼房。其实，房子盖好后他们一年到头也住不了几天，但这对他们在家乡地位的提升非常重要。**国内许多大城市的调查也显示，购房行为的"身份化消费"趋势日益明显。**不同收入、阶层的购房者根据楼盘的区位、价格、品质、开发商品牌等社会经济标准，选择与自己身份、地位相称的住宅。

从城市主流阶层对住所的选择中，我们可以发现这样一些共同"癖好"：第一，所处的地段和周围的环境要好。李嘉诚早年对房地产曾有一句名言："第一是地段，第二是地段，第三还是地段。"现在，这一原则仍然适用。能够被用来作为财富与身份证明的地段，主要是指拥有山、水、公园等自然风景资源，或者邻近商业中心、处于富人聚集区的区域。"我家住在岸边（俯瞰××江）""我家住在山上（山脚下）"，是对居住地点最骄傲的声明，也是房地产项目最诱人的广告词。

在上海，顶级住宅区有"一山一水一桥"之说，一山是指佘山，一水是指黄浦江，一桥是指虹桥（传统别墅区）。这些东西都是几乎不可复制的稀缺资源，也是足以傲人的谈资。级别降低一点，如果住在中山公园、世纪公园周边，也是可以大肆声张的美事；如果从客厅里能看到公园的景色，就可以自豪地邀约朋友到家中小聚了。

风景总是有限的。以良好的规划、完善的配套以及财富人群聚集而形成的街区，也是构成上等地段的要素。一旦某一居住区形成了明显的阶层与地位含义，人们将因为害怕身处低档社区降低身份，不断向与其身份相符的居住区汇集。"物以类聚，人以群分"，城市居住格局不断分化，呈现同类相聚、贫富分隔的特征。住在某一个区域，差不多就表明你是哪一阶层的人。

清王朝时期，北京城曾有"东富西贵，南贱北贫"之说。民国时期，"东富西贵"开始向"西富东贵"转变，东、西城的区别不大明显了。20世纪80年代之后，富人区向亚运村、中关村、燕莎附近汇集，在郊外则集中在亚运村北部、西山地区、京顺路及机场沿线一带。南城相对更加落后。在很多人的眼中，住在南城简直就是穷人的代名词，如果自己正好住在南城，那就尽量避免提及。

选择住宅的第二大因素，是小区和楼宇的知名度、美誉度。由品牌开发商开发、属于某一地区的代表性物业、与某某明星名人为邻，都是值得荣耀的事情。特别是后一种，往往为人们津津乐道。开发商投其所好，想方设法邀请名流入住。

选择住宅的第三个因素是面积。对大多数人来说，住宅的建筑面积和使用面积是最重要的指标。面积大，不仅住着感觉好，也可以在家中邀请朋友、同事来访。有的人在家中客厅里摆起乒乓球台，仍然不影响沙发的正常使用，这种场面，让来访者一进门就被震慑住："这才是阔气啊！"为了这种脸面上的光荣，不少人宁愿举债购买大户型。

而对真正的有钱人来说，住宅占地面积的多少才是他们关注的因素。财富人群大都钟情于独立式住宅，从城区的老洋房、四合院到郊区的别墅，直至建立自己的庄园。**在自家的院子里和草坪上悠闲踱步，想着"这是我的领地""天和地都属于我一个人所有"，这种得意的感觉，是住在集合式公寓里的人体会不到的。**

第四个因素是设计与装饰，要体现出富裕、尊贵与品位。以前有钱有势的人家大都住独门独院，屋内的气派难以让外人知晓，那就要尽量在门前屋外的门楼上做文章，包括门洞、门墩、门槛、台阶等。要这些玩意干什么？主要是告诉别人："这是大宅子，大户人家！"现在，集合式住宅占主导地位，要体现居住者的财富状况与文化品位，就要靠房子的内部装饰与物什摆设了。

第 5 节

大场面与高规格：先声可以夺人

[**盛大排场**] 盛大的排场与高调的展示，在各种文化中都非常盛行。它将当事人拥有的财力、人脉和品位，赤裸裸地展现在众人面前，其实质是一种"明目张胆"的、公然的示威。

[**名人点缀**] 这类人物的到场具有为主办者帮衬的功能，活动的档次得到了提升，主办者的社会关系、活动能力也得到了验证。

[**与高位者同行**] 自己主动上前，与这些位高权重者坐在一起，同台亮相，也能让别人产生"合理联想"。人们的第一反应将是：他肯定是有一定身份的人，否则怎么会有机会与这些大人物待在一起呢？

2011年12月20日18时，上海香格里拉大酒店。海派清口创始人周立波举行盛大婚礼，迎娶新娘富商胡洁。这起事先张扬的婚礼引来了很多媒体与公众的注目。但婚宴其实很"简朴"：没有小康人家婚嫁中常有的繁复菜肴，仅摆四菜；也没有送礼、收礼的长条桌椅，只摆了一个透明柜，所得礼金按事先承诺悉数捐赠，"公益婚礼"是也！

但作为熟谙江湖排场的笑星，周立波绝不会甘于寂寞，甘于把自己的婚礼搞得不声不响。他的排场不在于凡俗的美食，也不在于人数的多寡，而在于来宾的层次以及现场活动的质量。

让我们看一看来的都是些哈人：

伴郎：黄晓明、任贤齐、吴征等6位明星名人；

主持人：杨澜（带病参加）、高源（第一财经主持人）；

表演嘉宾：崔永元斗嘴皮、杨坤老歌新唱、钱文忠抖往事……

到场嘉宾：成龙、刘嘉玲、陈凯歌夫妇、唐季礼、伊能静、史玉柱、张朝阳等600位社会名流；

证婚人：特意从台湾赶来的星云大师；

……

这种超豪华的来宾阵营，无疑是波波社交关系的一次全面的、公开的展示。波波太有面子了！他特地将自己的婚礼现场过程录制成了一台《家庭演播室》节目，上网供全国人民围观。

冠盖云集，高朋满座，觥筹交错，谈笑风生……**这种盛大的排场与高调的展示，在各种文化中都非常盛行。**它将当事人拥有的财力、人脉和品位，赤裸裸地展现在众人面前，其实质是一种"明目张胆"的、公然的示威。精心营造的现场氛围和强烈的感官冲击，可以起到一种先声夺人、震慑人心的效果，让观众在不知不觉中就接纳了主人试图传达的信息。当场面达到一定程度，富贵逼人，气势压人，你觉得庸俗也罢，高贵也罢，都不由得不服。

"大场面"一般与"高规格"同时出现。只有足够级别的人物出现，场面才有抓人的亮点；而大人物的出现一般伴随着大场面。盛大的规模与位高权重者的出场，无不具有强烈的暗示效果，证明主办者的不同凡响。

另一方面，对出席者来说，受邀或主动参加高规格的活动，也是一次展示身份的机会，表明自己受到了主办者的肯定与尊敬，纳入了某一个圈子或阶层。主办者和出席者都有面子，活动现场自然其乐融融。

盛大排场

中国古代，**皇帝的威严在很大程度上依赖于他们刻意制造的庞大排场**。饮食起居，临朝受贺，无不兴师动众，场面宏大。特别是皇帝出巡，因为要展示在臣民百姓面前，更是仪仗繁琐，守卫森严。汉高祖刘邦早年到咸阳服徭役，看到了始皇帝出行的队伍，感慨地叹息说："嗟乎，大丈夫当如是也！"

公元1405年至1433年，郑和受明成祖朱棣派遣，七次率领庞大的船队出使西洋。据史料记载，每次下西洋的船只数量都有200多艘，其中大型的"宝船"有40～60艘，每次的人数在27000人以上。如此庞大的规模与气势，即使在当今世界也是十分罕见的。郑和下西洋既不是为了殖民，对外贸易的成分也不高，那如此兴师动众是为了啥？历史学家们争来争去，比较一致的意见是为了"远播威名"，让东南亚、南亚及西亚地区诸多蛮夷小国见识大明的盛大国威，维护以中华帝国为核心、四夷宾服的朝贡体系。有论者认为，这是为了提高明朝的国际威望而进行的一场代价高昂的政治游行。

清代实行闭关锁国政策，皇帝展示排场的舞台换在了国内。方法之一是大规模的巡游，之二是盛大的满汉全席。满汉全席是招待与皇室联姻的蒙古亲族所设的御宴，清朝历代皇帝均十分重视，每年循例举行。宴席一般设在正大光明殿，由满族一、二品大臣作陪。全席计有冷荤热肴196品、点心茶食124品，会集了满汉两族的众多名馔；使用的餐具是全套粉彩万寿餐具，配以银器，席间名师奏古乐，庄重优雅。据史料记载，受宴的蒙古亲族每每受宠若惊，视为大福。而对清朝皇帝来说，这无疑是他们精心摆下的一个大谱——借助这种奢靡的排场和气氛，显示出帝国的富强和皇上的威德，达到维系关系、巩固统治的目的。

今天，国家展示国力的主要方式，已经演变为阅兵仪式、军事演习以及太空飞行这类的竞赛。而在民间，人们经常见到的排场则表现为不同名目的庆典与宴请。个人有婚丧嫁娶等红白喜事，单位有成立大会、周年庆典、客户答谢会等名目繁多的庆祝活动。只要条件许可，这些庆典、宴请必定向着排场、豪华的方向发展，尽可能地广邀宾朋，极尽奢华之能事。

这样的盛大、奢华的场面突破了日常生活的平庸和琐碎，满足了人们内心中对盛大、奢侈的梦想，因此，大多数人是乐得前来捧场、分享荣耀的。但是，作为受邀者，你是否明了这一邀请背后的含义以及自己此行的责任？表面上，主人给你的理由是共享欢乐、亲朋团聚、感谢支持，但他之所以不辞辛劳、不惜破费，还希望你扮演三个角色：

其一，作为这一活动的目击者与见证人，亲身感受主人的实力与地位。这是他单独消费所无法完成的。

其二，你还应该是一个传播者，附带有向外传播这一盛况的义务。

其三，充当这一盛会的"人肉布景"，协助主人完成显摆仪式。你与成排的餐桌、雅致的布景和专业的表演者一样，都是这盛大场面的组成部分。

也就是说，**在这场生活的戏剧中，你既是演员，又是观众，还是广告员。**既要被别人所看，又要看其他的人和物，还要让更多的人了解。

与各种个人化的高消费相比，庆典因为有一个堂而皇之的名目，又有众多宾客分享，所以要显得名正言顺得多。人们的注意力被高尚的庆祝主题所吸引，往往忽略了其中蕴含的炫耀性动机。比如娶亲嫁女，虽然浪费严重，但因为有了"钟爱子女"或者"婚姻神圣"的名义，人们就无从产生反感，反倒生出许多羡慕。2008年10月7日，赵本山的女儿赵玉芳在铁岭出嫁。新人乘坐的婚车是一辆宾利，另有十余辆黑色林肯跟随，后面再紧跟二十余辆黑色悍马吉普车，庞大的车队一度使酒店所在街道发生交通堵塞。婚礼现场笑星云集，"赵家班"全体出动，喜气洋洋的赵本山忙前忙后招呼客人，堪比一场小品晚会。在仪式过程中，父女之间的深情对白，让不少女来宾拿出纸巾擦拭眼角。

庆典已成为个人合法的摆谱手段，企业则以发布会、答谢会、招待会的形式展现自己的财力与社会资源。2004年2月9日，职业经理人唐骏从微软中国跳槽到盛大集团。为了证明自己"打工皇帝"的名声不虚，唐骏特别要求双方共同在北京东方君悦大酒店举办了一场隆重的媒体发布会，宣布他从微软退休并出任盛大总裁。唐骏骄傲地回忆说："微软中华区总裁陈永正向我颁发了微软中国公司终身荣誉总裁的证书，旁边站着陈天桥。这在微软公司的历史上是史无前例的，我对获得这个荣誉颇感骄傲。"

名人装点

除了场面的规模大之外，参与者的层次也非常重要。在私人性的活动中，人们往往会邀请一些领导人物和贵客到场，而在企业的庆典活动和各类会务、论坛上，知名人士的出席是活动效果的保障。这类人物的到场具有为主办者"站台背书"的功能，活动的档次得到了提升，主办者的社会关系、活动能力也得到了验证。

比较而言，邀请哪一类贵宾的效果最好呢？**除了来宾的权势之外，知名度是最重要的因素，最能给主办者带来荣耀。**2011年11月13日，严介和据称斥资上千万元，邀请美国前总统克林顿、澳大利亚前总理霍华德等国际政要参与"华佗论箭"论坛，并见证儿子严昊的婚礼及接班仪式。他和克林顿在台上坐而论道，讨论中国的经济发展与国际经济环境，得意与豪情溢于言表。严介和坦承，这是"利用政界、商界和学术界进行造势，形成政商学态势"。

娱乐明星、电视主持人由于在公众中具有广泛的知名度，且亲和力强，能够成为公众的谈资，因而是最受欢迎、最能为主人"长面子"的受邀对象。日本女优苍井空在中国爆红后，成了各类商业表演的宠儿。2012年春节前，凡客诚品在北京国家会议中心举行隆重的年会，苍井空与韩寒、黄晓明、李宇春等大腕一同出席，并成为现场的最大亮点。

2011年初，前"北京首富"李晓华在北京昆仑饭店举办60岁生日宴，宾客多达400多人，其中不乏演艺界的名人和商界领袖——赵本山、小沈阳夫妇、葛优、孙楠、唐国强、阎维文、尹相杰、张也、翁虹、夏雨袁泉夫妇、李玉刚、濮存昕夫妇、吴若甫夫妇、何琳、刘刚、常宽、金巧巧、于丹、姜昆、春妮、刘佩琦、央视主持人芮成钢、华谊总裁王中军、网络界大佬李彦宏及张朝阳等均有出席。两个多小时的晚宴安排了5个部分的文艺表演，袁小海、小沈阳、姜昆等人登台献艺。现场还设有抽奖环节，一等奖是一辆奔驰Smart小汽车，葛优、毕福剑、濮存昕等担任颁奖嘉宾。由于太多明星名人到场，这场寿宴成了微博上的热门话题。网友感叹"现场简直像一场颁奖典礼"，豪华程度堪比"春晚"，"揭示了人脉的重要性及资本的趋利性"。

现为香港华达投资公司董事长的李晓华，曾作为"亚洲第一位拥有劳斯莱斯的富翁"以及"中国第一位拥有法拉利的人"被媒体广泛报道。不少网友好奇，为何李晓华的生日宴会吸引到如此众多的明星大腕到场？其实，更实质性的问题是，李晓华为什么要不辞辛苦邀请这么多的名流捧场？要知道，给这些名人打一个邀请电话，也是要花费不少周折的！据说赵本山与他仅认识5天，也被他盛情邀请前来。或许真实的原因在于，李晓华对自己在商界的声望下滑感到了危机。1998年，他曾在《福布斯》富豪榜上排名第二，但此后排名不断下降，2007年后更跌到500名之后。他太需要一次公开的、盛大的场面，来证明自己仍然财力雄厚、人脉广泛。

这几年，随着大众欣赏趣味的提高，艺术家、知名学者也成了企业界热衷邀请的贵宾。比如画家陈丹青、音乐家谭盾、指挥家余隆，就经常在各类奢侈品的发布会上流连。有了他们，这些商品也仿佛沾染了高雅的艺术气息。

在竞争性的选举中，候选人常常要邀请知名人士到场为自己"站台"助威。站台的人包括政治明星、社会名流、地方大佬、知名主持人、演艺明星等。借助这些人的影响力，候选人可以增强选民对自己的信心，拉近与选民的距离，从而提高胜选的概率。特别是对后起之秀来说，大佬的站台非常重要。

身份展览

对普罗大众来说，名人名流如同天上的太阳，光亮耀眼，但是想请来这类人物专门为你捧场、让你沾光，可能性微乎其微；即使对于事业有成的中层人士来说，顶级的政商名流也如同天上的太阳，光芒难以照到自己身上。怎么办？**如果未获得受邀出席的机会，那就自己主动贴上去，与这些位高权重者坐在一起，或者在有影响力的场合亮亮相，都是提升自我形象、巩固江湖地位的重要手段。**不管是现场的其他人，还是通过电视、图片或口头传播获得这个信息的人，都将从你的在场中产生一种"合理联想"：你一定也是有地位的、日子过得不错的人，否则，怎么会有机会与这些大人物待在一起呢？怎么能出席这么高规格的场合呢？

美国历届总统上任后，都要举办国宴来答谢帮助过他的各路神仙。这第一次国宴的入场券是精英人士争相抢夺的宝物。约翰·肯尼迪总统的社交秘书利蒂希亚回忆说，曾经有人向她行贿5000美元，只为了出席一次国宴；林登·约翰逊总统的社交秘书贝希·埃布尔也回忆，曾有一个男子打电话给他，说自己的妻子马上就要去世了，唯一的愿望就是能参加一次国宴。埃布尔把这对夫妇邀请到了白宫，可是过了很久，他又遇到了活蹦乱跳的他们。

实在地说，国宴上的菜肴很简单，来宾吃不到什么；国宴的时间很短，嘉宾们也没有机会深入交谈。那么，这么多人趋之若鹜，图的是什么呢？难道只是为了凑一个热闹？当然不是。这种场合，对参加者来说都是一个难得的身份展览的机会，表明自己进入了最高层的视线，是有头有脸的成功人士。

近年来，中国的领导人出访他国时，也习惯于带企业家随行。这让商人们有了一个难得的提升自我形象的机会。资料显示，随同国家领导人出访外国的民营企业家的数量超过了国企，其中以沪苏浙地区最为活跃，温州籍企业家又是最中之最，奥康、正泰、德力西等企业的老板都曾随同出访。由于有政府的隐性担保，这些企业在国外进行商务洽谈时，成交的可能性大大增加。有分析认为，取得随同国家领导人出访的资格，表明其已获得政府的认可，等于获得了一张特别的信用证。这些企业家回国后，当然不会放过借机宣传的机会，让自己的企业形象与交际圈子更上一个层次。

与出席国宴、随同领导人出访具有同样功能的，还有各种上流人士的派对、慈善晚宴、颁奖晚会，商业性质的则有瑞士达沃斯论坛、博鳌亚洲论坛、全球气候峰会、威尼斯艺术双年展、国际广告行业年会等，以及微软、苹果这类标杆性公司的年度发布会。每逢有这样的会议活动，我们都能看到成功的或者还不太成功的高级经理人长途奔袭过去，然后不动声色地在博客上发表所见所闻、所思所感。不可否认的是，在这样高规格的场所展示自己（哪怕只是在台下就座），获得一份跻身主流阶层的感觉与证明，是企业家们心照不宣的动机之一。

在我国，中央电视台的春节联欢晚会仍然是各路英豪展现自我的重要时机。如果能在嘉宾席的前排就座，再被电视镜头扫过两遍，那更是一种成功的证明。不然，全国人民十几亿，哪里就轮得上你了呢？为了坐到这样的位置，黄光裕、李彦宏这样的企业家都付出了大价钱。"词坛怪杰"张俊以在出事前，有好几年的春晚，人们总是能看到他笑容满面地坐在嘉宾席的第三排。这个位置也不是容易得到的。这对张俊以有什么好处呢？等于是向国人宣告，他是获得了主流社会认可的大腕，进入了文艺界的庙堂。

商界领袖是权势的一极。如果能和这些人共处、交谈，也是一件值得炫耀的事。有人不惜为此付出高昂的代价。2006年6月底，步步高电子公司创始人段永平经过数次网上竞价，最终以62.01万美元的代价，获得了一次和"股神"巴菲特共进午餐的机会。已经处于半隐退状态的段永平立即成为媒体的焦点。

两年之后，另一位中国人——赤子之心中国成长投资基金创办人赵丹阳把巴菲特午餐的价格又推向新高，以211万美元竞拍成功。当全世界都质疑吃这顿饭值不值时，赵丹阳毫不犹豫地说：值！据报道，赵丹阳趁着吃饭的时机向巴菲特推荐了物美商业的股票，借助"巴菲特效应"，物美商业股价连续飙涨，赵丹阳几天内狂赚上千万美元。

不要以为社会名流、政商大佬出席这类仪式与活动，只是纯粹义务性的帮忙，为别人脸上贴金。其实对他们来说，同样需要经常性地在这类场合亮相，以此重申自己的江湖地位。比如行业内的重要论坛、年度总结大会、颁奖典礼、重大项目的开业庆典，这样的场合如果长期见不到他的身影，别人就会猜想他是不是已经隐退，或者被取而代之。略有不同之处在于，他需要讲究一下出场的规格、礼仪与活动内容，以便与他的身份相称。典型的安排是为会议致辞、为新项目揭幕剪彩、为新人颁奖。当然，如果他懒得劳动大驾，坐坐主席台、走走红地毯、通过视频挥挥手致致意，也是可行的选择。

如今，以房地产走势为题的论坛泛滥成灾，大佬们都有些疲了。某位优秀的会议大亨想出一个绝好的名称："中国房地产50人论坛"。就凭这一点，几乎将业界的知名专家一网打尽。就50人的行业论坛，你不来吗？你要是不来，在业界的位置怎么摆？

第 *6* 节

"装腔作势"：
强者自有强者的气派

[神态举止] 速度较慢、幅度稍大、从容不迫，是权势人物走路的突出特点。

[语气腔调] 强者有强者的表达方式，他一开口，不管说的是什么，气势与腔调就与其他人不同，不知不觉地宣示着自己的掌控地位。这是公众从生活中得到的结论，也是很多人对强者的期待。

[仪表打扮] 那些老板、经理们很清楚，他们穿衣打扮的目的，不是为了让别人觉得好看或者亲切，也不是让自己更舒服，而是展示出权威性，甚至保持与部下的距离。

现任联想集团CEO的杨元庆本是一介书生，中国科技大学的计算机硕士，性情直爽，一激动起来容易结巴。加入联想后干的是销售，凭着一股子真诚和厚道打动了不少客户，销售业绩相当不错。柳传志喜爱他，在杨元庆37岁时就让他接掌联想的大权。

但老柳对他的公众形象不放心，担心他作为公司老总气场不够，暗地里指示对他进行特别的训练和包装，并特别强调"要提高元庆的口才，起码要达到郭为（柳传志的另一爱将）的水平"。为此，联想品牌沟通部先后导入奥美公关、蓝色光标公关顾问公司，在进行公司品牌建设的同时，一个秘而不宣的使命就是"包装"杨元庆。

顾问公司为杨元庆开设了专门的卡耐基课程培训，内容包括如何当众讲话、人际交往、职场礼仪、领导力等。为帮助杨元庆克服口吃的毛病，顾问公司提醒他：新闻发布会上语速要慢，手势要少，多看准备的稿子，少自己发挥——因为一自由发挥，口吃的毛病就容易犯。

着装训练，则由联想集团最洋气的副总马雪征担任。马雪征常年在香港，着装非常时髦讲究。早期杨元庆去香港，都由马雪征亲自带着他去中环逛SOGO，挑选合体的西服。联想每年的业绩发布会在香港召开，杨元庆陪着老柳去见投资人，他的西服、领带、皮鞋、手表都有专人配置。

2005年联想集团并购IBM的个人电脑业务，确立了国际化的发展战略。杨元庆出任公司董事长，长驻纽约办公，着装标准更上了一个档次。虽然他未改变深色调西服的风格，但为了与国际商业领袖的穿衣特点相统一，采取了西服后开气的剪裁方式。

经过专门的训练和多年的打磨，昔日那个略带腼腆的青涩少年不见了，取而代之的是一位成熟、稳重，举手投足间洋溢着自信与涵养的知名公司的掌舵人。今天，即便是与国际大公司的老板们一起坐而论道，杨元庆的派头也不居人下。

杨元庆的这一套训练方法，数十年前就有人开始有意识地使用，并成效斐然。20世纪30年代初，希特勒以火箭般的速度登上了德国权力的顶峰。他的法宝之一，就是富有蛊惑力的演讲和救世主般的举止神态。他展现给公众的有力的手势、坚毅的神情、铿锵的语调，以及不容置辩、舍我其谁的口气，强烈震撼了德国的普通民众和上层精英，让处于经济衰退中的德国人感受到一股强大的力量。人们说，这才像一个帝国的元首，举国上下狂热地崇拜他，以至于有人见到他时，像"触了电一样浑身颤抖"。

以下是一些回忆录中对希特勒神态举止、演讲风格的描述：

他走路总是步伐稳健，从容不迫。当他走向欢迎的人群时，他的步伐近乎是庄严的；

他在演讲前一定要沉默很长的时间，一直等到群众由闹到静，他才在惯用的低沉语调中开始演说……先是很低很低的声音，全场的人连呼吸都可听见时，突然抬起头，挺直胸，瞪圆眼珠，有节奏地将每一个煽动性的词语呐喊出来；

他喜欢挥舞拳头，用拳头砸向掌心，或是用手指指向前方，或是将握紧的手掌伸开；

他的眼睛炯炯有神，目光坚定，常常放射出审视的目光。讲话时既能释放出热情，又能表达愤怒、冷淡和蔑视……

这些动作、表情、语调，都是典型的领导者与强力人物的标志，释放出有关力量、权威、信心的强烈信号。

其实，早年的希特勒是个腼腆、沉默的人，在政治运动中经常手足无措，被上司评论为缺乏组织才能、不适合担任领导职务。后来人们所知的这些做派，都是他长时间严格训练的结果。他在纳粹党内崛起时，就已经开始在私下里练习他那著名的手势。希特勒上台后，第三帝国的宣传部长戈培尔特地将歌剧演员保罗请来，作为希特勒的形象教练。他们预先把希特勒的各种手势拍下照来，选择出那些能够加强他高高在上的领袖形象的动作。保罗对希特勒在公开场所的一举一动，包括如何走下汽车、如何与人握手、如何步入会场，以及在大小型庆祝活动中的问候方式等，都作了精心的安排。在参加重大演讲前，保罗和希特勒都要预先排练，有时直到深夜。

尽管在今天的人看来，希特勒的表现有些夸张——这种夸张迎合了当时环境下德国民众的情绪，但我们可以看到，希特勒的这些动作、表情、语调，过去和现在都在被无数的领袖、成功者、布道者、有钱人等强势人物广泛使用，是他们身上的共同特征。

这些特有的动作、表情、语调，以及衣着打扮、仪表姿势等，构成了强势人物的独特气质，在他们身上标注着不同的身份记号。人们根据生活经验形成了这样一种看法：领袖自有领袖的风度，官员自有官员的仪态，有钱人自有有钱人的派头。民间类似的说法有"领袖风范""官有官体""财大气粗"等。**所谓"风范""官体""气粗"就是一套符号系统，通过它们，普通百姓判断这个人物是否有权或有钱，上层人士判断是否该接纳他作为自己阶层中的一员。**如果没有与身份相对应的仪态气度，人们就会自然地产生怀疑；即使他的身份确实，也可能遭到人们本能的排斥与轻视。

也就是说，这些仪态、气度不仅是人们用来识别成功者的标签，也是他们内心中对成功者的期待，不仅"是如此"，而且"应如此"。他们需要成功者有成功者的样子，领导者有领导者的样子。希特勒正是因为满足了当时的德国民众对元首的形象期待，才顺利地爬上元首的宝座，并至死都牢牢地把持着政权。

在现实中，大凡成功者都会有意识地运用这些独特符号，向外界传递自己的强势身份信息。而那些希望自己跃上一个更高台阶，在谈判、交易中获得强势地位的人，也会以相应的方式"装腔作势""装模作样"。一般来说，只要有相应的资源作支撑，又没有伤害他人的自尊，人们将愿意以他展示出来的身份看待他、接纳他。

有些精英人物为了培养自己下一代的领袖气质，在孩子很小时就带着他们参加各种高层会晤，让他们耳濡目染，现场学习上层人士的行为举止。在李泽钜和李泽楷八九岁时，李嘉诚便为他们专设小椅子，让他们列席公司的董事会。连战在少年时期，他的父亲连震东经常带着他出入名门，参加名流聚会，养成了他的公子做派。河北巨力集团执行总裁杨子在14岁时，也遵照父亲的要求穿着小西装,挂着胸牌,和长辈们一起参加公司高层会议。湖南三一重工董事长梁稳根在儿子梁治中16岁时,就安排他旁听公司的董事会,其他几位高管的孩子有的只有八九岁,也一同被叫来旁听。现在,20多岁的梁治中在公司里被人称作"梁先生""小梁总"。

西方有句名言:"你可以先装扮成'那个样子',直到你成为'那个样子'。"这在竞选过程中是绝对的真理。参选人一旦宣布竞选,就要把自己装扮成候任领导人的样子,只有这样,选民才会放心把票投给他。也就是说,只有先"处其位",而后才可能"谋其政"。这是一个提前上位的过程。不管最终是否当选,每个参选人在心理上都已经担任了一段时间的领导职务。

形象设计师英格丽·张告诫人们,**像领导那样举止**,**像领导那样说话**,那么,你就是领导。

神态举止

我们对别人的"第一印象",往往在他开口说话之前就已获得。眼神(表情)、步伐、手势、站与坐的姿态等,都在无声地、随时随地地传递着他的个人信息,给别人制造相应的印象。与口头语言相比,这些被称为"肢体语言"的东西泄露出来的内容,往往更让人觉得可信,传播速度也更快。

成功者、强势人物大都非常善于控制自己的肢体语言(即使面临困难也是如此),在他人面前的举手投足、一颦一笑,无不体现出一股与平头百姓不同的风采,让人一看就知道是有来头的人物,尊敬之意也油然而生。有的人通过专门的学习与锻炼,着意释放比实际身份更强大的信号,提升自己的社会形象,具有一定的迷惑性。

在人的诸种神态举止中,眼神具有最强大的、近乎神秘的力量。平和、沉稳的目光显示出从容和自信;瞳孔适当放大,面孔舒张表明意气风发,稳操胜券;眼睛一眨也不眨表明坚强与决心;眯缝着眼睛(或者用余光扫视)显现出一种轻蔑；死盯着别人不放则有一种居高临下的威慑力——老板对其部下经常会使用这种眼神。这些都是权威人物、强势者经常使用的眼神。精通这套目光语言的人，会在不同的情境运用不同的眼神。当他面对比自己更强势的人物或者自己有所求的对象时，他会盯着对方看，显示自己的自信；当他自己处于明显的高位或者被别人乞求时，就有意不看着对方说话，显示出自己的优势地位。

河北巨力集团执行总裁杨子经常充当各种会议的主持人。他说："眼神的交流非常重要，可以体现一个人的控制力。会场上，我会让自己的眼神扫过每一排人的面孔，注视的目光更能增加自信。"

在传统社会，权势者的表情以严肃、庄重为主，让别人从畏惧中产生敬重；**到了现代社会，在平等观念和自由选择权的冲击下，权势者的表情发展为以微笑为主**，微笑成为胜利、强势的主要符号。萨达姆·侯赛因在法官宣布休庭或者被强制带离法庭时，都会微笑着面对电视镜头，以表明他的反抗取得了胜利。企业老总们为杂志提供照片，都会选择带着微笑表情的。虽然大笑可能更有感染力和亲和力，深沉可能看起来更"酷"、更有内涵，但似乎只有微笑，才是成功与信心的最好表示。

俄国石油大亨、尤科斯石油公司前CEO霍多尔科夫斯基在铁笼中的微笑，堪称人类史上最摄人心魄的强者的微笑。2003年10月，霍多尔科夫斯基被俄国当局逮捕。在电视画面上，人们一次次看到被关在铁笼中的他露出平和的、甚至灿烂的微笑。通过这种仅有的与公众沟通的方式，霍多尔科夫斯基不仅要告诉人们，他是一个懂礼仪、有修养的绅士（而不是抢劫财富的强盗），还试图表明，他在与俄政府的对抗中是胜利者。胜利有两重含义：一、他终将无罪获释；二、即使不能获释，他也具有道义上的优势，他只是政治斗争中的牺牲品。很显然，这种微笑不是俄罗斯官方希望看到的，但对他的支持者却是莫大的鼓舞。

手势是另一种经常被使用的符号。人体行为学家惊奇地发现，西方的领导人在公开讲演时，会不约而同地使用极其相似的手势——手掌在胸前相对，仿佛中间有一个箱子，或者整个手臂都朝下砍下。这种被称为"箱式"的手势，自约翰·肯尼迪在电视上展现以来，频频在人们眼前闪现，似乎成了政治家的专利。在某一天的电视节目上，英国首相布莱尔和美国总统克林顿在不同会议上，居然用着同样的动作演讲，看电视的人不由得猜测，他们一定参加了同一个演讲培训班。

行走、坐或站的姿势，也无声地透露出当事人的身份信息。**速度较慢、幅度稍大、从容不迫，是权势人物走路的突出特点。**在美国，有人开设了一个叫"如何像亿万富翁那样走路"的讲习班，要求受训者"挺胸、抬头、腹部向前略倾，目光略为垂视，双脚略为八字，双手永远不要放在身体前"。据称，来参加这个讲习班的人成千上万。有的年轻人表示，他们想用这种泰然自若的帝王气派的走步方式吸引女性。

在站立的姿态方面，英国查尔斯王子是权贵人物的榜样。他在公共场合的标准站姿是，双手自然地背在背后，身体挺直，视线凝望远方，仿佛在巡视自家的花园，又隐约包含着一股帝王雄视四方的气概。

权势人物或信心良好的人，在就座时也有共同的特点：一般会坐在整个椅面上（而不会坐在椅子的一角或边缘），上身略微倾斜地靠在椅背上（不会缩着脖子或者向上挺直，那分别是卑屈的与"受训"的姿势），双腿自然分开或交叉着向前方伸展（不是紧紧并拢），两臂向外张开（不是夹着身子或规矩地并放在膝盖上），尽可能地占领空间。**这种稳定地占据座位的姿态，显示出他对坐到这个位子上的充分信心，不是被"赐坐"和"靠边坐"的角色。**

语气腔调

强者有强者的表达方式，他一开口，不管说的是什么，气势与腔调就与其他人不同，不知不觉地宣示着自己的掌控地位。这是公众从生活中得到的结论，也是很多人对强者的期待。如果你属于偶像型或者领袖型人物，似乎更应该如此，因为很多人需要从你身上寻找信心和力量。如果你站在强者之列，却没有强者说话的口气，人们将会感到怀疑、失望和沮丧。

语言是一个人传达自我的最重要媒介，也是别人了解你的最重要渠道。"说什么"很重要，"怎样说"同样重要。说话的口气、腔调、用语，都透露出你的现实状况与内心想法。从事"猎头"工作的人事经理，在确定候选目标之后常常要先和候选人在电话里交谈几分钟，从对方说话的语调里，就能大致感受到他的能力与性格特征。

在说话的腔调上，强势人物大都表现出自信、坚定、不含糊、"口气大"的特点。1993年初，冯仑专程到深圳拜访王石。王石在他的书中回忆了他们的最初会面："学者型的冯仑，谈起话来洋洋洒洒饶有风趣：'早就听说深圳有几个年轻人捣鼓股份制筹集资金，提出规范化，影响很正面，做得聪明，特来学习交流。我介绍一下万通的情况：几个秀才下海成立万通，赚了钱，但秀才赚钱不为财，为理想，将来还要报效社会；第二层意思：目前赚钱机会很好，企业要像酵母菌一样膨胀扩张；第三层意思：同万科合作发展业务。'"[17]

冯仑的这番表述，带着明显的机关味道，还有一股子居高临下的架势。在中国推行市场经济的最初年代，"下海"者大都从体制内出来，这样的表达方式与大腹便便的体形一样，都表明了谈话者的"高贵"出身（而非"泥腿子洗脚上岸"式的草根阶层），属于有来头的，因而在当时也更容易被人们所接受。

在技术层面，强势者说话具有这样一些共同特征：

1. 语速偏慢，从容不迫，体现沉着、稳重和坦然。除非年轻的领导人为了显示朝气和活力，速度可以稍快一点之外，大部分情况下，成功人士都愿意使用和缓的语速，越是在危急关头，越是如此。这是一种"举重若轻，处变不惊"的境界。

2. 声音洪亮有力，但音调低沉而浑厚，以显示自己无可置疑的权力与威严。美国《进化和人类行为》杂志2006年7月刊登的一份研究报告显示，男人的声音越低，其他男人就会认为他的体格优势越大，而女性更喜欢声音低的男性；当男人面对弱者时，他们会降低音调，但碰到强者时，他们会提高音调。这次研究的负责人匹兹堡大学的戴维·帕茨说，男人无意中会提高自己的音调以表示对比自己更强者的顺从或尊重，但有时也会有意降低音调以掩饰自己的心虚。

深沉、浑厚、富有磁性的声音，让人感觉到对方的沉稳、权威、可信；而高频率的、尖厉的声音，让人感到紧张和担心。领导人物大都有着浑厚的音质，美国的历届总统是如此，我国的毛泽东、邓小平等领导人也是如此。这种宽厚、低沉的声音并不单纯依靠喉咙发音，还需要腹腔的支持。在动物世界，雄性动物借助宽阔的身体空间充当共鸣器，发出足够厚重的声音，彰显自己的统治地位。人类通过腹腔发声的练习，也可以很大程度地改变原有的音质。事实上，有意识进行这种训练的政界和商界人士不乏其人。英国"铁娘子"撒切尔夫人在进入政坛之初，声音尖锐刺耳，影响了人们对她的喜爱度。她在音质专家的培训下练习腹腔发声，改变了原有的尖细音质。

3. 使用主流性的语言、词汇及口音，以体现自己的高贵出身和丰富学识。20世纪八九十年代，香港与广东的经济影响力遍及全国，广东话一度成为通行的交际语言。如果能够说一口正宗的广东话，哪怕是怪腔怪调的广东普通话，也是一种有钱的标志，能够让听者产生恰当的联想。进入21世纪后，由于与西方的接触日益密切，国人的眼界渐高，英语成为国际化的标志，学界与商界都以能流利地讲述英语为荣耀，不会讲英语的就是"土鳖"。在一些学术会议上，即使与会者全部是中国人，演讲者也常常有板有眼地用英语发言，起码在PPT中使用英语。而在日常交谈中，夹杂英语单词几乎是一种时尚，夹杂的英语单词越多，表示你"洋化"的成分越高。不少中国人居然会说，不清楚某个英语单词在汉语中怎么表述。

"请""您""谢谢"这些敬辞，是文明社会里使用最多的词语之一。但它从上层人士的口中彬彬有礼地、一遍一遍地出现的时候，比如"请把大衣拿给我""请您到这边来""谢谢您的意见"，又何尝不是在表明自己的尊贵与身份呢？

大量地使用专业术语、行话、新词，也是一种身份的表白。来自香港的房地产商人王士诚在与客户会谈的时候，总是固执地按照香港的叫法，称规划图为"墨线图"。这其实是在不断重申自己的港人身份。其他类似的专用词语不胜枚举，比如不说"胶片"而非要说"菲林"，不说"麻省理工学院"而说"MIT"，不说"多数决定"而说"多数决"……哪怕是用日常口语就能表达清楚的话，专家、高手们也要尽可能使用专业术语，以确保行外人或者入行不久的新人听不懂。不如此，如何显出自己是老资格、是权威专家呢？

仪表打扮

举手投足、言语表达都有停下来的时候，但衣着打扮却永远附着在一个人的身上，形成了他的鲜明气质，也给别人留下稳定的印象。俗话说，"人靠衣裳马靠鞍"，在"以貌取人"成为商业社会逃脱不掉的规律的时候，成功人士是不会忽视这个重要的身份标签的。有报道说，李泽楷的公司里有四个副总裁专门负责公司形象和他的个人形象，什么场合穿什么服装，表现什么样的风格，都有专门的班子策划。

在《高消费》一节里我们讲到，穿着是消费的最重要内容。不过，穿着不仅与金钱有关，还有更丰富的个人身份与文化信息。一身名牌可以让别人感受到你的财富、品位以及信心，**但强势者更愿意通过对着装风格的选择，凸显自己的权威、力量与成熟，获得人们更多的尊重**。这与高消费是两个不同的范畴。

不同的着装风格昭示了人的不同身份。比如鲁迅笔下的孔乙己，"是站着喝酒而穿长衫的唯一的人"，长衫是知识分子的身份标签，虽然他的长衫又破又脏，但毕竟不同于体力劳动者的短衫；数十年前，不论在中国还是西方，斗篷与披风都是权势人物、富家小姐共同的身份标志（这一点非常类似于动物张大身躯，以表明自己的强大），如今缩小成了风衣，仍多少具有这方面的功能。

1948年4月底，南京政府国民大会选举正副总统，李宗仁不顾蒋介石的反对执意竞选，并当选为副总统。李宗仁请示蒋介石，就职典礼上穿什么服装？蒋介石说穿西装大礼服。李宗仁急忙找上海有名的西装店赶制了一套硬领燕尾服。典礼前夕，李宗仁忽然接到蒋介石手谕，典礼改着常用军服。可是在5月20日举行的正副总统就职典礼上，蒋介石并未穿军服，而是学孙中山就任临时大总统时的样子，着一身长袍马褂，手里还拄着文明棍。身着军服的副总统站在蒋介石身边，活像他的随从。在文武百官和中外贵宾面前，李宗仁很是尴尬。

这是着装风格方面的一个著名案例。蒋介石通过服装的选择，有意让李宗仁难堪，以惩罚他不听劝阻执意参选。这就是衣着风格的力量。

对于成功者的衣着打扮，人们在头脑中有不同时期的"画像"：20世纪二三十年代，混迹于上海滩的少壮派精英，标准的形象就是穿着背带西裤和西装背心，梳着线条明显的三七分头，头发用猪油抹得乌黑发亮，嘴上叼着过滤嘴香烟；而有钱有势的阔老爷，则是"西装革履姨太太，眼镜戒指加烟斗"。到了本世纪初，成功的企业家形象是身着熨得笔挺的西装、纯白衬衣，袖口上缝着金灿灿的法式袖扣，脚上是油光锃亮的三接头皮鞋，脸上流光溢彩，头发用摩丝梳得四平八稳，手里提着超薄型的笔记本电脑包。风险投资家沈南鹏、笑星周立波都喜欢以这种形象示人。

有了这样的"标准像"，一个人要让别人感到自己是那么回事，大约只能朝这个标准造型靠拢。比如相声演员郭德纲，以前一直爱穿夹克，出名之后，在他常演出的天桥乐茶园门口卖煎饼的师傅发现，他"现在一般都穿西服"。

虽然时尚界不断吹起休闲与另类之风，新潮的服装款式与发式层出不穷，但这些新风气似乎难以撼动那些身份意识深厚的人士。在有一定级别的商务交往中，正统的西装、保守的发式仍然牢牢地把持着舞台。**那些老板、经理很清楚，他们穿衣打扮的目的，不是为了让别人觉得好看或者亲切，也不是让自己更舒服，而是展示出权威性，甚至保持与部下的距离。**休闲服装、时尚打扮无疑有损于这一点。所以，不管是三伏天还是三九天，经理们都要西装革履，把衬衣扎紧，把领带系好。

形象设计专家给成功人士总结出了一些着装"天条"：男士只能穿青深色或灰色西服（比如，唐骏的房间里总是备着20套西装，几乎全是深色）、白色或浅蓝色衬衣、黑色皮鞋，永远不能穿牛仔裤、旅游鞋、大花纹或者醒目颜色的衬衣，休闲服要穿也不能出现在公开场合；女士则一定要把长发剪成短发，把妩媚的长裙换成职业套装。

第 7 节

运用名号：
给自己贴一个漂亮的标签

[头衔] 凡是在主要工作与实际职务之外、对自己身份的非必要性介绍，都可以视为一种摆谱行为，其目的是壮大声势，展示与提升自己的形象。

[称号] 比较而言，头衔证明的更多是权力与能力，而称号证明的更多是一种荣誉，表明社会对他的普遍认可，是个人身份的有力注脚。

让我们看一看品牌专家余明阳在对外活动中的头衔与称号：

  余明阳　博士
（联合国）国际信息科学院院士
中国策划研究院院长
上海交通大学品牌研究中心主任、教授、博导
上海品牌促进中心主任、秘书长
"中国品牌第一人""中国公关少帅"
……

余明阳这个自我介绍，包含了一个专家学者最受人尊敬、最有说服力的身份信息，可以称得上是运用名号的"模板"——

  1.博士。在中国，博士是受到社会普遍尊敬的身份。以学术身份开头，比以某种官职开头显得清高。张朝阳的名片上，第一行写的是"博士"，其后才是搜狐"董事局主席兼首席执行官"。

  2.院士。院士是国人心目中最高的学术职称，虽然不是中国科学院和中国社科院这样的官方单位，但跻身一家国际性的科学院之列，也能说明一定问题。

  3.院长。院长属于领导职务，又是一家全国性的研究院，说明其地位得到了业界的公认。

  4.教授、博导。这些属于实质性的职务，又在上海交通大学这样的知名学府，名正言顺，让人信服。

  5.主任、秘书长。在一家半官方性质的社会组织任领导职务，表明其广泛的社会联系，以及将理论知识转化到实践领域的能力。

  6."第一人"。表明其在中国品牌领域的历史贡献与行业地位。

  7."少帅"。这个名称既表明其行业领袖地位，又提示了当事人年龄之轻。同样拥有这个称号的人有张学良、杨元庆等。

  前五个是客观性的头衔，后两个是外界给予的称号。在这些名号的界定之下，一个年轻有为、能力卓越、受到公认的品牌专家形象跃然纸上。

在受聘于上海交通大学前，余明阳对外公布的头衔非常繁复。这是他在一本著作中的"作者简介"："余明阳教授，1964年出生，浙江省余姚市人，1979年起先后就读于浙江大学、复旦大学、北京大学，哲学学士，经济学硕士、博士，管理学博士后。华中科技大学品牌传播研究所所长、深圳大学传播系主任、国际信息科学院院士、中国策划研究院院长、中国市场学会品牌战略委员会主任、中国广告协会学术委员、中国公关协会学术委员会副主任、广东省广告协会副主席、广东省公关学会顾问、深圳市CIS应用学会主席、深圳市政协委员……"

显而易见，简省是有好处的。头衔太多，一则最重要的身份信号被大量的信息所淹没，难以让别人建立突出印象；二则显得信心不足（需要大量的头衔支撑）。余明阳经过"精选"保留下来的少数几种头衔，体现了他作为一个品牌传播专家对自我形象的包装能力，以及他对目前社会受众心理的准确判断。

头衔、称号是对一个人身份、地位的最直接说明，也是社会认识一个人的主要依据。你处于什么位置，拥有哪些能力和资源，外界怎么评价你，这些信息都包含在你的头衔、称号之中。**与其他自我推广方式相比，它的最大特点就是简洁明了、概念化。**寥寥数字，就将一个人的身份、地位清晰地界定下来，并且易于理解、记忆和传播。

这些"美好"的头衔、称号不是自然生成的，大多需要经过多年的努力，有些则是精心策划、有目的地争取的结果。争取名号实质是给自己进行形象定位，其性质与商品广告中的主题提炼一样。积极地展示、传播这些名号，等于在自己身上贴上一个醒目的标签，能够迅速在接受者心中占据一个高位。

选择、公布什么样的名号，有赖于公众的普遍认可，并随着社会心理的改变而变化。20世纪80年代，当文学走红的时候，拥有一个作协会员的头衔或优秀青年诗人的称号、在一本文学杂志挂一个兼职，都是一件非常荣耀的事情；90年代初"下海"潮起，总经理、董事长头衔最让人眼热，中后期改成了"CEO""CXO"或者"首席×××"；21世纪后，知识的地位回归，"教授"成为最值得骄傲的头衔；当国人对"国际""世界"概念心向往之的时候，"世界名人"之类的国际性奖项纷纷出炉；当行政级别受到社会看重的时候，"副局级和尚"之类的标注就直率地印在名片上。总之，需求决定供给。

头衔

头衔是对一个人社会身份最直接的界定。从便利社会交往的角度，向别人告知自己的从业状况（工作单位和职务）是有必要的。但是，在形形色色的名片上，在各种会议、演讲中的身份介绍上，在报刊与网站的个人简介上，人们往往会看到一大堆的头衔，既有正式工作单位的多种职务，又有取得的学位、职称、行政级别，还有在其他单位的各种兼职及临时性职权等。有一些是实职——建立有劳动关系并投入主要精力的职务，有一些是虚衔——兼职性、临时性的工作与荣誉性的身份。实职表示获得的实际成就，是个人身份的核心，也是获得虚职的基础；虚职表示其个人取得的社会关系与网络，是社会对他的认可。

由于这些信息混杂在一起，有的时候，接受者难以分辨哪些是实职，哪些是虚职。我们认为，**凡是在主要工作与实际职务之外，对自己身份的非必要性介绍，都可以视为一种摆谱行为，其目的是壮大声势，展示与提升自己的形象。**

从生活中人们展示头衔的偏好以及公众的接受程度来看，头衔要为当事人带来较高的荣誉与认可度，一般要具有以下几个特征：

1. 头衔上挂名机构的牌头要大。最好是以"中国""中华""全国"字样开头的（省市一级的次之），或者以某一大型官方机构的简称为前缀，或者以集团为后缀，或者是某一众所周知的大单位……总之要足以让别人产生与权力、实力有关的联想。这种社会心理在中国至今仍是主流。新成立的民办大学或者公立大学改名后，很多以"中华""华北""长江""黄河"之类宏大的词语为名（这一点与美国的学校喜欢以当地地名或个人名字命名完全不同）。

在企业界，带"中国""国际""世界""亚洲""集团"字样的名词仍然很有市场，比如严介和先生，他创办的公司名称是"中国太平洋建设集团有限公司"，后来新办的公司，取名为"中国郑和舰队资本国际集团"，"中国""太平洋""集团""国际"之类的大词都齐了。

2．挂名机构要具有官方色彩或公益性。官方的或带有官方色彩的机构为最佳，其次是学术性的、公益性的非营利组织（NGO），比如××"科学院""大学""研究院""研究所""促进会""协会""学会"等。比如会议产业大亨卢俊卿，他的头衔依次是"世界杰出华商协会主席，华商500强俱乐部主席，中非希望工程主席，天九儒商投资集团董事局主席"。

如果这些都没有，挂一家媒体的什么顾问、编委、副理事长之类也行。在当下的中国，这些机构的可信度仍然比普通的企业高。如果沾不上"中科院""中国社科院""北大""清华"这样的知名院所的边，在省市社科院、次一点的大学下面挂一个名头，也多少能说明问题。

近年来，很多企业纷纷将自己旗下的研究部门以"研究所""研究院"命名（如果不能注册，就称作"中心""机构"，尽力淡化商业色彩）。比如，2002年，王志纲工作室在北京成立了"财智经济战略研究院"，王志纲任院长，此后，他在外活动时多以此作为自己的身份；搜房网出资成立的"中国指数研究院"，每每和国务院发展研究中心企业所、北京大学房地产所一起活动，让人感到它的官方味十足。

3．名誉性头衔要带有学术色彩。院士、博导、教授、研究员、博士是公认的高级学术头衔，其中又以教授最为普遍。余明阳因为有复旦大学的博士后身份，又曾被深圳大学、华中科技大学聘为教授，学院色彩浓厚，所以被策划界与品牌传播同行公认为领军人物。但是，大量不是专门从事教育工作的人，不能得到正式的教授职位，于是兼职教授、客座教授、特聘教授这样的荣誉性头衔就应运而生。

比如，广告人叶茂中早年在自己的简介中，总要加上一条"北京商品经济学院兼职教授"，后来挂名的单位级别上升，于是及时换成了"清华大学特聘教授、南京理工大学工商管理硕士（MBA）研究生导师、中央电视台广告部策略顾问"。创办了上海春秋国际旅行社、春秋航空公司的王正华先生，虽然贵为两家大公司的老板，但在自己的简介和名片上，也不忘注明在几所大学担任兼职教授。

不少明星、名人也以有一顶教授帽子为荣——成龙是北京大学艺术系客座教授，周星驰是中国人民大学商学院兼职教授，牛群、赵本山、赵忠祥、冯巩、水均益等也概不例外。[18]

当然，如果没有教授头衔，整出些带点文化韵味的新花样也是不错的。严介和先生在自己微博上公布的头衔为："华佗论箭首席专家，中国郑和舰队资本国际集团董事局主席，《新论语》总撰稿人。"之所以把"首席专家""总撰稿人"这两个头衔特别列出来，是因为在严介和的心目中，这才是值得骄傲的。

4．职位要有一定的级别（体制内的委员除外）。院长、所长、会长、理事长、主任、首席（战略）顾问、专家组组长、副局级×××、享受国务院特殊津贴专家以及创始人、发明人、董事（特别是公益机构的董事和知名大学的董事）、独立董事等，都是引人注目的头衔。头衔中的"长"是权力的代名词（现在又有多种新的称谓），当然最好是正职，副职的含金量要差很多——不过，如果冠以"执行""常务""名誉""终身""高级"字样，效果又要好一些。

对照以上几条原则，我们看一看两位知名人士的头衔：

宋祖德：美国科技大学企业管理博士，中国海洋大学宏观经济学博士，广东宋祖德影视文化传播有限公司董事长。中国作家协会会员。兼任全国青年联合会委员、广东省直青年联合会副主席、广东省私营企业协会副会长、广州市政协常委、《华夏诗歌报》社长、广东省公安厅《人间》杂志社副社长、江苏靖江市文联名誉主席、江苏靖江市祖德小学名誉校长等。影视出品人、导演、演员、编剧、音乐创作人。[19]

延藏法师：中国人民大学人类学研究所和中央民族大学多元文化研究所研究员，中国—东盟自由贸易区国家研究院研究员，泰国中央语言学院教授，泰国中文国际大学副校长兼佛学院院长、北京市社会科学院研究员、北京市文物研究所研究员兼顾问、北京市西山大觉寺和北京智化寺总顾问、中国佛教协会理事、湖南省佛教协会副会长、美国禅净学会名誉主席、安徽黄山梓路寺、美国纽约广济寺和纽约关帝庙住持。

有人会问，在名片上、个人简介上打上这些虚衔有用吗？总体来说，"有比没有好"，否则就不会成为一种普遍的社会现象，让如此多的精英人士乐此不疲。对那些知名度不高的人来说，这些头衔在与别人初次交往时，能起到明显的广告作用。

为了满足人们展示头衔的需要，一批专门针对中国人的头衔供给机构也应运而生。国际性的，主要有在美国、中国香港、新加坡等地注册的营利性大学与商业机构，供应硕士、博士学位与全球副总裁的职位；全国性的，有总部设在香港、北京、上海、深圳等地的各种协会、学会、研究会、研究院，以及报刊社，供应的头衔有副主席、副会长、副秘书长、副院长、理事长、组长、委员、顾问、专业委员会主任、研究员。比如中国策划研究院，除了终身院长、院长、执行院长、常务副院长之外，副院长有20多位，叶茂中、朱玉童、孔繁任等业界名人都位列其中；思八达培训机构的主讲人刘一秒对外公布的头衔是：国民素质研究院培训总监、中国中小企业协会副会长。目前，中国中小企业协会有50多位副会长。

称号

头衔是一个人所拥有的具有客观性的职务、职称、学历等，基本界定了他的社会身份；称号则是其他人、其他机构对他的主观性、概念化评价，进一步清晰地界定了他在这个领域的能力与地位。这些称号往往比头衔更响亮，也更有震撼性，因而常常在各种会议、媒体中被用作对某个人的介绍。不少有心人巧妙地将它"借用"过来，作为自我介绍、自我标榜之用。

　　比较而言，头衔证明的更多是权力与能力，而称号证明的更多是一种荣誉，表明社会对他的普遍认可，是个人身份的有力注脚。正因为如此，很多人非常看重这个称号，并为此不惜付出巨大努力。在美国电影《与狼共舞》中，一个男人只有在以其英勇举动获得人们赋予的某种外号——如"踢鸟""随风而立""与狼共舞"之后，才算真正成人。这个名称将伴随他一生。在《水浒传》和金庸的笔下，每一个英雄好汉都有一个"绰号"。现代社会，一个成功的、有影响的人士，也少不了各种各样的称号。

　　称号的产生有两种途径：一是正式性的，由某一组织正式授予，形诸文字，有据可查；二是非正式的，在圈内人、朋友中口头流传，或者出自媒体上的某篇文章，但并没有正式的组织授予。不管是哪一种途径，有心人都会积极地参与到称号的生产和传播之中，以获得对自己有利的结果——

　　对于正式称号，参与的方式主要是积极配合，并尽可能地施加影响。由官方或准官方机构评比的非收费性评奖，如"劳动模范""优秀企业家""杰出青年""最佳演员"等称号，名称是固定的，公信力比较高，大可以拿出来说事。比如北大纵横管理咨询集团创始人王璞，他的名片打头就是"全国劳动模范"，后面还有中国首届十大创新企业家、北京市首届优秀创业企业家、北京市首届优秀青年企业家等多项荣誉称号，都是官方或半官方机构授予的头衔。

　　而更多的收费性评选与奖项，名称、排名次序都是可以事先"沟通"的，比如名目繁多的"十大""十佳""最佳""最具×××"等。每年由媒体、各类协会、中介公司举办的评奖五花八门，奖项丰富，有的几乎成为专业的"称号工厂"和"荣誉供应商"，只要愿意花钱出力，大都可以拿回一个对你最有用的名号。

　　有人怀疑说，这些称号已经泛滥成灾，能起到什么作用吗？事实上，各方人士照样趋之若鹜。有一个牌子、证书撑门面，总比什么都没有强，至少说明得到了同行的关注。成功人士在其成长过程中，多数也离不开这样的东西。以著名策划人叶茂中为例，他的简介中写道：

1997年—2000年被评为中国企业十大策划家；

2001年被评为中国营销十大风云人物；

2002年被评为中国策划十大风云人物及中国广告十大风云人物；

2003年被评为中国十大广告公司经理人；

2004年入选影响中国营销进程的25位风云人物，入选《中国创意50人》；

2005年入选中国十大营销专家；

2006年荣获中国广告25年突出贡献大奖；

……

这些非正式性称号大都非常响亮，个性十足，让人听着为之一震。怎么获得这些美丽的名称呢？除了施加影响外，还需要你主动地"制造"。这是一个具有丰富想象空间和操作空间的领域。在传统的熟人社会，相互认识的人在一起扎堆聊天，对身边人物评头论足，绰号就在不知不觉中产生了。但在当今社会，人们各自行色匆匆，忙着自己的营生，绰号不再有产生的时间和空间。实际上，很多美好的称号都是先由当事人自己炮制出来，然后由朋友"捧场"、媒体记者跟风传播。在新闻发布会上和专访中，记者们大都会收到所谓"通稿"和"背景资料"，文中包含了外界对当事人的某种美好称号（只是没有最先的出处，也难以查实），记者们依葫芦画瓢在文中引述，"以讹传讹"，这一称号不断被传播，最后"众口铄金"，几成事实。

比如，相声演员郭德纲在未出名之前和出名之初，对接触到的记者每每自称为"非著名相声演员"，既别出心裁又蕴含自负，记者们当然乐得引用，很快，人们都知道这个"非著名相声演员"了。

王力对外公布的身份是：著名决策咨询专家、另类思维学者、中国智业创始人、社会誉称"公关第一人"。这样的称号，最初出现在他的著作《恩波智业》中。

娱乐界当然也不能例外。港台娱乐圈对当红的清纯女星有一个封号——"玉女派掌门人"。继林青霞之后，被冠以这一称号的有周慧敏、杨采妮、梁咏琪、张柏芝、陈德容、林韦君、许慧欣、林心如、王心凌……后来内地娱乐圈也引进了这一称号，于是，徐静蕾、董洁、刘亦菲、韩雪等人也被冠以"玉女派掌门人"称号。这些人中，有的知名度并不高，形象气质也难以达到掌门人的要求。掌门人封号是哪里来的呢？经纪公司自封的！当然，也少不了对媒体费尽心机的引导。不管是否名副其实，只要有了这个说法，就足以让身价提高一大截。

很多时候，记者和评论员为了增加文章的冲击力，也会主动给当事人制造一些称号（好的、不好的、中性的都有）。**在媒体对称号的生产与传播过程中，当事人发挥着重要诱导作用：一方面争取被戴在头上的是桂冠而不是荆棘，另一方面为对自己有利的头衔推波助澜。**

周正毅的名片上曾有十多个头衔。这些头衔虽然重要，但难以把他和众多企业老板区分开来。香港有媒体根据周正毅平时财富外露的表现，给了他一个"上海首富"的称号。这本是媒体的猜测，但周正毅非常善于"借用"，巧妙地扩大它的传播面。2002年，他邀请香港记者及基金经理到上海联欢，活动名字就叫"上海首富真人秀"；他担任总裁的一家珠宝店开张，发给记者的"通稿"标题就是——《首富周正毅助阵，明星容祖儿闪亮登场》。

称号的"建谱"与"摆谱"策略

称号类型		"建谱"对策	摆谱手段
正式性	由官方、非营利性组织评出	积极配合、影响	积极、合理地展示
	由营利性组织生产	影响并参与制造，购买	
非正式性	自己手工制造	根据自己的需要炮制	通过朋友圈和媒体广泛传播
	由朋友、媒体首创	诱导对方给出对自己最有利的称号	巧妙"借用"，推波助澜，加速传播

在称号的制造与传播过程中，如果采取集群式、类比式——将多人排在一起，那么其可信度将显得更高，也更便于记忆。比如：

影坛"铁三角"：指的是张国立、张铁林和王刚三位大腕儿；

经济学界"京城四少"：指的是樊纲、刘伟、钟朋荣、魏杰四位青年经济学家；

"中国地产三剑客"：王石、冯仑、胡葆森三位能说会道的房地产企业老总；

"左麟右李"：谭咏麟为提携自己后辈歌手李克勤炮制的名号；

"四小天王"：陈晓东、古巨基、古天乐和谢霆锋等四位香港英俊小生；

"四小花旦"：章子怡、徐静蕾、赵薇和周迅；

……

第 8 节

展示道具：死东西也会说话

[**特定符号**] 不要以为这些物品是沉默的、无生命的，它们都是演讲积极分子，不用主人开口，它们将自动地为主人说话，成为你的荣耀或者耻辱。

[**特殊用品**] "起居室里文化物品的陈设，对朋友和访客关于主人社会地位的看法，可能产生无可估量的影响。"

复旦大学历史系教授钱文忠是公认的"时尚达人",堪称教授中的另类。据说他在上海有几个"行宫",是几个公司的董事,喜欢收藏名表、雪茄,又热衷吃喝玩乐。这样处于人生象牙塔的人儿,自然备受时尚媒体的宠爱。

钱文忠接受记者采访,一般安排在他的书房里。所谓书房,不是一个房间,而是一套复式公寓。顶上的三个房间全部是书,完全是图书馆的模样,底下也有一间书房,收藏的图书总共有6万多册。以下是《名牌》杂志记者在他书房里所见:

"四处散落着许多玩物。书桌上略有些杂乱地摆放着登喜路和大卫杜夫的烟具,笔筒里插满了限量版的万宝龙笔,娟秀的信笺纸上印有'无锡万石钱氏'字样(那几个字正是王元化先生的墨宝),一方质朴而精致的观砚静静地伺在一边。书桌对面的一张椅子上拥挤地躺着几个LV皮包,椅子边上立着几幅古字画,椅子下面是一个古锈斑斑的西周时期青铜小鼎(注:钱文忠介绍说)……楼上楼下的三个保湿柜呵护着各种品牌的古巴雪茄。楼梯拐角处,一米见方的空间里插满了Honma、Titleist和Callaway球杆。"

对钱文忠来说,这个会客的书房其实也是一个展览室,展出的是自己丰富的人生。摆放在其中的每一件物品无不张大了嘴巴,向观赏者诉说着主人的"秘密":"看啦!我的主人就过着这样的生活!他不光有学问,还有钱、有生活品位,出身书香门第,师承当代名家。"面对如此强烈的刺激,每个有缘参观过他书房的人都不能不感慨地说:"这才是真正的生活啊!"

记者是职业的观察家,他们会记录下观察到的一切。其他人并非专事记录的工作,但你千万不要以为他们不会观察,或者观察得不够仔细。**事实上,在任何时间和地点,人们都睁大着眼睛,仔细打量着你身边大大小小的物品,将每一个细节摄入眼中**。不过,在多数情况下,人们的兴趣并非在于这些物品,而在于这些物品的主人。物品都是一种中介,人们根据这些物品所释放的信号,建立或者丰富对它们主人的印象。

钱文忠书房的"诉说"

	道 具	诉说的内容
1	摆满几间书房的书	有知识
2	登喜路和大卫杜夫的烟具；三个保湿柜中各种品牌的古巴雪茄；Honma、Titleist和Callaway球杆	有钱，有闲
3	多支限量版的万宝龙笔、几个LV皮包	有钱，有品位
4	信笺纸上的"无锡万石钱氏"字样	家世显赫
5	王元化先生的落款	交往层次高，有人脉
6	一个古锈斑斑的西周时期青铜小鼎、几幅古字画；金石碑版、玺印、观砚等	有品位，有钱

任何人都拥有或多或少的物品。作为主人，从你拥有它们之日起，就与它们建立了不可分割的关系，直到它们被彻底销毁的那一天。如果你不控制它们，它们将泄露你不愿公开的秘密。不过，对有心人来说，这些东西都是他可以利用的道具。关键的问题是，如何把适当的道具——能够为你作"正面宣传"的物品，摆放在适当的地方——家里、办公室、身上、皮包里、名片上、汽车上……你的目标受众能够方便地、自然地看到的一切地方？

特定符号

名片、证件、奖状、照片、信函、铭牌、文身、刀疤……这些承载着某种特定符号的东西，包含着它的所有者明确的身份信息。由于便于携带与传播，它们经常被用来作为摆谱的道具。

美国首都华盛顿被誉为"自由之都",而当地居民则称其为"身份之都"。华盛顿人显示身份的方式不光是西服革履、保守的发型、锃亮的皮鞋,还有各种身份证件。在国会、白宫、五角大楼等政府机构,人们的工作证件各不相同,连出席私人听证会、参观博物馆、召开新闻发布会也有不同的证件,有的只是简单的门卡,有的则是徽章。上班时受一下证件的束缚情有可原,下班后该可以解脱了吧?不!典型的华盛顿人总是戴着,特别是那些在权力机构工作的人。白宫办公厅曾专门为此制定过一项规定,要求下班后不可以佩戴证件,但没人理会。

显然,那些在政府机构工作的人希望大家都知道,这家伙是有来头的!特别是那些初出茅庐的年轻人,他们连向餐厅服务员展示的机会都不愿放过。有什么好处呢?当然是让他们嫉妒,或许还能享受到格外的尊重与优待呢!

在中国,通过特定符号表明身份的做法更加普遍,而且常常是向观看者暗示与权力的某种关系。走在大街上,你会看到各种由政府官员、知名人士题写的单位名称和商号;打开某个公司的内刊和网站,大人物的题词更是醒目地映入眼帘;在大大小小的会议上,主持人会突然宣读刚收到的某位位高权重者发来的贺电。这些信号无不提醒着眼前的观众与听众,这家公司、这个老板是有背景的,不会轻易垮掉,你也不要找他的麻烦。

汽车的黑牌照、白牌照、O字头牌照因为针对着特定的用户,包含着一定的特权含义,因而一度成为车主们想方设法谋取的对象。开一辆挂着这类牌照的车出门,哪怕是一辆普通车,也能诱导别人产生特别的联想,"这家伙有来头,惹不得"。如果弄不到这样的牌照,那就在车牌号码上多弄几个"8"字吧,那是要花大价钱的,因而也是有身份的象征。

对白领以上阶层的人士来说,有一些东西要经常在他人面前展出,比如名片、钱包。名片的用纸、样式、设计是否精致,体现着主人的财力与品位;名片上的一些信息也是有讲究的——如果单位网址与个人邮箱的后缀是"gov.cn"(政府与事业单位网址)、"tsinghua.edu.cn"(清华大学网址)之类,则表明了你和那些单位存在联系。所以,只要有可能(比如在清华、北大上一个培训班），没有人会吝啬在自己的名片上添加一个这样的邮箱。

在外出购物、与别人吃完饭的时候，打开钱包来付账吧。不过，你要做的可不只是付账一件事。很多人本能地盯着你的钱包。如果钱包鼓鼓囊囊，还插满了各种银行的金卡、俱乐部的会员卡、消费场所的贵宾卡，那无疑表明了你是一个成功的人。据称，那些牛气冲天的人，钱包里总是放着不少于2000元的现钞、8张以上的信用卡与会员证——这些东西总能让别人眼睛一亮，谁知道它们到底有什么用呢？

照片是最直接、最生动的证据，也是运用得最普遍的摆谱道具。最近出国旅游了，结识了某位贵人，参加了某次高峰论坛，与某位重要人物同台竞技，这些宝贵的镜头都不能漏过，请同行者或者自己用手机拍摄下来保存在相册里，在聚会时随时拿出来与朋友、同事分享。人们将会感到，你在人生的阶梯上又向上迈了一级。

策划人张——讲述了自己到一家大公司拉业务的经过："该公司董事长虽然表面上对我很客气，可是我分明读出了一丝他对我这'乳臭未干'小子的能力和水平将信将疑的况味。我知道这样僵持下去，等到接待时间一过，也就意味着这个至少100万元的业务即将泡汤了。我必须当机立断给这个董事长一针强心剂。"

"我立马让助理打开手提电脑，给这个董事长展示我们公司一些大客户的名单和项目。董事长开始有些心动了。这时候，我又不失时机地从电脑里调出我和'世界百位设计大师'中的第一位华人靳埭强先生、台湾设计界泰斗林磐耸先生、'中国CI旗手'贺懋华先生等中国第一流CI专家的合影，并就他们做过的一些著名案例进行了简单的介绍和评价，好像这些案子都是我主持的一般。其实，我与这几位大师级别的CI专家真正在一起工作的时间不足一月，几个比较大的案子我最多算是'参与'而非'主持'。不过由于我这些特殊的工作经历，再加之该董事长曾经听过贺懋华老师精彩的演讲，甚是钦佩，他似乎觉得我年纪轻轻就和这些大师共同作业打成一片，一定是有些真才实学的。"

"董事长把接待我的时间从10分钟延长到半小时。后来，他在董事会上力挺我们公司接手这一项目。我们后来的合作非常愉快。"

照片让人一目了然，而且"有图有真相"，可信度很高。这种有效的显摆手段，成功人士当然也不会放过。李开复号称"青年导师"，在招聘上很有一套。2005年他跳槽到Google公司后，立即在各所大学展开了大规模的招聘活动。11月他在浙江大学作招聘演讲，会场附近有20多名警察维持秩序，500多名未能进场的学生甚至和警察发生了冲突；随后他到安徽大学作招聘，被安排在一个露天体育场，现场挤满了7000名听众。李开复把这些照片发回Google总部，让他的老板们惊愕不已。李开复在中国大学生中的影响力得到了验证。老板们想，当初以上千万美元的代价挖来这个"历史上最昂贵的人力资源总监"，还是值啊！

国内很多企业家喜欢在自己的办公室或会议室里，悬挂与政府领导人的合影。这种合影对企业家而言既是一种荣誉，也向观看者暗示着自己受到的重视。在华为总部长长的走廊上，挂着一幅幅任正非与中央领导同志的合影，其中一幅是2004年12月8日，温家宝总理和荷兰首相巴尔克嫩德双双出席华为与荷兰Telfort公司的合同签字仪式。娃哈哈董事长宗庆后的会议室里，挂着他与江泽民、乔石等中央领导人的合影。温州打火机生产商特灵公司董事长李建江的办公室里，则醒目地挂着一排他随胡锦涛主席出访加拿大的照片。

特殊用品

清康熙后期，赌博之风在朝野内外泛滥成灾，王公大臣、地方官吏整日沉湎于牌桌，无心事政，一派乌烟瘴气。朝廷屡禁无效。雍正即位后，亲自拟发了一道诏书明文禁赌。诏书下达以后，雍正又选派许多武林高手对在京的文武百官秘密监视。

有一日，某二品侍郎退朝后，邀了几个亲朋好友聚在一起玩麻将。玩着玩着，忽然灯被风吹灭。将灯重新点亮时，发觉牌少了一张，到处搜寻而不得，只好罢手。

第二天文武百官上朝，雍正笑着问二品侍郎："昨天晚上，爱卿在家做何消遣？"

侍郎一听，满脸惶恐，连连向雍正叩头："微臣知罪，昨晚闲来无事，与妻妾们玩了半夜麻将……"

"哼！"雍正敛起笑容，"以后还再玩吗？"

"微臣再也不敢，求万岁饶恕微臣此次吧。"

"哼，念你秉性笃实，毫无隐瞒欺君之意，特赏你一物，拿回家与你的妻妾们一起看吧。"说罢扔给侍郎一个盒子。

侍郎回到家中一看，顿时吓呆了，原来盒内装的正是昨晚丢失的那张麻将牌！侍郎捏着那麻将牌，冒出一身冷汗，后怕不已。数日之后，这件事在朝野内外传开，不仅大小官员吓得再也不敢赌博，百姓中的赌风也大为收敛。

对雍正来说，这枚麻将就是他彰显权力的道具，表明他的明察秋毫。事实证明，它比一道接一道的禁令和苦口婆心的规劝更具威慑力，成效更显著。

麻将是被动态地展示出来的道具。而在生活中，更多的道具以日用品的形式被静态地、悄无声息地摆放在主人身边。由于它们或多或少具有一些实用性，与纯粹表达身份意义的符号承载物相比，摆谱的动机要隐蔽得多，运用起来也堂而皇之得多。

从性质上看，所有的高消费物品都是摆谱的道具。这里我们所讲的特殊用品，专指那些不具有高消费性质（或者不能用金钱购买），但包含着某种特殊信息的物品。

书籍是被人们使用得最多的道具。书越多，书的档次越高，证明主人的知识水平越高，文化品位越浓。在每个政府官员、企业家的办公室里，几乎都可以看到长排的书柜，里面摆满了各种经典哲学著作和所在领域的理论书籍，且以精装本、成套书居多。在巨大的书架前与人谈话，接受拍照与摄影，官员、老板们方能气定神闲，从容不迫，底气一下子充足了许多。来访者与旁观者也会感觉到，翻阅过这么多经典著作的人，即使称不上"学者型领导"或者"儒商"，起码不会是个暴发户或昏官吧。

不过，官员、老总们实在太忙，没有时间到书店里去挑书（看书更没有时间了），也不知道哪些书最有档次、最能衬托阅读者的身份。这有什么关系呢？公司的秘书和书商都有事做了。帮老板们"填书橱"，成了时下图书公司的一项重要业务。

美国人保罗·福塞尔在《格调》一书中指出，"起居室里文化物品的陈设，对朋友和访客关于主人社会地位的看法，可能产生无可估量的影响"。以杂志为例，如果摆放的是《读者文摘》或《家庭圈》，会大幅度降低你的层次，但如果还有《史密森学会会刊》或《艺术新闻》，则可以起到平衡作用。对应到中国来，如果家中摆放的是《家庭医生》《知音》，别人对你的评价是要大打折扣的；如果是《读者》《时尚》《华夏旅游》之类，给人的印象会提升很多；如果摆放的是《名牌》《三联生活周刊》《艺术世界》或者一两本英文杂志，你差不多就是一个精英分子了。

在不同国家不同时期，上层人士一般都会有一些表明高贵身份的随身携带物或佩戴物。2005年4月，在英国王储查尔斯与卡米拉的婚礼上，女王、新娘、新娘的女儿，还有其他女宾，都戴着装饰了各色"鸟毛"的礼帽。新娘卡米拉第一次现身时，白色蕾丝帽上的羽毛像喷泉似的散开；在祈福仪式上，卡米拉头上的凤冠装饰着黄色羽毛，羽尖上镶嵌着水晶。卡米拉的女儿戴的帽子也是用羽毛装饰的，羽毛朝着天空，被媒体形容为鹿角。伊丽莎白女王精心挑选的礼帽，也装饰着淡淡的黄白相间的羽毛。其他女宾的各色羽毛礼帽，与女主人的礼帽相映成趣，争奇斗艳，使婚礼差不多成了一个羽毛的展示会。

有些物品虽然普通，但由于带着特殊的信息，也是值得拿出来显摆的。在国外旅游时，带一些具有当地特色的纪念品和名牌商品回来，摆放在家里或送给朋友，等于巧妙地告诉别人自己曾经出国一游；与别人谈话时，面前摆放着一两件带有政府机关、跨国公司或豪华场所标志的便笺、铅笔或记事本，说明你与这些单位联系紧密，或者经常出入这些地方；使用打上了某次重要会议标记的保温杯，背着印有某知名企业Logo的挎包，也能让别人对你的背景、社会关系产生美好的联想。

别轻视这些小玩意，它们都在歌唱！

第 9 节

"自吹自擂"：
"我就是这么牛！"

[透露关键信息] 说者假装无心，听者心知肚明，达到了人际间的最初信息交流。只要这些信息有根有据，又是他感兴趣的，人们对你的摆谱不仅不烦，还会兴致盎然。

[讲故事] 优秀的摆谱者总是善于把个人美好、强大的一面，以讲故事的形式表现出来。

[豪言壮语] 这种强烈气势将给他人留下强烈印象，即使不能全信，至少也要将信将疑——人们将会想，如果没有一点把握，他敢吹这么大的牛吗？

[树碑立传] 有了几本自己的著作摆在案头，不仅可以说明自己实战经验丰富，也说明自己是有思想、有理论的人。

[引述他人赞誉] 借他人之口为自己"镀金"，比自己评价自己效果更好，也更安全。如果给予赞誉的是某位有身份、有地位的大人物，那么这种评价将更可信、更权威。

叶茂中是国内最早的广告人之一，经常要为各个企业拍广告、作推广；在为自己进行广告宣传上，叶茂中更是不遗余力，其高调的言行，每每在行业内外激起阵阵波澜。

叶茂中最重要的自我推广方式就是出书。从业20年来，叶茂中陆续出版了近20本自己的专著。有理论性的，但更多的是案例总结，比如《叶茂中谈广告》《叶茂中谈策划》《叶茂中谈创意》等，平均下来每年一本。不管是什么体裁和形式，叶茂中在书中都不会吝啬对自己工作成效的大肆褒扬，有的还以大量的数据为证：

"这种品牌形象的提升更直接促进了雪津啤酒的市场销售。2001年雪津产销量约30万吨，2002上半年雪津产销量就达到20.6万吨。到年底这个数字变成了43万吨……福建媒体称之为'雪津现象'。"

在这些书中，叶茂中还经常引用"××老板""××老总"的说法来证明自己的策划效果。比如，某次策划完成之后，老板打电话给他，欣喜地说销售形势如何一片大好，新品上市如何成功，广告反应如何热烈。在《转身看策划》一书中，叶茂中转述红豆公司丁总的话说："销售相当火爆，经销商拿着现款来要货，厂里天天加班加点都跟不上。"

叶茂中对自己的演讲能力也非常有信心。某次他发了一篇博文，题为《下午要去沈阳演讲》："我的商业演讲的出场费早些年是3小时3万元人民币，后来请的人多了，就涨到了5万元，再后来到了9万元。似乎这也没挡住邀请。请的人也会算账，叶茂中这厮的演讲会门票卖个1000元没问题，如果能卖300张就有钱赚。有一次我在广东作演讲，主办单位是一家书店，门票卖了2080张。老板去机场送我时，激动地流着泪说，做梦都没想到，主办叶茂中的一场演讲会能赚这么多钱。"

如此"露骨"的自我褒奖，是不是显得不够谦虚？别人会不会不喜欢？事实恰恰相反。不管是业内还是业外，大家都喜欢听到这种振奋人心的话语；叶茂中每每在博客上自我夸耀一番之后，激起的是粉丝们排山倒海的景仰。

叶茂中某次接受中央电视台采访时承认："我特别善于包装自己。因为做广告，首先是要帮助别人广而告之，如果你连自己都不能推广成功，是不行的。包装、推销自己，要养成习惯。"

在世界的舞台上，像叶茂中这样喜爱自我夸耀的人比比皆是，很多人比他有过之而无不及。只不过，大多数人夸耀的事情相对细微，又多在私人场合进行，不至于引起人们的注意。事实上，在摆谱的诸种手段中，自我夸耀是除"高消费"之外最普遍的一种，其优越之处在于：一是形式灵活多样，可以随时随地通过与他人的交谈、公开演讲、接受媒体采访、发表文章、网上博客等多种方式进行；二是与他人宣传相比便于控制，自己最知道该说什么不说什么；三是成本低廉，正如俗话所说，"吹牛不上税"。

美国地产大亨唐纳德·特朗普在他的《特朗普：如何致富》一书中告诫人们："建立自己的品牌，别害怕自吹自擂。"确实，在高手如云、人才辈出的今天，身怀一技之长者想要脱颖而出，有所成就者想要强化别人对自己的赏识，"自吹自擂"是少不了的。如果你不说，别人如何知道你的"家底"？经济学家张五常就曾直白地表示："夸夸其谈我是有的。你想，我花了十几年的心血写出一篇好文章，怎能不仰天大笑，奔走相告，唯恐人家不知道呢？"一般来说，**只要你的"自吹自擂"不是太过头，让人感觉明显不靠谱，大都会产生积极的效果；如果你夸耀的内容有根有据，听者将会肃然起敬**。即使是无法查验的，"自吹自擂"也显示出言说者的强烈信心。

必须指出，"自吹自擂"虽然表达上包含夸张成分，但并不等于夸大其词，言过其实。自吹自擂的基本做法，一是透露自己拥有的稀缺资源，二是通过张扬的表达传递自己的强势信号。高明的"自吹自擂"不仅不让人反感，反而是受人喜欢的。这些自信满满的人总是公众与行业注目的焦点，周围聚集着大批的拥趸。人们从他的身上寻找激励，感受激情。

某次郎咸平教授公开演讲。现场有观众发言说，为了对冲通货膨胀，应该购买房地产。郎咸平表示怀疑："这年头，除了郎教授的讲课费在涨，什么都在跌。"现场爆出一阵热烈的掌声。

从诸多效果良好的自我夸耀行为中，我们大致可以找到以下几条共性：

1. 满足听者的期待。没有谁喜欢平淡、平庸的人物，合作者更对你抱着浓厚的期待（比如希望你是行家，你是有实力、有资源的）。如果你恰好拥有这些资源，适当地公开出来，将很好地满足人们的内心期待。人们将乐于相信这些强势信息，接受你的强势地位。

2. 避免自己给自己直接下评语。通过巧妙地透露事实，展示证据，让听者自己作出判断，这一点非常重要。人们总是对自己作出的结论深信不疑。自己直接作出结论（比如"我是最厉害的，我最牛！"），总是容易引起别人的抗拒和怀疑。

3. 显出不经意的状态。在谈到相关话题时漫不经心地随意说起，仿佛在述说一件和你自己不相关的事，最能打动听者的心。某次叶茂中到搜狐网做活动。主持人问，叶总抽雪茄吗？叶茂中说："对，不瞒你说，我抽的雪茄都是别人送的。我两年前就说，哪一天我把雪茄抽完了我就不再抽了，但是到现在一直都没完……"不动声色中，叶茂中的人脉之广、受尊重程度之深已深入人心。

4. 尽可能地避开媒体。媒体既是放大镜，也是显微镜，没有谁的每一句话都能放在媒体的聚光灯下长期照射。对拥有一定知名度的人物而言，在媒体面前公开发言，在获得关注度的同时，也将自己放到了公众的放大镜下，并无形中赋予了他人进行评论的权利。

透露关键信息

透露自己拥有的稀缺资源，将自己最有说服力的"谱"摆出来，是最常见的"自吹自擂"的方式。在与不熟悉的人交谈时，很多人一开始就会"打开天窗"，痛说自己的"革命家史"，比如冯仑在海南与一家信托公司老板见面时，一上来就介绍自己的光辉履历，让对方不得不刮目相看。

2004年，华谊兄弟公司董事长王中军到武汉参加"东湖论坛"。那时他的知名度还不像现在这么大，当他走上演讲台时，听众中只有稀疏的掌声。于是他自报家门："我是华谊兄弟太合影视公司总裁，投资拍摄了电影《手机》《大腕》《甲方乙方》《不见不散》《没完没了》等。陆川的《可可西里》、冯小刚的《天下无贼》、周星驰的《功夫》也是我投资的。冯小刚、陆川是我公司签约导演，陈道明、范冰冰等是我公司签约演员。"几句话说完，全场响起雷鸣般的掌声，还夹杂着许多"哦、哦"的感叹……[20]

自己拥有的财务资源、社会关系以及业务能力、艺术品位等，都是进行炫耀的资本。说者假装无心，听者心知肚明，达到了人际间的最初信息交流。只要这些信息有根有据，又是他感兴趣的，人们对你的摆谱不仅不烦，还会兴致盎然。

在电视、论坛、博客等各种公开场合，这样的信息俯拾即是：

"中国很多城市都需要快速发展，前段时间，我跟湖南的省委常委交流，跟安徽的省委常委交流……"——上海绿地集团董事长张玉良。

"跟大家讲一个故事，前段时间我跟吴鹰拜访了李嘉诚……"——阿里巴巴CEO马云。

"我是作为唯一未获诺贝尔奖的经济学者而被邀请参加了当年的诺贝尔颁奖典礼的大。"——经济学家张五常。

"我和王朔是至交发小儿，从小一起偷幼儿园的向日葵，从楼上往过路人身上吐痰玩。"——导演叶京。

……

在私下场合，这样的信息几乎是铺天盖地，覆盖了人际交往的每一个时空。比如："××地方的环境不错，我最近在那里买了一套房。""我想出国度几天假，你有没有什么建议？""下个月某某会议邀请我发言，我推不掉啊！""某某地方新开了一家餐馆，味道相当不错！""你打电话的时候，电视台正在采访我！"

即使是对自己的老熟人、老客户，当自己的处境、地位有所改善之后，也会及时地通报这些情况。比如最近获了什么奖励、拿下某某大客户、到中央党校或国外参加了培训……这些都是一个人的地位、身价提升的信号。这些老熟人、老客户在以羡慕的目光与你"分享快乐"之时，也将逐步适应你的新形象。

我们发现，**成功人士几乎有一种本能，随时随地地向外释放自己的强势信息**。老练的官员在外出参加活动，或是与政府内部人员聊天时，都会随时地讲述自己拒绝亲朋好友托请的故事。他知道，这些信息将会或多或少传播开去，不断地提升自己的声望。

2006年1月，日本著名建筑师安藤忠雄来到上海举办展览。下面是他和《外滩画报》记者的一段对话——

记者：你住在哪里？觉得怎么样？

安藤：金茂凯悦大酒店，我每次来上海都住那里，那是世界上最好的地方。

记者：在哪里吃饭？评价如何？

安藤：到上海后我才吃了一顿饭，外滩三号的黄浦会。尝尝上海菜，还不错。

记者：夜生活怎么度过？

安藤：讲演会、媒体见面会、酒会……我累得只想回酒店休息。

记者：预定行程之后会去哪里？

安藤：回大阪的事务所，一堆事情等着我呢。

记者：你对上海的建筑有何评价？

安藤：除了外滩，其他没有令人印象深刻的。

记者：既然你不喜欢中国的建筑，为什么还要在上海投入精力，设计国际设计中心？

安藤：上海是引领世界设计潮流的所在地，这就是我的理由。这和中国建筑没有关系。

在这段对话中，安滕的回答显示了自己作为成功者的多方面信息：有钱、有品位、受欢迎（繁忙）。安滕说的都是实话，我们也不能说他是有意炫耀，但从中不难感受到，成功者的自信与自负总是溢于言表。

"讲故事"

人人都爱听故事，特别是现实生活中发生的传奇故事。**优秀的摆谱者总是善于把个人美好、强大的一面，以讲故事的形式表现出来。**这些故事包括创业故事、争取订单的故事、谈判与竞争的故事、人际交往的故事等，从多个方面反映出当事人的过人之处。

相声演员郭德纲是讲故事的能手。2005年底受到媒体注意之后，他一遍遍在各路记者面前抖搂自己的艰难往事——

为了能"混个人样儿出来"，三上北京。做生意被骗了个精光，穷困潦倒之际不得不到处搬家，从青塔、通州到海淀、大兴……最窘迫的时候住过只够放一张板凳的屋子，睡过桥底。有两天没有钱吃饭，还发着烧，一咬牙以10元钱卖掉呼机买药。

下面的故事流传很广：由于上班骑的自行车扎了胎，却掏不出钱来换车胎，他只能改乘公交车。一天晚上演出结束已是11点多，公交车已经停开，郭德纲步行了4个多小时才走回位于大兴的住处。

郭德纲说的最感人的一件事情，是2002年冬天在广德楼的一次演出，开演前好不容易吆喝来了一位观众，但郭德纲和他的同伴们仍然按自己定下的规矩照演不误。表演到一半，这个唯一的观众手机响了，演员只能停下来，等他接完电话，再继续说完整台节目。十年坚持，终于熬到云开雾散、宾客满堂。

这是一个典型的十年磨一剑、先蛰伏后跃起的励志故事，通过郭德纲的讲述，一个既有艺术理想、又有奋斗精神的人物形象栩栩如生。既是个人的成功传奇，又是传统相声的复兴史，难怪有人称他为"草根"英雄。被他打动的不只是相声爱好者，还有很多处在打拼过程中的年轻人。

比较而言，越是成功的人，讲的故事越吸引人、越容易让人信服——有后来的成功经历作为结尾，故事的逻辑浑然天成；另一方面，年纪大的人因为阅历丰富，见多识广，讲的故事也会显得很有深度——这没办法，时间是一道无法逾越的鸿沟，后生们只有想象的份儿。

鸿海企业集团总裁郭台铭非常低调，但对自己第一次到美国争取订单的经历却津津乐道。他回忆说，对方的采购经理不见他，他只好在新泽西公路旁的一间小旅馆等。缺现金，怕花钱，他就待在旅馆里不出门，每天吃一餐，每餐吃两个汉堡包。等了五天时间才见到了采购经理，但见面只有五分钟时间。对方说："这是一张产品蓝图，你们试试看吧，把价钱开出来！"

郭台铭说，"饿的人，脑筋特别清楚"。在小旅馆等待的时间里，他完成了美国市场的拓展计划。他找到了一位美国当地人做行销经理，两人一站一站地拜访客户。每天早出晚归，几年下来，郭台铭竟然跑了美国32个州！

这就是一个创业者的形象：勤奋、吃苦，再加上精明、务实。有了这样的故事垫底，郭名铭贵为台湾首富之后，人们对他的看法就不再是嫉妒，而是心悦诚服！

2002年左右，经济学家张五常在全国各高校作巡回演讲。他说："我搞了40年学问了，我从来没有看错过。1981年我就预测过中国的发展，白纸黑字；1986年我发表文章《日本大势已去》；1988年，加拿大的人问我，他们的经济何时复苏，我说最早要到下个世纪初；1996年我说香港要有10年的经济不景气。"

他还讲了一则小故事："有一次，是1988年吧，我和弗老（指诺贝尔经济学奖获得者弗里德曼）在无锡行得倦了，坐在一间破旧的茶寮休息。一个年轻人认出我是谁，跑过来恭敬万分，对我说了好些仰慕的话。我等他说完，就介绍身旁的弗里德曼，那青年站不稳，要我扶才没倒到地上。"

虽然这些故事都是在赤裸裸夸耀自己的学问与社会关系，但听起来却让人饶有兴趣。有名有姓的事，你不能不服。

豪言壮语

"自吹自擂"重在展示优势资源，尽量不自己给自己下结论。不过，**如果忍不住要自己给自己下结论，那就干脆"大吹特吹"，抛出豪言壮语，达到让人振聋发聩、不得不在意的效果**。比如一个人说，"这个事情我拿得下来"，那只是一般的陈述或者吹嘘；如果他换一个说法说，"这事我办不成，那谁也办不成"，那就是在摆谱了。在这种情况下，人们首先感受到的不是他拥有的资源（比如说他的人脉关系、业务能力），而是他的信心与决心。**这种强烈的气势将给他人留下强烈印象，即使不能全信，至少也要将信将疑**——人们会想，如果没有一点把握，他敢吹这么大的牛皮吗？

19世纪末法国社会学家古斯塔夫·勒庞在他所著的《乌合之众》一书中说，结论越是专断，语气越是肯定，对公众的影响力越大。根据他的观察，夸大其词、言之凿凿、不断重复、绝对不以说理的方式证明任何事情，是说服群众的不二法门。

某位策划高手回忆了他当初聆听前辈大师们授课时的感受——

"在授课过程中，大师们在给学员奉献智慧大餐的同时，较多地表现了他们自己的雄才大略。比如'我一句话挽救了那家企业''我一个创意让市场占有率提高了两倍''我的言行代表中国的咨询业''我的案例丰富了中国MBA教材内容'之类的话。在谈到策划业对社会的贡献时，××先生讲道：'策划业是一个制造富翁的工厂,你们学员今后若一年赚不到几百万,我这个当老师的脸上就无光!'"

大师们的豪言壮语,让这个策划界的菜鸟"由此弄清楚了作为策划人应该具备的基本素质,也明白了日后自己的努力方向","坚定了我投身策划业的信心"。

在很多情况下,人们要根据一个人的口气判断他的身份与事情的重要程度。一些公司的前台与秘书人员有和政府机关打交道的经验,形成了这样的电话转接原则:如果对方来电的口气很生硬,比如"叫你们王总接电话"甚至直呼其名找王××,对这样的电话一定不能怠慢,因为对方很可能是重要政府部门的;如果对方来电很客气很委婉,比如"请问王总在吗""请王总接一下电话,好吗",对这样的来电,是要仔细盘问、过滤一番的。

当然,任何豪言壮语都是要经过检验的,空口说白话、一戳就破的吹嘘只会自取其辱。优秀的"大话王"要么是在有充分把握的情况下故作惊人之语,要么是将这种话语仅仅作为一种信心与决心的宣示,别人对此难以具体检验,也不愿在上面斤斤计较。

如果把直白的自吹自擂变换一下说法,新颖一点,巧妙一点,幽默一点,将能更好地让人感受到你的强势。下面是一些著名的豪言:

"即使将我剥光衣服一文不名地丢到沙漠里,只要有一个商队经过,我也可以很快变成亿万富翁。"——老洛克菲勒(比尔·盖茨在少年时非常欣赏这句话)。

"我就是拿着望远镜也找不到对手!"——马云说。

"我30多年没有读书了。不读,不是懒得读,更不是没有书值得读,而是刻意不读。我的实践学术生涯是从不再读书的30多年前开始的。"——经济学家张五常。

"人家说我做副总不合格,那我就做总裁看看。"——蒙牛董事长牛根生。

"再不修改报道方向，你们上市就把你们买下来！"——鸿海企业集团董事长郭台铭曾经用半戏谑口吻点名台湾某家报纸。

"我是最好的人选。懂技术、懂市场，有软件和互联网公司的经验，在国际大公司微软做过，又在中国大公司工作过，了解中国的情况，他们还能找出第二个吗？"——唐骏对媒体透露，Google公司曾邀请他担任中国区总裁，但被他拒绝。

树碑立传

如果觉得在他人和媒体面前显摆几句、发几句豪言壮语还不过瘾，那就把自己的光辉业绩、先进经验编成一本书好了。制作成电视片，或者在报刊上刊发整版的报告，性质也差不多。这样做的好处，一是有足够的版面和时间，二是说什么怎么说可以由自己完全把控，三是有盖棺定论的效果。正因为如此，大凡有点成就的人士都乐此不疲。

尽管现在网络媒体发达，博客、微博发表方便，但仍然不能取代书籍的独特作用。这是近两千年的文化积淀的结果。长期以来，中国的政府官员和文化人士宁愿自掏腰包，也要为自己出版几本传记或作品集，然后赠送给朋友、同事与业务单位。西方的政商高层在退休之际，也会以一部回忆录为自己作总结，如克林顿、小布什、布莱尔、杰克·韦尔奇等，只不过他们写作的东西能卖到市场上。

近年来，国内的企业家和社会名人也开始热衷此道，如冯仑、王石、潘石屹、李东升、冯小刚等。冯仑的书出了一本又一本，但他还觉得不过瘾，让手下人制作了一份手机彩信报，名为"风马牛"，专门收录"冯子语录"，定期向朋友与同行发送。一些企业家自己没有写书的能力（或者没有大块的时间），就委托作家们捉刀撰稿。为成功人士（或成功企业）撰写传记、出版专著、拍摄电视专题片，是一个永不疲软的巨大市场。

在广告、策划、销售代理、公关等中介服务行业中，出版案例集和理论专著的现象更加突出。以营销策划行业为例，差不多每一个知名的策划人都是半个作家。李飞、余明阳、文硕、陈放、叶茂中、张大旗、王志纲、何明志……无不以个人著作名世。有的机构更是长期坚持不懈地推出系列丛书，如派力营销、三木广告、叶茂中机构等。**有了几本自己的著作摆在案头，不仅可以说明自己实战经验丰富，也说明自己是有思想、有理论的人。**

引述他人赞誉

自己说自己如何了不起，很多人都会觉得有夸大、吹嘘之嫌，而且降低了可信度。最稳妥、最"客观"的方式，是引述别人对自己的赞誉。其言下之意是："这可不是我自己说的，某某人物是这么认为的。"**借他人之口为自己"镀金"，比自己评价自己效果更好，也更安全。**如果给予赞誉的是某位有身份、有地位的大人物，那么这种评价将更可信、更权威。

大诗人李白当年为了求得荆州长史韩朝宗的赏识与保荐，写下了著名的《与韩荆州书》。自我夸耀一番之后，李白没有忘记加上一句："王公大人，许与气义"——王公大人都赞许我有气概，讲道义。李白显然觉得，如果仅仅是自己说自己好，而没有"王公大人"的评价，说服力是不够的。

张五常到内地的各个大学演讲时，有的听众对他在经济学界的地位并不了解，或是感到怀疑。于是张五常搬出了诺贝尔经济学奖获得者为自己证言。他婉转地引述了一则故事："我回港后数年，一位美国教授途经香港，告诉我如下的故事：科斯曾到他们大学演讲，听众济济一堂。在演讲中科斯直白地说，引用他的思想的人都引用得不对。到了发问时，一位听者问道：'当今之世，有没有引用你的思想的人是引用对的？'科斯回答：'只有张五常。'"

王志纲也非常善于借别人之口赞扬自己。他在一本书中描述了他与胡润初次认识的经过：某次开会，坐在他身边的胡润像发现新大陆一样跳了起来：

"请问，您就是王志纲先生？大名鼎鼎的'地产教父'？我叫胡润，就是弄《福布斯》排行榜的那个胡润。早就听说您的大名，一直找你找不着，没想到今天碰上了……许多人都对我说，要想了解中国的富豪，王志纲这个人非见不可。与他来往的老板都是重量级的。所以我早就想拜访您。只是您这个人太神秘，神龙见首不见尾。"借胡润之口，王志纲将自己的"教父"地位描述得活灵活现。

经济学家郎咸平自认为是《皇帝的新装》里面那个敢于说真话的孩子，对自己主持过的电视节目《财经郎闲评》非常骄傲。他在澳大利亚的一次演讲中说："这个节目做出来之后，成为上海收视率最高的节目，甚至超过了你们喜欢看的小燕子（笑）。英国伦敦《金融时报》登了一篇专访，谈到这个。文章说，上海妇女的三大爱，第一是路易·威登的包包，第二是卡迪亚的手表，第三是郎咸平（笑，鼓掌）。我在上海还算是比较知名的，所以我出去的时候会带把梳子（笑）。因为知道观众会和我照相。"不管是有意还是无意的自夸，这样的信息都明白无疑地提醒海外的听众，郎教授不仅有才、有德，而且已经很有名了。你们如果要请郎教授演讲，在出价上心里要有数。

第 10 节

他人烘托：人是最好的"道具"

[陪衬] 让这些人物围绕在身边，不用你自己开口，你拥有的财富、权力、人脉与声望，都已经一目了然。

[拥戴] 陪衬人员的存在本身，就是对中心人物身份的烘托。如果让他们"动起来"，以尊敬、崇拜、拥戴的行为和神情举止相配合，拉抬效果将会更加明显。

[帮腔] （这些人）毫不吝啬对中心人物给予赞扬，传播中心人物的强势信息，……类似于法庭上的证人证言——证人证言总是比自己说的话更有效力。

近几年，一家名为思八达集团的培训企业异军突起，培训费动辄数万元，却总有成千上万的企业老板蜂拥而至。主讲老师刘一秒，被学员们称为"秒哥"。一个特别有意思的现象是，在每一场培训的现场，都会有身家不菲的老板恭恭敬敬地给"秒哥"倒水。

《南方周末》记者目睹了"秒哥"2011年6月在深圳讲课的情景：

终于，在音乐与掌声中，38岁的刘一秒在十几名男子的簇拥下走上讲台。他身高一米八，一身白衣，半侧着身，仰面45度环视全场，掌声更猛烈了。一分钟后，他把手抬到半空，示意学员们就座。

"秒哥"说："知道我为什么让那么丑的人倒水吗？为了衬托出我的帅……一般人我还不让他倒，得达到一定高度才行。"

倒水的人在台上郑重承诺："我愿为秒哥终生倒水，无怨无悔。我公开承诺，绝不再偷喝秒哥的水。"这个人是某个集团董事长，拥有七个公司和一所中专学校，资产过亿。他在以前倒水时曾偷喝过，为了获得"秒哥的能量"。

据一位参加过培训班的公司总裁说，"秒哥"的弟子对他崇拜得不得了，经常现场给他下跪。在一次思八达慈善大会上，刘一秒穿过的一件衣服被人以300万元拍走。思八达人中流传着这样一句话："老师（刘一秒）是天上飞的一条龙，我们是地上跑的一群猪，怎么追也追不上。"

从上面的描述中我们可以看到，年纪轻轻的"秒哥"之所以迅速大红大紫，除了他与众不同的讲授内容与过人的口才外，善于运用他人来烘托自己也是重要的原因。十几个手下人的簇拥，为"秒哥"营造出众星捧月、不同凡俗的光环；而身家千万的企业老板心甘情愿地为他倒水、给他下跪，抢购他随时脱下的衣服，更给在场的其他学员以强烈的视觉刺激，进一步地烘托出"秒哥"高人一等的导师形象。

中国的俗语说："花花轿子人抬人，人抬人高。"但凡有点身份的人物，当然不便事事亲自出马，也不能过多地自我褒扬。让助理、朋友、合作伙伴出场，扮演衬托者、抬举者的角色，无疑是更好的选择。在现实生活中，**不管**

是演艺明星、企业家、知名学者还是政府高官，身边总是有一支由经纪人、保镖、助手、下属、粉丝组成的团队，通过醒目的存在和言行上的捧抬，强烈地烘托出中心人物的高贵与不凡。人们将从这些身边人物的存在和言行中，反过来推测主角的身价。

相比那些沉默的物品，活生生的人不仅是更昂贵、更吸引眼球的道具，还能以言行举止，灵活机动地拉抬中心人物的形象。最重要的是，借助他人进行烘托，往往比"自吹自擂"让人觉得更可信，效果更好。

陪衬

秘书、助理、经纪人、司机、保镖、律师、翻译、下属、朋友、保姆、崇拜者，乃至自己的爱人孩子……所有你可以支配、调动的人，都可以作为陪衬者，起到映衬中心人物的作用。**让这些人物围绕在身边，不用你自己开口，你拥有的财富、权力、人脉与声望，都已经一目了然。**

明星是最惯于、也最善于运用他人来烘托自己的一个群体。不仅国际型的当红巨星，即使是处于二三线的明星，身边照样围着一大堆助手与服务人员。从职务上看，有经纪人、媒体主管、生活助理、保镖、造型师（又分为着装、发型师、化妆师、形象顾问等不同工种）、保健师、艺术助手（灯光、音响、舞美、艺术顾问）等。还有一些人没有明确的职责，只是明星少年时的朋友，也混在里面打杂。这些人除了干好所谓本职工作，另外一个功能就是陪衬自己的"老大"，为"老大"壮声威，抬身价。

成龙是香港数一数二的艺人，他的排场也是数一数二的。出入任何场合都是前呼后拥，大批人马伺候左右。即使在偏僻的外景地拍戏，他的拍摄现场和住地也是戒备森严，服务员由自己随"身"携带，吃饭也享受送餐服务。

在国内的演艺界，这一风气也开始盛行。大牌明星自然不用说，一个年纪轻轻的演员进剧组，也要带一两个助理，帮他买盒饭、当联络人。有人对这一现象感到不解：这些事不能自己做吗？再说，需要这么多人专门为他服务吗？他们没有想清楚的是，艺人的形象很大程度上是他人捧抬起来的，服务人员的存在，本身就是明星的身份证明。它告诉外界："我已经是有身份的人了，衣食住行、金钱计算这些俗务，怎能再由我亲自打理？""我是有支付能力的，不然，怎么养得起这些人？"

赵本山出名后，身边的工作人员越来越多，光保镖就有十几个。以前与他合作的编剧何庆魁有点适应不了，觉得"本山现在变化很大""不如静静地享受生活"。有记者说，这是老何还没入道，这些外面的排场和派头，只是成功人物必需的噱头和面子，和人品无关。没有这些东西，哪来名人的范儿？

对大多数有点钱、有点权的人士来说，秘书（助理）是最普遍、最直观的显示身份的标签。有专人为你服务，处理杂务、接听电话、安排日程，表明你已经上了一个档次，小事、杂事、具体的事不再需要亲力亲为了。不少政府官员外出，不管公事还是私事，非得带个秘书。有人明言："出门是不是带个跟班，就像出门坐奥迪A6还是坐桑塔纳，表现出的身份地位不在一个档次。"

有的小公司与创业者觉得事务不多，犯不着请一个专职秘书，就在大学聘请一个兼职或者临时员工，帮自己接听电话、安排订餐。这种需求逐步形成了一个市场。在上海和北京，为创业者提供兼职秘书、临时秘书，已成为一个新的行业。

司机也正在成为坐车者的一种身份标签。这年头，有车的人越来越多，但供得起或者配得上专职司机的绝对是少数。不少人自己会开车，也要使用专职司机。在出席会议、饭局、朋友聚会时，别人听到有专职司机在伺候，那种感觉是与自己开车明显不同的。

对政府和企业的管理者来说，除秘书、司机之外，助手、下级也是其权力和财力的证明。指挥别人干活，是管理者的一种独特心理享受，也是对他人的一种强烈暗示。

如何运用他人衬托自己的地位，有三条基本规则：

第一，人数越多越好。陪衬的人越多，表明自己的地位越高，权力越大，财力越雄厚。为官者总有一种内在的冲动,希望不断扩充自己手下的部门与人员。特别是外出,陪同的人员越多,越显得有气势,只有前呼后拥,才能威风八面。唐代大家韩愈在《送李愿归盘谷序》一文里,借李愿之口对所谓"大丈夫"有一段精彩的描述:"其在外,则树旗旄,罗弓矢,武夫前呵,从者塞途,供给之人,各执其物,夹道而疾驰。喜有赏,怒有刑。才俊满前,道古今而誉盛德,入耳而不烦。"

第二,陪衬者也要有形象、有档次。只有这样,才能进一步显出老板的高大。领导们选择秘书,不仅要求长相周正,还要求精明能干,最好拥有名牌大学的文凭;下属拿着高薪,看上去有气派,也是上司的光荣。2012年初,太平洋建设集团总裁严介和在公开员工来年的加薪计划时,专门发了一条微博解释原因:"员工买名牌衣服、名牌包,那不也是我的一张脸面吗?当优秀的员工都开了宝马、奔驰的时候,我不就是宝马中的宝马、奔驰中的奔驰么?"

在黑帮电影中经常有这样的情景:"老大"出去谈判,自己穿得很休闲,表情与谈话也很平和,但手下的马仔都是衣冠楚楚,一色的墨镜,一脸的杀气。对比之间,"老大"的地位和实力已经明摆着了。

第三,只指挥高级别的下属。由自己直接指挥的下属级别越高,说明自己的级别更高。王志纲每次与别的公司谈合同,都是"只谈方向","具体细节都是手下的总监操作"。在项目开始时他出面讲一次话,然后当起甩手掌柜,打他的高尔夫球去了。

朋友、律师、翻译、粉丝,这些你管不着但请得动的人,也大可以拉来作陪衬、壮声势。请客时邀高朋陪坐,谈判时带律师出场,演讲时有专人翻译,表演时有粉丝捧场,众星捧月,人多势众,才像个有地位的成功者的样子。孤家寡人,势必让人感到你势单力薄,孤苦伶仃。

台湾前民进党主席施明德退党后,总是一个人出入公开场合,被媒体称为"孤鸟型"的政治人物。2004年12月,他再度参加台湾"立法委员"的选举,投票当日,他只身一人前往投票站,让记者们感到有些凄惨。另一位"立委"竞选人李敖也被认为是"孤鸟型"的人物,但他比施明德稍高一招,他这次参选，硬是把一向晚起的另一名"立委"陈文茜催起床，陪着自己去投票。

拥戴

陪衬人员的存在本身，就是对中心人物身份的烘托。如果让他们"动起来"，以尊敬、崇拜、拥戴的行为和举止神情相配合，拉抬效果将会更加明显。

自2005年湖南卫视《超级女声》节目开始，人们经常在电视台的各类选秀节目和明星演唱会上，看到台下发烧友们群情激昂的特写镜头——有的欣喜若狂，有的如痴如醉，有的痛哭流涕。这种气氛很容易感染台下和电视机前的观众。人们觉得，"哇，这个节目的效果真是好，表演者的人气真是旺"，因而也跟着进入了痴迷状态。

其实，这些表现狂热的发烧友很多是由主办单位或选手自己请来的，一部分属于"职业粉丝"。根据粉丝的不同表现，主办单位或经纪公司会为他们开出不同的价码：泪流满面的100元，尖叫的50元，喉咙嘶哑50元；如果选手晋级，再加奖金。有人专门做起了职业粉丝的"幕后组织者"工作，只要选手、主办方愿意出钱，便可以提供现场举海报、高声呐喊，以及在网上发帖子等专业粉丝服务。[21]

明星的跟班们大都明白自己的价值所在，知道如何烘托"老大"。但有的单位里新上任的秘书、司机不明白这一点，以为自己的工作仅仅是做好文案、把好方向盘，不习惯撵前跟后地伺候领导。于是，领导们就要对他们进行训练了。吃完饭、开完会，离开酒店或办公室时，领导们会有意忘了拿水杯、忘了公文包、忘了大衣，秘书和司机不得不回去再拿。这样，官员在前边走，后边有人跟着捧茶杯、拎公文包、夹大衣，时间一长，习惯成自然，领导的派头就摆出来了。

柳传志在机关单位浸淫多年，通晓人抬人高的道理。创办联想后，他对骨干人员不断言传身教。1988年，拥有MBA学历的郭为（现神州数码公司总裁）

进入联想，第一个职位就是给他当秘书。柳传志对这个年轻秘书的训练，首先就是给领导"开车门，拎箱子"。郭为的悟性很高，不需要老板过多指点。郭为回忆说："首先我觉得要学会拉车门，所以我就从拉车门开始做起，知道怎么把手放在上边，不要让领导的头碰到。"

在联想内部，高层人员都懂得相互抬桩的道理。在杨元庆担任联想集团CEO后不久，有一位记者在一个新闻发布会上观察到，当这位30多岁的少帅在台上演讲时，台下的其他副总裁都目不转睛地望着他，眼神中充满了敬佩和欣赏。这位记者说，像马雪征、刘军这几位副总，都是资历丰富、能独当一面的厉害角色，他们对杨元庆的这种姿态，说明杨的领导能力与人格魅力得到了认同。

帮腔

人是会说话的道具。在以神态、行为表达对中心人物的尊敬之后，接下来，该让他们开口说话，用语言为你帮腔了。

成功人士身边大都围绕着一批"吹鼓手"。或受邀请、或自动，在活动现场、在媒体上、在同行的聚会中，随时随地、毫不吝啬地对中心人物给予赞扬，传播中心人物的强势信息。**这些人的帮腔类似于法庭上的证人证言——证人的证言总是比当事人自己说的话更有效力。**

有四类人适合充当吹鼓手的角色。第一类是有一定声望的专家和朋友。他们的话公信度高，传播面广。王石的《道路与梦想》一书写成后，请了三个人为他写序——宁高宁、张五常和周其仁。这三人都是企业界和经济学界响当当的人物，他们说的话分量足，属于主流的声音。宁高宁的序写的是作为企业的万科和作为企业家的王石，张五常的序写的是作为个人的王石，周其仁写的是作为万科老板的王石。三个人三个角度。张五常在序中说："王石比我伟大。他是万科企业股份有限公司的主事人。那公司是今天国内最大的房地产发展机构……王石占有的股份只是万分之一点六九，薪酬起初微不足道。两年前他的年薪是人民币80万元，也微不足道，今天年薪230万元，不到市值的1/10吧。王石住自己购买的房子，请我吃晚饭不用公司钱，用自己的，吃剩的他要打包带回家。"如此说来，王石算得上一个商人中的君子了。

第二类"吹鼓手"是单位的同事。同事是最了解你的真实情况的人，即使对你有所夸饰，也说明你的人缘好。中国传媒大学的一位老师某日带着一位博士拜访前北京首富李晓华，一位儒雅的副总接待了他们。先是安排他们观赏根据央视《东方之子》节目等素材剪辑而成的《李晓华传》，然后，公司的三位副总陪同他们到附近的一个餐馆用餐。"席间，听到李晓华的三位助手总裁讲述了各自同李晓华十几载不离不弃的跟随陪伴，深为所动。在他们的讲述中，渐渐对李晓华心生崇敬。"

即使是级别较低的同事，也能为你传递出强有力的身份信息。王志纲工作室的员工，都经过了如何包装老板的训练。如果你在某个展会上碰到王志纲工作室的员工，问"王总"今天来不来，最近在忙些什么，对方的回答一定是"王老师"如何如何，你也只好改口称"王老师"了。曾有人在深圳碰到王志纲的助手，说很想找王老师，但找不到人。助手说："王老师满世界做项目，行踪不定，神龙见首不见尾，所以不好找。"

第三类"吹鼓手"是合作单位的人员、会议的主持者。这些人与你没有直接利益关系，他们的话更容易让他人感到公允可信。比如到某地讲课、做项目，很多人会将自己的"光辉简历"提前发给合作单位，要求对方在现场张贴大幅海报，悬挂"热烈欢迎某某资深专家莅临指导"的横幅。在开始发言前，会议主持人基本上会"照本宣科"，为你进行隆重的介绍。

第四类"吹鼓手"是关系好的记者、评论家，这些人的说法代表了大众意见。媒体时代，记者是重要的意见通道。开会之前，让助手或公关公司将预先准备好的新闻通稿（里面当然对自己加上了许多美好的"定语"，还有一些只有自己知道出处的"社会评价"）发给记者，然后拜托他们"多多关照"。稿子发出来时，记者们大多会沿用其中的某一"定语"或"社会评价"。

如果需要进行比较系统的自我推介，就邀约某位你信得过的记者、作家前来采访。你还可以要求对方在采访提纲中加上几个问题。这样,你想说的话就通过对方之口问出来了。曾在某报做记者、后下海经商的严忠明,在与王志纲进行一次交谈后,写了一篇热情洋溢的"王志纲答客"——《中国地产的人文思考》,直称"王志纲依然属于我们这一代人中英雄主义和理想主义的典范"。王志纲当然不会放过这样的文章,把它收进了自己出版的一本书中。

第 11 节

追逐时尚：附庸才显风雅

[新潮消费] 要确保自己的消费"有型有格"，"国际化"是一条简便易行的捷径——不管是有选择地借鉴还是盲目跟进。

[文化与艺术趣味] 要显得高雅，文化修养与艺术趣味是不可或缺的，哪怕是装出来的、硬凑上去的。一般来说，这也正是小资们拥有最多的资源。

[娱乐休闲] 无论多坏的酒吧，至少你得去一次，才能达到全城酒吧活地图的标准。你尽可以大肆批评它们，这只会显示你的见识。

[另类生活] 由于与大众差异明显，另类生活方式往往能引起人们的极大关注，有条件、有胆量的会积极效仿，没有条件、没有胆量的则会投之以羡慕的目光。

在中国的足球运动员中，谢晖（现任上海申花助理教练兼新闻发言人）算不上一个一线的角色，但因为与时尚"有染"，知名度大大超出了与他处于同一水平的球员。讲英语、染黄发、着装前卫、经常出入休闲场所和时尚聚会……这些典型的时尚做派，再加上带有部分欧洲人体征的外形，让谢晖成了足球界的头号"时尚先生"。足球阔佬们购物娱乐时，少不了请他做参谋；时尚界人士引他为同类，佳得乐、百事可乐曾先后邀请他拍摄广告。

初出茅庐之时，谢晖一度"头上扎着红色方巾，耳朵里塞上耳机，哼着摇滚，说着流利的英语，常年背着'万能包'"，经常抢了范志毅等球坛大佬的风头。随着年龄增大，特别是在德国踢了几年球之后，他对时尚的理解发生了变化，对国际潮流的领悟和追赶也日见精进，以至于体育记者在进行报道时总不忘"八卦"一下：谢晖今天接受采访时，又作了什么样的时尚打扮。而在球迷对谢晖的评价中，也留下了cool（酷）、active（活跃）、fashion（时尚）、advanced guard（前卫）、sexy（性感）、adorable（令人崇拜）、attractive（吸引人）这样的关键词。

以下是谢晖某次展现在公众面前的穿着打扮，以及他的"时尚经"——

头发：染成了黄褐色，抹少量发胶；微卷，发型多样化。因为谢晖觉得国内染发颜色做得不好，"像刷过油漆一样"，所以一般在德国做头发。

衣服：一整套Jean Paul Gaultier的运动套装，20世纪70年代复古款式，是谢晖花了260欧元在巴黎买的。谢晖说，"一定要记住：时尚就是穿小一号的衣服""最近男人的衣服正在向窄肩发展，很瘦的设计"。

鞋：赤脚穿着Prada的白色休闲鞋。谢晖觉得，"这样的鞋可以配不少衣服"。

手表：喜欢瑞士天梭运动型和德国Chronoswiss这两个牌子。谢晖认为："男人的饰品只有一样，就是手表。"手机在国外只是一种普通物品，只有手表才是时尚。

音乐：喜欢"炝红辣椒""7个国家军队""AC DC"等摇滚乐队，也曾迷恋过"披头士"等老牌乐队。

休闲：结婚以前是泡酒吧、和朋友一起去钱柜唱歌；结婚后，"一定要到有氛围又有情调的地方，喝着咖啡，看着风景，感受那种舒服"。

喜欢的饮料：干姜水、柠檬冰红茶、木瓜牛奶。

活动区域：经常活动的区域在上海南京路、外滩到陕西南路、淮海路这个区域内。

居住地点：喜欢城市中心的房子，因为他觉得市中心是人文气息或者说文化积淀最浓厚的地方。

理财方式：投资房产，在上海中心城区拥有四套住房……[22]

在词义上，时尚是时兴、流行的意思，指某一时期受到人们推崇的消费与生活方式。**因为受到推崇，具有某些时尚行为和时尚特质的人，理所当然就能在人群中获得某种地位优势，被视为"优雅""有品位""有见识"等**。对依赖于人气生存的娱乐界人士来说，对时尚的把握能力是他们基本的职业技能——如果被认为已经"过时""落伍"，那无异于噩梦的开始；而那些手中掌握强势资源不多的青年学生、创意设计人员以及中级以下白领，由于不能在财富、权力上与上流社会抗衡，通过追逐时尚显示自身品位，就成为他们提高身价的重要方式。这一阶层人数庞大，是时尚的忠实信徒和支撑力量。

曾有好事者描绘了这样一幅时尚生活的图景："住艾未未和潘石屹打造的房子，或者干脆找到张永和设计一栋LOFT，买登琨艳的'生活经艳'布置空间，收藏陈逸飞的油画，热爱旅行，拥有戴毅的君悦酒店的贵宾卡。去翁菱的画廊欣赏艺术，在李景汉的外滩三号和张爱玲的外滩18号培养气质，到方力均的餐厅品味美食美景，去何磐光的恒隆感受流行，听宋柯和黄小茂的音乐，看崔健激情四射的演唱会，被海岩笔下的山盟海誓感动，看张艺谋的歌剧、陈凯歌的电影，在汪兴政的会所里体味旧上海的旖旎，在罗康瑞的新天地上演情色男女。读一读吕燕的时尚感言，到'东田造型'给自己一个新形象，穿着张肇达和祁刚设计的礼服去棉棉或蔡伟志组织的PARTY，和王雯琴、姜培琳这样的名模擦肩而过，华丽的生活凝固在冯海的镜头里。"

作为一种社会意识形态，时尚总是处于内在的矛盾与冲突之中。时尚要成为时尚，必须能够被公众欣赏和认可，不过，一旦时尚一统了天下，人人皆可如法炮制之后，时尚就不再值得推崇，"雅"也就化为了"俗"。所以，时尚总是要不断地否定自身，推陈出新。随着新的花样出现，新一轮的时尚潮又开始涌动。

要想保持住自己的时尚地位，大多数人会选择跟随的策略——一个相近的说法就是"跟风"。这是一种比较安全的方式，因为前面已经有范本存在，用不着自己费尽心思鼓捣，也不用担心别人的嘲笑和指责。不过，由于成本和风险小，能获得的形象加分也少；而且，如果自己所追逐的时尚一不留神已经滥了大街，仍然有可能遭到"上流人士"的嘲笑。为避免这一风险，就得不停地打探时尚消息，并具有非常敏锐的"嗅觉"，确保自己跑在潮流的前端。

引领是少数精英人士采取的策略。这些人自信心良好，敢于创新，也有能力创新，永远站在潮流的浪尖上，享受世人的艳羡与追随。不过，创新就意味着风险，率先推出的新花样可能不仅受不到人们的欣赏，还会被认为是"丑"和"怪"。因此要想引领潮流，必须具备对流行趋势的超前的预测力以及准确的判断力。

不管是跟随还是引领，其实都是一件辛苦事，远不像表面上显出的那般潇洒。它得时时处处留意其他人的眼色，相机而动，过早了不行，太迟了也不行。 即使如此，由于能得到人们的推崇，被视为风雅与高尚之事，成功的和不怎么成功的人仍然为它不辞劳苦，趋之若鹜。

在魏晋六朝时期，做名士是社会的一种时尚。怎样才能算是一个名士？王恭在《世说新语·任诞》中说："名士不必须奇才，但使常得无事，痛饮酒，熟读《离骚》，便可称名士。"按王恭的说法，做名士的要求也不高，无非是有空闲时间，会喝酒，懂点文学。在今天的社会，要想让自己看起来像一个时尚中人，有以下几种主要的路径——

新潮消费

在消费时代，消费无所不在，神通广大，传递着多种多样的诉求与信号。

时尚同样离不开以消费作为自己的表达方式。不过，时尚并不等同于高消费。高消费强调的是价格，时尚强调的是风格。**高消费主要反映了一个人的财富状况，时尚消费则更多体现出一个人的知识和品位。**

要确保自己的消费"有型有格"，"国际化"是一条简便易行的捷径——**不管是有选择地借鉴还是盲目跟进**。只要国际上有这样的消费风气，照样做大抵错不了，至少你可以理直气壮地告诉别人——谢晖之所以敢于轻视手机，因为这是国际惯例；只要这是进口的"洋货"，你买进总不会有失身份——谢晖之所以敢于将一件样式老土的运动服穿在身上，因为那是国际品牌"迪奥"的复古之作，国际上正流行呢！当然，"国际"主要是指西方国家，中国的香港、台湾是它们的中介。在可以预见的时间内，这种"崇洋媚外"的社会观念不会有根本改变。

以下是时尚人士总结出的几种"国际化"消费：

在宜家买家具。宜家在北京开业时，热情的北京人在两个星期内把货架上的商品抢购一空，有人在7天里去了6次。宜家的老板惊讶之余分析，可能是北京人更乐于接受新事物吧。你不去宜家吗？那证明你老了！

去哈根达斯吃冰激凌。在香港、上海、北京、广州，每间哈根达斯装饰都不同，但无论开在商业街、地铁站、购物广场，每间哈根达斯生意都那么好，圣诞节、情人节的时候，等位的人一直排到门口去。一个冰激凌球28元，一份"梦幻天使"78元，就算男孩子只喝一杯咖啡，两个人也要100多元。从美国空运过来的原料，绝对天然不含色素、防腐剂……似乎也不值这么多钱。但是，哈根达斯已经成为一种象征了。

吃新奇士橙。就是那种个儿特别大、颜色特别漂亮、皮特别厚、肉质特别粗，适于榨汁多过吃肉的美国进口水果。这种橙子的个头是国产橙的两倍，价钱则是3到6倍。但是时尚一族宁愿去买又贵又不好吃的新奇士橙。新奇士橙榨汁制成饮品后，还是叫新奇士——Sunkist，广告告诉我们，这是一种含高维生素、充满活力与健康的饮品，早餐饮用象征美好健康一天的开始。

吃日本菜。很多人大肆宣扬他们对日食的恶感：单调、冰冷、吃不饱等，但这并不妨碍装饰精巧的日本餐馆在各大城市接连开花，门庭若市。如果你把时尚感看得重于口腹之欲的话，清淡、精巧、适可而止的日食无疑是最正确的选择。一碟小菜、两片烤鱼，再加上一小杯暖过的清酒及八分之一片甜橙，就足以使你与那些满脸油汗的"老饕"区别开来。

……

"国际化"有时也会遇到困惑。比如在美国，吃麦当劳这些快餐的常客通常与低收入、低品位联系在一起；而在中国，大多数洋快餐的常客是中层专业人员、时髦的雅皮士和受过良好教育的年轻人。这就要看你的显摆对象——受众是什么层次的人，是否有条件感知到纯正的西洋时尚。差不多所有的洋货进入中国，定位都会提高一两个档次，这是让人无可奈何的现实。

与20世纪80年代喝咖啡代表时尚一样，品尝红酒正成为国内时尚消费的一种潮流。"红酒人口"越来越多，"我只喝红酒"被当作一种骄傲的宣言。对于新潮人士而言，喝红酒是体验一种异域文化的过程。这种新潮消费的难点不仅在于喝什么酒，更在于如何喝。如何喝红酒也成为对一个人时尚程度的检验。巩俐在《中国匣子》里端着一杯红酒的样子，被时尚人士认为"惨不忍睹"，"仿佛那杯红酒已经变酸无比难喝"；在红酒里掺雪碧已经成为遭到摒弃的愚蠢行为，说"红酒配红肉，白酒配白肉"也不足以显示身份，新的技巧是懂得用红酒配乳酪！

喝红酒的习惯需要经过长期培养，一有机会就端杯红酒晃啊晃，直到把对甜得腻人的国产葡萄酒的嗜好全部摒弃。据此中人士称，喝红酒最好是一个人喝，"到了下半夜，推一张台湾男人的老歌进DVD，张镐哲、姜育恒、童安格的歌一路听下来。燃一支香烟，好久没有去吸，让烟的味道和歌的味道一起袅袅浮动，纤细绵长"。

文化与艺术趣味

要显得高雅，文化修养与艺术趣味是不可或缺的，哪怕是装出来的、硬凑上去的。这也正是小资们拥有最多的资源，做起来不难，但高下的分野也不是一时半刻能够抹平的。

　　自己能够参与创作（表演）是最好的。比如今典集团董事长张宝全，因为能拿出几幅书法作品参展、经常举办属于装置艺术的"观念地产展"，让他在据称"没有文化"的房地产界鹤立鸡群；中坤房地产公司老板黄怒波，因为出版了一本又一本的诗集，开了一场又一场的诗歌研讨会，成了备受瞩目的"地产诗人"。

　　至于大多数没有这种专业修养的人，只需带上眼睛和耳朵，去欣赏就行了。到大剧院、音乐厅听音乐，无疑是显示自己品位的极好方式。如果从来没去过音乐厅，甚至不知道本地有哪几个音乐厅，显然是一件脸上无光的事情。如果要想倍儿有面子的话，最好能随口说出本周末市内有什么演出曲目。

　　以音乐为名的高尚聚会，要尽可能赶过去，哪怕是凑凑热闹也好。比如丽江雪山摇滚音乐节、罗大佑重温旧梦演唱会、北京保利大厦的"摇滚音乐节"。**青少年参加音乐会主要是追星、看人，视明星的热度而定；成年人参加音乐会则要以艺术的名义，与流行保持一点距离。**西洋古典音乐是最有说服力的。如果能在剧场忍受两个小时，听歌剧是最好的选择，听不懂就看好了；如果确实水土不服，听中国民乐也行。

　　经常性地参观美术展、博物馆也必不可少。留意近期的、远期的美术作品展览信息，高档次的（如法国印象派画展）要早早安排时间，不惜长途奔波赶过去。在一个城市出差，有空时去看一看当地博物馆（顺便告诉你的朋友或生意伙伴），尽可能多待一些时间，留意一些细节，这都可以增加你日后的谈资。

　　在影视占据艺术市场主流的今天，热爱明星也是时尚族的必备条件。不过有人提醒说，对于内地或港台明星，显得越陌生越好，以示漠不关心。但对历届奥斯卡获奖及提名明星，一定要耳熟能详，不但能一眼认出并能脱口说出其全名，而且对其主演过什么影片、与谁搭档、演技如何、有何花边新闻，要能如数家珍——道来。

　　阅读的内容也显示出你的知识与品位。女性看《时尚》《瑞丽》，男性看《三联生活周刊》《新周刊》是起步级的选择。如果能经常性地阅读《TIMES》（时代周刊）、《NEWS WEEK》（新闻周刊）、《National Geography》（国家地理）这些美国原版杂志——每个大城市都有一两家售卖这类当期或过期杂志的书店，然后以《TIMES》这期的"Cover Story"（封面故事）为话题，必将引得别人另眼相看。

偶尔听听知性点的名家讲座也是有必要的。现在各个大学、图书馆、文化中心经常邀请著名学者和文化名人作演讲，遇到这样的机会，一定要抽出时间来听一听，与名人近距离地接触，感受一下对方的风采。听完之后，你就有了与同事、朋友分享的谈资，让人感觉你的见识又上了一个档次，仿佛一个知性达人。

要体现时尚的原则，让他人对你的文化品位与知识水平产生景仰，知识领域的选择是很有讲究的：不能太实用化、工作化，否则"俗"了，听起来就累；不能太生僻，否则大家都不懂，产生不了兴趣；但也不能太通俗化，大家都懂的事，成不了时尚潮流。点到为止，让大家若有所思，彼此都轻松愉快，最符合时尚的韵味与旨趣。举例来说，像茶道、红酒品鉴、瓷器与钟表收藏、时装发展史、健身、国学这类领域，最可能成为时尚人士知性之选。

娱乐休闲

搜狐网总裁张朝阳的外形算不上俊朗，但在公众眼中，他绝对是一个时尚的弄潮人。每隔一段时间，这个IT界的元老级人物总要弄出一点声响来：在天安门广场玩滑板、到酒吧里狂蹦DISCO、身着古代侠士装扮发布广告、全身披挂着数字装备让媒体拍照、在雪山之巅发回手机短信、裸露上身登上杂志封面、率领众多美女登上唐古拉山……他还喜欢在海边玩，喜欢让时间消耗在茶馆、咖啡馆，喜欢宝马，喜欢手机等，总之娱乐味十足，在企业老总中显得别具一格。

"我们就要附庸世界风雅，并将世俗生活进行到底！"张朝阳喊道。在他自己成为中国时尚界的代表人物之时，搜狐网年轻时尚的品牌个性也被公众所熟知。

要成为一个有品位的时尚人士，不能不懂得休闲娱乐，不能不具备娱乐精神。丰富多彩的娱乐生活，总能让人产生羡慕之情。在当下的中国，结伴唱卡拉OK、泡酒吧、喝咖啡，仍是主流的娱乐方式。特别是泡吧，是年轻人和艺术工作者的必备功课。如果不能熟练地说出本市几家特色酒吧的名字、哪家酒吧换了新的DJ与乐队，你在别人眼中肯定是一个很落寞的人。无论多坏的酒吧，至少你得去一次，才能达到全城酒吧活地图的标准。你尽可以大肆批评它们，这只会显示你的见识。

时尚派对是近几年的流行。不管是大型还是小型、享乐型还是社交型，经常出没于这样的时尚聚会、香艳之所，总是能给人增加光彩的。有些女子把自己变成标准的派对动物，频频穿梭于迷离的夜色下，从一个场所赶到另一个场所，这样无论是在现场还是事后谈起，都是十分骄傲的资本。某次洪晃在北京798艺术区举办时尚发布会，事先寄出了几百张请柬，现场却来了近三千人，她不得不站在门口谢客。

旅游也是必不可少的。一年中至少得安排两次旅游，才在朋友面前有足够的谈资。在国内，云南、西藏、海南、新疆这样的边疆旅游一度比较风光，但现在已平淡无奇。到东南亚或南亚的海边晒晒太阳、游游泳，在目前仍比较时兴，不过也面临着大众化的危险。时尚领袖们说，最保险的办法还是不远万里到巴黎、伦敦这些地方，"去完了再来一篇《伦敦半日志》，不动声色地发感慨"，就完美无缺了。

另类生活

时尚一旦流行，很快就变成了大路货。这是真正的时尚精英所不能忍受的。于是他们不得不另起炉灶，以标新立异甚至反潮流的消费选择与生活方式，将追赶时尚的芸芸众生远远地甩在身后，凸显出自己的高人一等。由于与大众差异明显，另类的生活方式往往能引起人们的极大关注，有条件、有胆量的会积极效仿，没有条件、没有胆量的则会投之以羡慕的目光。"有个性""前卫""新锐"，是人们评价另类的几个关键词。

不过，如果另类过于出格，大大超出了大众的理解力和接受范围，也可能反而遭到批评和讥笑。实际上，**精于时尚之道的人总是小心翼翼地设计自己的另类路线，每次只越过当前的流行趋势和公众习惯一点点**。一个安全的时尚公式是：

（安全的）另类=50%的流行+40%的个性+10%的出格

以下是在时尚精英中可以见到的一些另类做法：

用小众品牌。别一提奢侈品展就得是LV、Prada，那已经是时尚圈里媚俗的标志了，现在真正的时尚潮人，更愿意买多数人不知道、但少数人彼此心知肚明的品牌。

戴纯银饰品。戴黄金宝石证明你俗气，戴白金钻石证明你有钱，戴纯银饰品才时尚。

开改装吉普车。千万别开奔驰，买一辆三菱陆地巡洋舰吧，要是你有钱的话。没钱也别打物美价廉的富康、奥拓的主意，可以买一辆既费油又费力的北京吉普。给它贴上一条你想要的不干胶标语，再喷上一个独一无二的图形，或者干脆送进吉普车装饰中心装上一排灯、两条杠。尽管专家说了，这没什么用，但至少它看起来与众不同了呀。在交通拥堵的城市街头，坐在笨重的吉普车高高的座位上俯视众生，言外之意是：我是随时准备冲出城市奔向原野的。

睡在地台上。如果你有机会装修卧室的话，第一件事就是把那张老土不合时宜的床扔了。砌个地台，装作很随意地把床垫扔在上面，再铺上你精心挑选的床上几件套，一种与众不同的气息就成功地散发出来了。

来点苦巧克力和苦咖啡。巧克力商做的调查显示，中国人最喜欢的口味是牛奶巧克力。但是且慢，这样不是显得太大众化了吗？黑色的、连包装都格外触目的苦巧克力当然是显示品位的最佳选择。在生活里吃苦也许不值得炫耀，能够吃苦的食物如苦巧克力、苦咖啡才使你有别于众人。

读《三国志》与《清平山堂话本》。倘若一个人在读《三国演义》，一个人在读《三国志》，人们大约会对后者抱有更多的敬意；倘若一个人在读《红楼梦》，一个人在读《清平山堂话本》，人们恐怕还是会更尊敬后者。如果说读《三国志》比读《三国演义》需要更多的学识，《清平山堂话本》却比《红楼梦》更浅显。《三国志》与《清平山堂话本》的共同之处是它们都更少有人读，这种与众不同可能意味着更高的专业素养，因此也就更加可敬。

有些时尚生活方式像一阵风一样风行一时。作为时尚潮人，一定要看准潮头及时地跟上去，否则等滥了大街再跟进，就会有"媚俗"之嫌，有损作为时尚达人的名声。

第三章

"冷脸"：强硬者的欲擒故纵

"冷脸"更多为有所成就或者掌握着某种强势资源的人士所运用，通俗的说法就是"摆架子"。人家"用不着求你"，脸色当然好不到哪里去。不过，一些并无特别优势、但自信心良好的强硬派也常常使用这种手段，"做不成就做不成，饿死我都不求你"。有了这样一种性格与心理，你也不要指望他会对你摆出笑脸。

相对于"热脸"的高调、张扬，"冷脸"显得生硬与专横。它以"拒绝""无所谓"为潜台词，提示对方"我是有身份、有筹码的人""你应当支付更高的代价"。在多数时候，"冷脸"对接受者不是一种愉快的感受。

"热脸"的传播对象比较分散，"冷脸"则有明确的对象，针对性强。它不像"热脸"那样主要以展示稀缺资源为手段，而是通过所谓"吊胃口""欲擒故纵"之类的手法，向对方传递出关于自己身份的强势信号。其接受心理基础是："便宜无好货，好货不便宜"，如果你不急于出手，那它很可能是一件好东西。

从交易的角度看，"冷脸"是一种充满挑战性与危险性的方法，是一种"反营销"。运用得好，可以起到"热脸"达不到的溢价效果；运用得不好，则有可能丧失合作与成交的机会。不过即便如此，只要你敢于坚持（"绷得住"），就能将身价绑定在自己设定的标准上。

第 12 节

要条件：有身份的人哪会没条件

[开高价] "开高价"对身价的显示效果立竿见影。虽然这样做有交易不成的风险，但比较而言，开价过低的风险或许更大——形象受损，身价下降，而且可能使对方认为你实力不够，反过来妨碍了交易的达成。

[制定规则] 制定规则一般为强势一方所使用。但是，处于相对弱势的一方有时会故意提出某些或大或小的前提条件（即使这些条件对自己并无太大利害），在形势上改变自己单纯被动的局面。

[级别对等] 有些初创公司的经营者不懂这一点，拿着总经理、副总经理的名片冲在前线，或者动不动就亲自接待其他公司的普通业务员，让对方对其实力产生怀疑。

2004年6月底,由成龙和唐季礼投拍的电影《惊天传奇》(后改名为《神话》)在上海举行开机仪式。让记者们感到意外的是,在片中扮演韩国公主的女主角金喜善却压根儿没有露面。面对记者的追问,成龙说:"没有金喜善!女主角人选还未公布。"

成龙身为亚洲演艺界的大腕,在圈内可谓呼风唤雨,居然也有人不给他面子。更特别的是,金喜善所属的经纪公司双手娱乐公司很早就与制片方签下了合作协议,如果不履行拍摄合同,金喜善就要担负大笔的违约金。在这种情况下,金喜善仍然给成龙来了个下马威,原因何在?

原来,金喜善是一家韩国本土汽车品牌的代言人,为了激励韩国国民的爱国热情,她曾经向公众表态不再驾乘日本汽车。但《惊天传奇》中有一些场景将出现日本三菱公司的汽车。由于当初签订的协议没有考虑到这方面的细节,金喜善提出重新修改协议。但这是赞助方三菱公司不可能接受的。成龙几度斡旋,金喜善毫不让步。

就在《惊天传奇》开机仪式的几天前,"成龙慈善杯明星赛"在上海声势浩大地展开,各路美女积极捧场,唯独金喜善临时爽约。有媒体就指出,这两次缺席其实是金喜善有意向制片方示威,表示自己并不害怕违约辞演之后的经济赔偿。

一度有消息传出,影片要用香港的阿娇替代金喜善。不过,鉴于金喜善在韩日市场的影响力,由她担纲主演无疑最保险。碰上了这种强硬派,夹在中间的导演唐季礼不得不与韩国方面紧急联络。在已经有合约在身的情况下,韩国娱乐公司祭出了另外一套"法宝"——金喜善的个人附加条款。这些条款称得上是"刁钻苛刻":

1.片酬。拍摄16天,酬金100万美元。这一标准超过了当时韩国演员的最高片酬。

2.发行。在韩国电影市场,金喜善以股东身份划账分钱,若是赔了本,不承担责任。

3.拍片待遇。拍摄期间每天工作不得超过10小时,住宿要干净、安全;要预备一部进口保姆车接送她出入，还要为她请来韩国料理厨师；除拍摄现场一名翻译外，还要多请一名翻译负责金喜善的生活起居，还要有保镖、发型师等。

4.审查。片中所有与赞助商有关的镜头她都要过目，尤其是来自日本的赞助厂家。自己的名字要单独列出，不能与其他主演一起出现。

5.戏份。当电影切换回现代社会时，因为有三菱汽车，金喜善不能出场。

附加条款中还提出，如果无法满足合约上所罗列出来的各种条件中的任意一项，金喜善就有权单方面终止合同。

成龙自己也足够大牌，最能理解大牌的心情，所以他很快想通了。制片方委曲求全，在剧情安排上作了许多修改。终于，在影片开机一周后金喜善出现在片场。成龙和唐季礼均大赞金喜善扮相漂亮、演技精湛，各方和好如初。娱记们发现，金喜善出入片场，都有六位私人跟班照顾，包括私人化妆师及翻译等。

两个半月后，金喜善拍完自己的戏份即返回韩国。在进行后期录音制作时，为了关照"积劳成疾"的金喜善，唐季礼导演和其他剧组人员干脆前往韩国进行剩下的工作。好在影片上市后票房过亿，各方皆大欢喜。

有人感叹地说，谁让人家是"韩国第一美女"呢？谁让人家人气旺呢？其实，金喜善的强势之处不仅在于此，还有她超硬的心气。韩国明星在业内素以善于摆谱著称，但似乎只有她在明显不利的前提下仍然敢于大提条件，面对成龙这样的天王也寸步不让。当这样的消息在圈内圈外传递时，她的身价就稳步上扬了。

在显示或抬高身价的多种摆谱手段中，"要条件"是对自己身价的彰显，也显示了自己的充分自信。 它隐含的潜台词是："我是有身份的人，当然不会很容易就打发了，与我的合作是有条件的"；"如果你提供的条件与我的身价不符，达不到我的要求，那就拜拜了！"

"要条件"不仅是强势者的权力，所谓弱势一方其实也有这样做的筹码，除非他对对方毫无价值可言。在提出条件的过程中，弱势者的形象得到一定的提升，双方在力量、地位上有所平衡。

多数情况下，"要条件"所要求的是金钱与物质利益，不过也可能是职权、名位、接待礼仪、对等的规格等。老练的谈判专家在使用这一手段时，有几种基本的态度：

一、敢于要。如果对方没有主动提供相应的条件，那就自己提出来好了！2005年，李敖到大陆开展"文化之旅"演讲。在复旦大学的演讲现场，海南大学的老师在提问时邀请李敖到海南走一走，李敖马上说："这次回大陆，一分钱也没拿，亏了本；去海南岛，要另外作价。"众人会心一笑。为什么呢？如果不敢要，别人可能认为你不值钱，反而不加珍惜。当年王石主动飞到北京，免费为冯仑提供地产项目咨询，意见却不受重视。事后王石感慨地说："因为是免费的，所以不珍惜。以后再咨询类似的问题，我得先收100万元，一个月之后才回答。"

二、要求适度。提出什么条件，既要看自己的筹码，又要看对方的接受能力。过于脱离自己的筹码漫天要价，可能让人感觉荒诞；脱离对方的能力提出过高要求，也可能被视为一种侮辱，两者都不能达到最终成交的目的。

三、"绷得住"。在提出某种条件之后，坚持是很重要的，要有达不到自己的条件宁可放弃的准备。没有承接这种风险的能力与准备，"要条件"就失去了必要性。**即使作出让步，也一定要有合适的理由——如果对方没有给出合适的台阶，自己也要找出一个。**没有台阶自降身价是危险的。在商业谈判中，一方作出让步时必然要求对方也作出相应的让步，否则，对方会认为你本可以让步更多。

开高价

"开高价"是最直接、最明确的自我标价，直奔摆谱的核心主题，既是目的，又是手段。开出的价格（待遇）可能与自己的身价相符，也可能高于自身的实际价值。

"开高价"对身价的显示效果立竿见影。虽然这样做有交易不成的风险，但比较而言，开价过低的风险或许更大——形象受损，身价下降，而且可能使对方认为你实力不够，反过来妨碍了交易的达成。

在演艺界，出场费和服务标准是艺人出马最重要的条件。它不仅关系到收入的多少，也直接体现着艺人在圈内的地位和形象。像姜文这样的大牌明星，宁可两三年不接戏，也决不像其他人一样为混个脸熟自降价码。2003年，古装大戏《谁主沉浮》开拍前，剧组和姜文取得联系，请他客串两天的戏。姜文表示对其中的一段感情戏不满意，剧情马上修改，姜文才与剧组签约，拿下六位数的片酬。签订的合同中明文规定：不接受记者采访，不许任何媒体拍照，不许剧组随意将自己的剧照在媒体上发布等。虽然仅仅是客串两天，姜文也带上了四个助手和一名律师，要求剧组报销他和随行人员的交通费，还要求剧组准备一辆豪华保姆车。

当然也有的演员不讲条件，被制片方称赞为"有艺德"，比如宁静加盟赵本山的《乡村爱情》剧组，就被赵本山赞扬"什么条件都不讲"。不过这样的夸奖对演员绝对不是什么好事，在听者的心中，多少会产生人气不旺、底气不足的疑问。当然，如果能找到冠冕堂皇的理由，比如属于公益演出、友情客串，则另当别论。姜昆某次出任南京一楼盘的代言人，最终以40万元价格（而不是自己理想中的100万元）成交，他为自己找了两个合理的理由：一是该楼盘是地方性品牌；二是他自己也是半个南京人。2006年前赵本山一场演出的出场费是50万元，而且是"一口价"，但他进行"二人转全国巡演"时，"为了推广二人转这一民间艺术"，将出场费自降1/3。[23]

在现实中，每一个谈判者、求职者都面临着为自己开价的问题。**要为自己开一个好的价格，既有赖于对手中筹码的正确估价，又是对当事人心理素质与技巧的检验。**如果开出的价格高于自身的实际价值，又能使对方接受，就意味着身价的提升，获得了摆谱的溢价。

原永乐电器董事长陈晓就是一个善于为自己开高价的人。当年永乐与摩根士丹利公司对赌失败后陷于困难境地，国美借势向他提出并购要求，但陈晓咬定自己的出价，自始至终决不让步，最终让国美以52.68亿港元的高价收购。国美老板黄光裕平素谈判所向无敌，也不得不感叹遇到了最厉害的对手，劝告世人可以和陈晓交朋友，但"不要和他坐在谈判桌的对面"。

陈晓之所以敢于开高价，他的筹码有二：一是认定永乐的店铺和市场占有率对国美的扩张战略有价值；二是自己不惜合作失败的决心。当然，陈晓有时候强硬得过了头，在黄光裕入狱后他错估形势，向后者提出过高的条件，以致双方闹崩，为此他付出了巨大的代价。

制定规则

如果说要求对方为自己提供过高的物质待遇，有让人觉得唯利是图、境界不高之嫌，那么要求对方接受某些合作的规则，就显得高雅得多、安全得多。大凡自认为有点身价的人，都喜欢在与他人的交往、合作之前提出游戏规则，似乎不如此就不能体现自己的身份。在企业与企业之间、企业与用户之间的交往中，制定规则的情况更加普遍。

西方经纪公司为突出旗下明星的不凡身价，经常会制定出一些苛刻的规则。2006年6月，好莱坞女星妮可·基德曼驾临上海。在妮可的新闻发布会举行之前，主办方先召开"记者须知会"，从记者拍摄的位置角度，到不同的记者证的派发，都有严格规定，并要求"提问要先写提纲，不得问及妮可私人生活"，"采访录像都由主办方提供"等。虽然记者们感到不便，但不服人家还不行：这就是国际明星的派头。妮可回去后，上海两家主流画报照样以大篇幅报道了这次行程。

制定规则一般为强势一方所使用。但是，处于相对弱势的一方有时会故意提出某些或大或小的前提条件（即使这些条件对自己并无太大利害），在形势上改变自己单纯被动的局面。哪怕提出的是一项微小的条件，也向对方释放出明确的信号："我也是有身份的人，我的合作是有前提的！"

在企业界，发包方是所谓甲方，广告公司、代理公司是乙方，乙方要靠着甲方给的一点服务费过日子，免不了在甲方面前表现得像小媳妇一样千依百顺。但也有例外的。叶茂中就是其中的一个代表。除了要求高额的代理费之外，叶茂中还对甲方客户提出了一个所谓"门当户对"原则：一是不接受自己无力承担或者不擅长的业务；二是如果客户不能理解策划意图或者太急功近利，宁愿不做。

在中国古代，但凡有点特长的人，都非常懂得利用制定规则来提升自己的威望，为自己在东家面前挣得一点脸面。让我们看一则《战国策·范雎至秦》中的故事：

谋士范雎来到秦宫，秦王亲自到大厅迎接。秦王说："我很早就该亲自来领受您的教导，只是碰上急于处理的事务，抽不开身。我深深感到自己愚蠢糊涂。"秦王以正式的宾主礼仪接待了范雎，范雎也谦恭回礼。这天，凡是见到范雎的人，没有不肃然起敬、另眼相看的。

秦王把左右的人支使出去，宫中只剩下他们两人。秦王直起腰腿，跪身请求说："先生怎么来教导我呢？"范雎"啊啊"了两声。过了一会儿，秦王再次请求，范雎还是"啊啊"了两声。这样一连三次。秦王又拜请说："先生硬是不教导我了吗？"范雎便恭敬地解释说："我只是个旅居在秦国的宾客，想陈述的又是纠正君王政务的问题，可又不知大王的心意如何。我并不是畏惧而不敢进言。即使今天说了明天遭到杀身之祸，只要大王真能按照我的计谋去做，秦国治理得很好，我也死得其所。"

于是秦王跪身说："先生怎么说出这样的话呢？秦国是个偏僻边远的国家，我又是一个没有才能的愚人，先生能到卑国来，这是上天让我来烦扰先生，使得先王留下来的功业不至中断。"范雎因而再次拜谢，秦王也再次回拜。

经过一番充分的预热和氛围营造，在秦王表现出了足够的诚恳和虚心之后，范雎方才开始对秦王宣讲类似"隆中对"的军国大计。有了这种诚恳、虚心的态度为基础，范雎话语的分量大大提高，秦王对他几乎言听计从。

面对权力无边的君王，远古的谋士、师爷们仍然将自己放在君王之上，为知识、智慧寻回了应有的尊严——虽然你是王者，但我是王者师，师道尊严，智慧至上。这种"师道"传统，形成了中国独特的"拜师之礼"。拜师之礼所拜的不仅是各行各业的师傅，也包括普通的私塾先生。这种仪式非常讲究，不是只磕三个头就完事，一定要隆重，得选个黄道吉日、良辰吉时，摆上香案点起红烛，然后递上拜帖、束脩（礼金与礼物），家长和弟子一起向老师三跪九叩。老师坐前案台中央，领受跪拜和束脩之后，传道授业才能开始。

如今，多数知识人求售心切，不敢主动跟强势的雇主、合作单位提出条件，以至于斯文扫地、地位大降。只有少数心高气傲的名角，才多少为这个群体"挣回一点脸面"。如今，很多专家为了能在媒体上多发文章、多上版面，对编辑的约稿要求几乎有求必应。但有的专家心气硬，只有开设专栏才答应供稿，甚至只有主编亲自约稿时才肯"赐稿"。两相比较，高下立现。

级别对等

在传统社会中，大户人家联姻的首要条件就是门当户对。现在这一观点表面上看已不那么明显，**但在人际交往中，门当户对的替代形式——级别对等仍是基本的准则之一**。成功人士大都非常注重交往对象的级别，避免因与低阶人士同台而损害形象。遇到会议、沙龙或者宴会的邀请，必定要详细地了解参与的单位和人员，这些单位的规模、层级与自己所在单位是否相当，参与人员的级别与自己是否对等。深圳世联地产经纪公司的老板陈劲松有一条交往原则：

只跟全国性的房地产公司老板玩，不跟深圳本地的玩。深圳本地有什么行业活动，就让深圳分公司的老总参加。

2008年，清史专家、《百家讲坛》主讲人之一阎崇年先生在无锡举行签名售书时，遇到一个青年男子掌掴脸部。打人者事后解释，因为对阎崇年关于清朝的一些观点无法认同，又没有与之辩论的机会，情急之下才动的手。阎先生随后发言说，打人事件并非学术之争，和他进行学术争论必须具备三个条件：一是清史专业，二是清史研究领域有学术专著，三是必须有参加国际学术讨论会的经历。

有人对照阎先生的简历发现，这三个条件似乎是为他自己"量身定做"：阎先生大学历史系毕业，著作多部，曾主持了第一届和第二届国际满学研讨会。看来，没有足够的资历与资格，是不可能与阎先生对等辩论的。虽然被打，阎先生非但没有降低身段，反而抬高（或者明确）了对话的门槛。有评论说这是"理性的自负"，但何尝又不是"理性的骄傲"？

在公开的活动与应酬中，级别对等原则表现得特别明显。有经验的会务公司在组织活动时，往往在邀请人员名单、排桌单上煞费苦心，以让每个嘉宾都感到脸上有光。每一位嘉宾坐在什么位置（如果不在主席台，是否在前排就座？宴会上自己身边是什么人？），是否发言，按什么顺序发言……这些安排都得与各人的身份相符。不然，很可能遭到受邀嘉宾的拒绝。

不管在中国还是西方，随着组织规模的扩大，其对外联络的层级顺序也日益明确。以公司为例，陌生拜访一般先由普通业务员开始最初的联络，然后中层主管商谈细节，等到一切水到渠成（或者遇到难以突破的大问题）时，再由高层主管出面，与对方相应级别的人员敲定。大型企业的老总一般只在最后时刻出席签合同、开香槟仪式。有些初创公司的经营者不懂这一点，拿着总经理、副总经理的名片冲在前线，或者动不动就亲自接待其他公司的普通业务员，让对方对其实力产生怀疑："这个老总怎么一点小事就自己出面？""这么点小活动也亲自驾临，一请就来？"即使生意谈成了，在价格上与后期合作上，也可能处于不利地位。

在上海房地产营销界，有一位一度被传得神乎其神的人物×总。×总曾是某报的名记，也是摆谱的能手。或许是因为近两年生意不顺，或许是因为手下无人，个中高手也不免有乱了方寸的时候。某次一家机构举行房地产品牌颁奖仪式，到场领奖的企业老总少之又少，大都是让副手、秘书或部门经理代领，但×总居然也出现在领奖台上，让主办者受宠若惊，大感意外。×总似乎也感到有点不妥，亮完相后匆匆离场。好事者评价说，这样的颁奖无非是花钱买牌子，业内都心知肚明，所以真正管事的老总都不愿亲自前来，你×总好歹也是业内的元老级人物，哪能如此轻易屈尊？不管出于什么原因，总让人联想到×总今不如昔、威风不再了。

第 13 节

拒绝：这东西我看不上眼

　　[不接受邀请]……相反，如果对方没有拒绝，他们反而会产生疑问："这个人是不是没那么优秀，信心没那么强？""是不是他的事业不顺？我们可不可以降低一下给他的条件？"

　　[不同意对方加入] 即使是接受施舍，也要让别人跪着而自己站着，东南亚和尚谱摆到了极致。能够做到这一点，除了明白自己所提供的价值之外，敢于说"不"是重要的一环。试想，如果有的施主不恭敬地施舍而你接受了，肯定会有越来越多的人不再跪着，最后食物来源可能都出现匮乏。

　　[终止合作] 从效果上看，越是弱势者拒绝强势者，越能凸显行为人的尊严与傲气，给人的印象越深刻。

前高盛公司CEO亨利·保尔森是个"牛气烘烘"的家伙。2006年5月底，在布什总统的"三顾茅庐"下，他终于答应出任美国财政部长。此前，他曾三度拒绝布什的邀请，让布什等了五年多时间。曾经担任美国助理财政部长的经济学家布拉德福德·德隆就此评论说："如果能做到不到最后一刻不翻底牌，这或许意味着保尔森是一个大大超越常人的谈判对手。"

2001年初布什刚就任总统时，就曾邀请保尔森出任财长。但保尔森没有接受，他说当时高盛上市不久，他不能甩手离开。2002年底，财长奥尼尔去职，布什又找到保尔森，但再次被他拒绝，原因是安然破产危机及其后一连串公司丑闻，使华尔街处于动荡不安的状态，他要与华尔街共渡难关。2006年2月，布什准备再次调整财政部长人选，于是让当时的预算管理办公室主任乔什瓦·博尔顿——他曾在高盛国际业务部门任高级职位——向保尔森发出了邀请，保尔森表示兴趣不高；4月中旬，保尔森又谢绝了一次与布什共进晚餐的机会，他不想让布什误认为他将接受这份工作。直到一个多月后，保尔森与布什终于在白宫官邸共进午餐，两人单独谈话长达两个小时，博尔顿随后加入，继续长谈。

正是在这次谈话中，双方最终达成一致：布什承诺，保尔森将不仅仅是总统经济政策的"推销员"，而且是美国经济政策的重要制定者（自2001年以来，布什政府财政部长的作用发挥极为有限，基本上只是布什本人推行的经济政策的传声筒，实际政策制定多来自白宫幕僚班子），在布什内阁中的地位将与国务卿和国防部长相当。布什还答应他担任白宫国内和国际经济问题的首席顾问，总统主要经济幕僚机构——国家经济委员会的若干重要会议也将在财政部大楼里召开。

熟悉保尔森的人称，保氏极具事业野心，精力旺盛，本人也一直有担任公职的愿望。保尔森此前曾先后在五角大楼和白宫供职，分别担任美国国防部助理国防部长的助手和尼克松政府的总统办公室助理。他过去拒绝布什的邀请和现在接受邀请，理由都是一个，那就是在白宫能否得到"属于他的真正的位子、桌子和声音"。如今他得到了。

上述案例中，保尔森先使用了"拒绝"——一再拒绝布什的邀请，然后是

"要条件"——"属于他的真正的位子、桌子和声音"。他的目标达到了。这种做法，可谓摆谱的最佳组合。事实上，"拒绝"和"要条件"是一对孪生兄弟，常常接连出现，难分彼此。"要条件"是以"拒绝"为后盾，如果达不到我提出的条件，那就拜拜了；而在很多情况下，"拒绝"并不是全无余地一概回绝，只是因为对方没有达到自己的条件。

在作为摆谱手段的所有"冷面孔"中，"拒绝"是最"冷"的面孔，立场明确，态度坚决，表现出有恃无恐、刚愎自用的霸气。**不管是不留情面地坚决回绝还是礼节性地借故推辞，都以一种强烈的方式彰显出自己的身份。**

在某种程度上说，学会拒绝、敢于拒绝是一个人建立身份感的标志。万科董事长王石曾给和他一起登山的记者刘建"上了一课"，就是要学会拒绝。"你不要什么事都答应，你能干的、你不能干的都是，你这个人好像很热心，什么事都答应，这样不好。"

2006年8月，"芙蓉姐姐"参与上海第一财经频道的谈话节目，主持人袁岳提议她"为我们跳个舞，露两手"，但她坚决回绝了："我也是有身份的人，不能不分场合，别人让我跳我就跳。"经过出名之后一年多时间的摔打和朋友的指点，"芙蓉姐姐"逐步建立了自己的身份意识，学会了拒绝。

除了那些因真实原因而无法应承的情况外，"拒绝"向对方释放出两种类型的信号：一、你具备的条件（占有的资源）不够，我们不可能合作；二、你为我开出的条件不够，或者没有表现出足够的诚意，所以我不可能参与。

对于后一种情况，拒绝者实质上存在合作的意愿，只是想以此获得更高的价码。需要指出的是，这是一项高风险的摆谱方式。如果你在尚未"要条件"之前直接使用"拒绝"，等于放弃了自己主动沟通的权利，把主动权留给了对方。因为一旦你表示了拒绝，就不能再主动与对方沟通——那将遭到对方残酷的、甚至报复性的"杀价"。对方如果合作意愿强烈，将"不畏艰难"地再次发出请求，给出更高的条件，或是列出堂而皇之的足以让拒绝者不再拒绝的理由，游戏至此将进入下一个环节——达成合作或者转入讨价还价；如果对方"知难而退"甚至"恼羞成怒"，游戏将到此结束。

要想安全有效地行使"拒绝"这项超级武器，行为人需要具备以下两个条件之一：

一、拥有足够强势的、对对方来说利害关系重大的稀缺资源，对方不可能轻易放弃；

二、眼前的机会对自己无关紧要，或是对达不成合作的后果有很强的承受力。

如果不具备这两项条件，而自己又有较强的合作意愿，一般人会选择首先"提条件"，在条件达不到时再说"不"。即使"拒绝"，也会采取模糊性的表述，为对方下一步协商留下空间（"留面子"）。

如果具备以上的两个条件之一，人们将会首先说"不"，在对方进行争取时再"提条件"（也可能没机会提了）。作为一种摆谱方式的"拒绝"，主要指后一种情形。

不管态度是生硬还是委婉，与"要条件"相比，"拒绝"给对方造成的伤害更大，给自己带来的风险也更大。有的人会在因自己拒绝导致合作破裂之后一段时间，主动地、技巧性地向对方释放善意，弥合双方关系，为再度合作创造可能。尽管如此，由于"拒绝"传达出去的强势信号更强烈，彰显、提升身价的功能更显著，握有权柄或信心良好的人仍频频使出这一撒手锏。

不接受邀请

拒绝有几种前提：要么是对方提出了邀请，希望你加入他的游戏；要么是对方向你提出请求，希望进入你的游戏；要么是双方正处于合作状态之中。

邀请是不同阶层的人士都会遇到的情形，比如邀请参加聚会和宴席、出席论坛、加盟某个项目等。**拒绝这类邀请，等于向对方表明了自己不是随便就可请到的人，或者事务繁忙，状态良好**。民间有云："一请就来叫爽快，三请才来叫摆谱，怎么请都不来叫原则，不请自来叫蹭饭。"受邀者采取的不同反应，人民群众看得清清楚楚。如果你一请就来，虽然别人认为你是一个"爽快"人，但离"蹭饭"也不远了。相比而言，别人三请四催之后才接受邀请，显然更能显示自己的身价，并为双方的交往确定一个游戏规则。怎么请也不来，虽然有不够"爽快"之嫌，但能让别人强烈地意识到你是一个"有原则""有价码"的人。

在年轻一代作家中，韩寒的清高是出了名的。他的博客上有一则醒目的公告："不参加研讨会、交流会、笔会，不签售，不讲座，不剪彩，不出席时尚聚会，不参加颁奖典礼，不参加演出，接受少量专访，原则上不接受当面采访，不写约稿，不写剧本，不演电视剧，不给别人写序。"他还曾对记者透露，"经常会有人说，给你10万元只要走一下红地毯，有一些商品发布也可以有十几二十万的。我光一年推掉的这些都得有二三百万元。"这种拒绝式的告白给人一种强烈印象：这是一个淡泊名利、有傲气、有坚持的年轻人，与其他名人不一样。

不过，后来韩寒还是坦承："不出席所有颁奖、不去各种上流场合其实是另外一种虚荣，并不是淡泊。""我是一个虚荣的人，有时候甚至还虚伪，由于我得到的越来越多，所以也可以假装越来越不虚荣，因为有了一些真荣。但我的内心还是虚荣的。"事实上，从2010年开始，韩寒就接连担任了华硕电脑、帝王威士忌、雀巢咖啡等品牌的代言人，光代言凡客诚品一项，据说进账就达七位数；他也并非一概不接受媒体的采访，对有影响力的媒体，他还是很愿意配合的。他的拒绝并非真正的拒绝，只不过比一般人条件高一点而已。从某种程度上说，不出席这样那样的公开活动，只是韩寒经营自我的一种方式。

随着企业间竞争的加剧，中高级管理者、技术人才经常会遇到猎头公司的"挖角"，邀请他加入某个企业。遇到这种情况，自信心良好、经验丰富的高层经理人在开始时大都会一口回绝，以此表明自己事业稳定，在公司里受到重视，或者对公司非常忠诚。我们看两个例子：

2003年8月，陈永正从摩托罗拉全球副总裁、中国公司董事长的位置上"跳槽"到微软，也是微软委托猎头公司操作的。据陈永正事后陈述，一开始接到猎头公司的电话，他的第一反应就是拒绝。"猎头公司找我的。问我愿不愿意和微软高层接触，我说没必要。他们说愿不愿意和比尔·盖茨、史蒂夫·鲍尔默见一见，听听他们对中国有什么想法，一听，我觉得他们对中国还是很诚恳的。"于是，陈永正趁着到美国度假的机会，去了微软总部。[24]

2005年7月，原UT斯达康中国公司总裁周韶宁正在美国加州奔走，希望组建个人的投资公司。他接到了一家猎头公司的电话，邀请他加盟Google公司。周韶宁一口回绝："我根本没有兴趣，我不会去这家公司的！"不过，在猎头公司几番沟通之后，周最终在北京同5名来自Google总部的工作人员进行了第一次沟通，并很快成为Google中国区的联席总裁之一。[25]

对那些猎头公司的从业人员来说，他们已经习惯了被这些"牛人"拒绝，并作好了多次被拒绝、多次"骚扰"的准备。他们知道经理人是不会为此真正生气的（只会暗暗高兴），相反，如果对方没有拒绝，他们反而会产生疑问："这个人是不是没那么优秀，信心没那么强？""是不是他的事业不顺？我们可不可以降低一下给他的条件？"

从经理人（求职者）的角度看，**拒绝是一种充满危险的游戏**。如果你沉得住气，不达目的决不松口，那有可能为自己卖出一个最高价；但也有可能使对方知难而退甚至恼羞成怒，双方一拍两散。不过，幸亏猎头公司通晓个中秘密，才使得游戏能够继续玩下去（另外的一个原因是，不管经理人怎样拒绝，伤害的都不是猎头公司的面子）。

不同意对方加入

掌握着某种稀缺资源支配权的人，经常会遇到别人请求加入你的事业（或阵营）的情形。比如拜师学艺、请教、投资入伙、参观、拜访、求职等，有的是长期性的，有的是临时性的。不同意对方加入，就显示出自己的高贵与不凡。

2006年初，芙蓉姐姐参加电影版《红楼梦》的发布会。当以公布色情录像出名的所谓"潜规则"女星张钰意外到场，芙蓉姐姐拒绝与后者同台亮相，两度欲离开现场，被制片人劝住。其后，芙蓉姐姐坚决不与张钰同台合影以及对话，并对记者说："我讨厌靠脱衣服成名的女人，我是纯洁的。"

中国古代，大凡有点水平的师父，面对想拜师学艺的后辈，都会先摆出一副拒之门外的架势，直到对方在门前跪了三天三夜，或者连续三个月每天早晨过来敲门，显示出足够的决心和诚意，才答应收为徒弟。这几乎成了古典小说和古装戏的一个套路，不这样，如何显示师父的伟大？如何保证徒弟进门后用功、听话？

师父拒绝徒弟、上位者拒绝下位者当然没问题，但有些看似弱势的人在通常意义的强者面前，也敢于摆出这副架势。东南亚国家的和尚，每天清晨都要拿着饭钵接受信众的施舍。一些外国游客感到好奇，也早早起来拿着食品想要施舍。令他们意外的是，和尚们在依次接受当地百姓的饭团时，却对他们不理不睬。有的游客以为原因是他们不是佛教徒，或是来自不同的国家，其实不然。当地的百姓都是跪着施舍，但游客却是站着。游客们根据过去做慈善事业的经验，以为施予者必定是高高在上的，要接受他人的鲜花、掌声和感激之词，最起码双方平起平坐。但在东南亚，僧侣们认为接受你的施舍是看得起你，是给你行善积德的机会。

在各国的宗教界中，东南亚的僧侣是最受尊敬的。新来的和尚都受到告诫，态度不端正、食物不洁净的施舍坚决不接受。信徒想要施舍，必须早早起床做饭，洗净器皿和双手，在固定的地点跪着施舍。通过这种每天的仪式，僧侣们在民众心中的身份、地位不断得到强化，施主们在施舍时也满怀虔诚和感激。

相比而言，中国的施主体验到的更多是志得意满。中国大多数寺庙对各种施舍来者不拒，甚至想出各种名目回报施主：游客放一点钱，就有和尚敲钵击钟，有人为你念叨"菩萨保佑"；如果你的施舍达到一定数额，还可以要求一群和尚专门为你念经作法，或者把你的名字列入某个石碑之上。这种状况下，施主们肯定是难以对和尚产生敬仰之情的。

即使是接受施舍，也要让别人跪着而自己站着，东南亚和尚把谱摆到了极致。能够做到这一点，除了明白自己所提供的价值之外，敢于说"不"是重要的一环。试想，如果有的施主不恭敬地施舍而你接受了，肯定会有越来越多的人不再跪着，最后食物来源都可能出现匮乏。

阿里巴巴的马云是一个敢于拒绝别人的"大拿"。如果这种牛气表现在现在他志得意满时，没有人会觉得有什么了不起；可贵之处在于，马云在他创业初期处境艰难、公司等米下锅之时，仍然敢于对自己有求于人的金主坚决说"不"，这就不是一般人能够做到的。

1999年，创办不久的阿里巴巴面临资金的瓶颈：公司账上没钱了。马云开始去见一些投资者。但是，即使囊中羞涩，他也并不是有钱就要，而是精挑细选，总共拒绝了38家投资商。马云说，他希望阿里巴巴的第一笔风险投资除了带来钱以外，还能带来更多的非资金要素，例如进一步的风险投资和其他海外资源。而被拒绝的这些投资者并不能给他带来这些。这个时候，现在担任阿里巴巴CFO的蔡崇信找到在高盛的旧关系，以高盛为主的一批投资银行向阿里巴巴投了500万美元，让马云喘了口气。

这一年秋，马云经人介绍，到北京去见日本软银总裁孙正义。孙正义当时是亚洲首富。他一见到马云，就直截了当地问他想要多少钱。马云却回答他不需要钱。孙正义反问："不缺钱，你来找我干什么？"马云答："又不是我要找你，是人家叫我来见你的。"

这种强硬并没有惹恼孙正义，相反令他对马云另眼相看。很快，孙正义约马云在日本见面，表示将给阿里巴巴投资3000万美元，占30%的股份。这时候又轮到马云翘尾巴了。他说不要这么多钱。经过短暂的思考，马云最终同意接受软银2000万美元的投资，阿里巴巴管理团队绝对控股。

马云后来总结了与风险投资商的谈判技巧。他说："你从第一天就要理直气壮,腰板挺直。当然,别空说。你用你自己的行动证明,你比资本家更会挣钱。我跟VC(风险投资商)讲过很多遍,你觉得你比我有道理,那你来干,对不对?"马云认为:"创业者和风险投资商是平等的,VC问你100个问题的时候你也要问他99个。在你面对VC的时候,你要问他投资你的理念是什么?在企业最倒霉的时候,他会怎么办?"

中止合作

如果双方已经处于合作状态,或者事实上建立了某种关系与联系,这个时候,拒绝就表现为中止合作、不予配合的方式。比如,不继续提供服务、不进行对话、不接受对方的给予(机会或馈赠)等。这时的拒绝是一种抗议,表明了自己维护身份的决心。

北京大学中国经济研究中心教授陈平曾专门到香港找张五常讨论他的佃农理论,但张五常却只谈摄影,不谈经济学,让陈平非常没趣。这分明是说,你还不够资格和我讨论,不配做我的对手。陈平后来有些愤愤不平地说,张五常是"我见过的最摆架子、无法平等讨论问题的自命天才"。对于这样的议论,张五常是不会生气的,因为他在公开场合就是这样定义自己的。

冯小刚在拍摄电影《甲方乙方》时,派制片主任给王朔送去5万元钱的稿费。想不到王朔将钱扔了出去。知情者说,王朔不是嫌钱少,而是厌倦了冯小刚的行事方式——事业顺利的时候,对"王老师"就不再像以前那样主动、热情了,为什么不能自己送钱来?这事让两人关系闹僵了。后来冯小刚筹拍《一声叹息》,由于剧本是他跟王朔共同创作的,必须得到王朔的认可才能拍,冯小刚多次打电话给王朔,王朔就是不接。冯小刚只好托与王朔关系不错的叶京去疏通。在叶京的劝说下,王朔才同意与冯小刚见面。[26]

王朔不愧是文艺圈里的"大拿"。通过这样生硬的拒绝,王朔明摆着提醒冯小刚，曾经提携过你的"王老师"，现在也是"老师"。几年之后，这对"师生"重归于好，合作了《非诚勿扰2》，这是后话。

在王朔作品走红的时候，经常有媒体找他约稿，他大多一口回绝，事后还放出话来："我一个字5块钱，你们报社出得起吗？"前几年博客兴起，又不断有网站约王朔开博客，他也一概拒绝。不写的原因很简单："我凭什么给他们写？……我一个字还10块钱呢。我给你白写才怪呢。"[27]

除了这些"牛人"之外，一些在他人眼中处于弱势与不利地位的人，也偶尔会向强势者摆出拒绝姿态。从效果上看，**越是弱势者拒绝强势者，越能凸显行为人的尊严与傲气，给人的印象越深刻**。在电影《碟中谍3》中，汤姆·克鲁斯扮演的特工伊森·亨特抓住了国际上最大的军火贩子欧文·达温。在飞机上，伊森向被捆绑的欧文厉声质问，欧文不仅不予回答，反而一次次以相同的问题质问伊森："你叫什么名字？""你住在什么地方？""家里有什么人？"欧文被抓住了，似乎处于弱势地位，但他在气势上毫不示弱。这种抗拒姿态显示出，他仍然胜券在握，他才是真正的主导者。

在生活中，更多的地位不对称的局面出现在买主与卖主、"甲方"与"乙方"之间。不少人觉得，乙方是靠着甲方过日子的，所以不敢向甲方撂挑子。但事实上，反其道而行之的大有人在。王志纲就是这方面的代表。他在其所著的《第三类生存》一书中，讲述了他中止为一家公司服务的过程：

有一家内地上市公司的董事长亲自到深圳找我，希望双方友好合作。我是个性情中人，当时有感于他的诚恳和谦卑，随后便带领项目组飞赴当地。没想到正式与我们谈合作细节的只是该公司的总经理，老板居然不在场。当我意识到以后合作时与我们直接对接的人不是老板而是职业经理人时，我起身就走，来回费用自己处理。我没有兴趣，也没有时间和精力去揣测那个董事长的心理，只是我再也不想和他们打交道了。后来，老板又托了许多中间人来说情，希望再续前缘，但我不为所动。

第 14 节

设置障碍：难以得到的才会珍惜

[安排挡驾者] 如果事先没有建立起一个"正确的"（强势一方认可或双方都能接受的）姿态，后面的正式沟通将难以顺利进行。很多生意人为显示出自己的身价，有意识地在合作者面前制造沟通障碍，为沟通确立一种前提。

[设立必经程序] 这种制度安排在维护组织的正常运作流程同时，也向组织成员提示了内部的等级秩序，树立起上级管理者的权威。

[起用中介人] 这种做法的一个表面功能是，多了一个质量和信誉的保证——介绍人在一定程度上充当了担保人的角色；另一个潜在功能是，维护与提升了自己的身价，其潜台词是："我是看在了介绍人的面子上，否则根本不会搭理你。"不管什么因素，都足以让对方更加重视这一难得的机会。

农民在人们眼中是典型的弱势群体，但也不尽然，陕西农民周正龙就是一个心理素质超好、敢于向强势者讲规矩的代表。2008年，随着华南虎照的关注度不断升高，周正龙的名气越来越响。他请了自己的律师，并和国内知名的网站打起了官司。数不清的媒体到来，他并不犯怵，还对等着的记者说："你们不要急，我一家一家接受采访。"中央电视台的一名记者感叹："那架势真有大牌的风范。"

　　开始时，老周还会对记者一遍遍复述自己的拍虎经过，后来媒体越来越多，他不愿再提："不说了，你自己去网上查。"

　　更绝的是，他开始以一种传统的方式考验记者。电视台要连线采访，老周向记者摆了一道龙门阵，要求记者先回答对一个问题：

　　"皇帝见了要下马，夫子见了要下跪，是哪一个字？"

　　回答不对，免谈。

　　平时牛气烘烘的电视记者，在老周的霸道面前，一点辙都没有，只有老老实实回答的份儿。回答不对，就只有老老实实地接受贫下中农的再教育，求他开示了。

　　虽然周正龙拍摄的老虎照后来被认定有假，但我们还是应感谢他：他让向来居高临下的电视记者，在一个农民面前低下了头，为农民挽回了平等对话的尊严。

　　在摆谱学上，我们可以将周正龙向记者摆的龙门阵称为"设置障碍"。**一件本来轻而易举、随手可办的事，偏要制造种种麻烦折腾你，消磨你原先的锐气与傲气，直到你缴械投降，心软服输。经过这样一个回合，你将对获得的机会战战兢兢，对得到的东西如获至宝，对面前的人物（或机构）心怀敬意。**在这一过程中，双方的地位将发生变化，弱者转强，强者更强。

　　西方国家的狗仔队很厉害，名人名流要想尽招数躲避狗仔队的追踪，几乎到了严防死守的地步。摄影记者们为了拍一张名人的最新照片，常常要在名人下榻的酒店外或是出行的路线上蹲守好几天，名人与狗仔队发生冲突的事情也时有所闻。对名人来说，狗仔队真的那么讨厌吗？英国女王的前新闻秘书迈克尔·胥在他的著作《我永远不会说出全部》中说了大实话："只要你不想被看到，你就不会被人看到！只有你自己想抛头露面，才会被记者逮住。""说什么被狗仔队逮住，其实还不是他们自己情愿的？"他说的对象包括已故的戴安娜王妃和查尔斯王子——还有谁比这一对"冤家"更让狗仔队奋不顾身？迈克尔指出，无论是白金汉宫还是皇家乡村别墅，甚至是皇宫之外的一些场所，永远都有足够的后门和秘密通道。

问题是，如果记者们太容易拍到你的照片，照片将难以卖出一个好价钱，他们也会很快失去兴趣。所以，明星人物要想方设法和记者捉迷藏。当记者们为了拍一张照片要在酒店外的某个角落、在树顶上躲藏好几天时，他们的全部潜能都将释放出来，全部感官都将打开，他们将会向报社的主管绘声绘色地描述这张照片的来之不易。无论对个人还是媒体，发表这样的照片都更有成就感。

人性就是这样，越是得不到的东西越想得到，越是费尽周折获得的东西越觉得珍贵。金子只有隐藏在沙子里，人们才会争先恐后去寻找；成功只有在跨越多道障碍之后取得，人们才把它当一回事。一个愿打，一个愿挨，于是就有人扮演起折磨人的角色——刻意增加沟通与交易的难度，让对方"人难见""事难办"。要命的是，他的收获常常钵满盆满。

安排挡驾者

挡驾者是成功者在自己与他人之间设置的第一道障碍，以此制造沟通障碍。"想见我吗？没那么容易！"作为一个成功人士，哪能让你轻易地想见就见，想谈话就谈话？如果那样，如何显示出我的身份和地位，如何让你珍惜这种会面的机会呢？

所以，成功者的身边大都安排着数目不等的挡驾者。在封建社会，有大批的衙役、门房、管事为官老爷们挡驾，拜会也需有人层层禀报；现代社会，则有秘书、助理、办公室主任、保镖、律师等不同的人扮演起挡驾者的角色——"要和我联络，请先找我的秘书；有工作商谈，请和我的助手谈；要和我接近，有门卫和保镖防护；要扯皮打官司，找我的律师吧……"

这些人组成一道道防火墙，将成功者与其他人隔开。如果是陌生的拜访，你要先后经过门卫、前台、秘书等一道道关口，提出充足的理由并得到同意；如果你打电话，首先会有接线员拦着，然后要经过秘书或助理的质询；如果在公众场合，则会有工作人员、保镖、助理将你层层隔开。

虽然所有的管理学教材都提倡平等、快速地沟通，打破任何阻碍沟通的樊篱，但事实上，沟通的障碍存在于每一个组织内部与人与人之间，而且很多是有意制造的。**从效果上看，有效的沟通并不是随时随地、没有限制和障碍的。** 如果事先没有树立起一个"正确的"——强势一方认可或双方都能接受的——姿态，后面的正式沟通将难以顺利进行。很多生意人为显示出自己的身价，有意识地在合作者面前制造沟通障碍，为沟通确立一种前提。王志纲在他的一本书中说："这10年里，我们做的那些标杆式项目，几乎都是（客户）排除种种阻挠，并且花了很大工夫找上门来的，所以这些老板见我们的第一句话总是'找你们找得好辛苦啊'。"不难设想，在这种前提下，后面双方的沟通将按王志纲预设的基调进行，避免了许多不必要的矛盾。

在现代社会，电话是人际沟通最重要的媒介。20世纪八九十年代，当刚刚富起来的国人领略到这一现代通信工具的好处后，纷纷把自己的办公电话（甚至家庭电话）留在名片上。90年代后，名片上的联系方式又增加了寻呼机号码、手机号码。但是，**这些新型工具在给人们带来便捷的同时，也摧毁了人际沟通的障碍，让挡驾者无从发挥作用。** 中国人还没有来得及仔细体味这一点，但早就用惯了电话的西方人对它的利弊心知肚明。这是典型的西方人对待电话号码的方式：

给工作伙伴不留住所电话；

不留手机号码（使用手机的比率不高）；

不留自己的直拨电话，留公司的总机或者助理的电话；

使用电话答录机。

在手机、电子邮件这些通信工具刚刚出现时，人们以为高层人士将会率先使用这些东西。事实上，他们对这些新玩意的态度非常消极。很多政商高层至今都没有自己的手机，或很少开机。克林顿是全球互联网的主要推动者，2005年他受邀在杭州的互联网论坛上演讲时说："我还发过两份电子邮件呢！"天哪，发两份电子邮件对他来说就已经很了不起了！美国财长保尔森在担任高盛投资公司CEO期间，居然没用过电子邮件。要知道，他从事的可是分秒必争的金融行业。

曾有人将东西方国家使用手机的不同习惯，归结为文化的差异。现在我们看到，西方国家的这些"风俗习惯"正在迅速东移。大凡有点身份的人，在名片上已不再留手机号码（有的虽然留，但留的是秘书或者助手的号码），也不留办公室的直拨电话和分机号码，上面只有一个总机号码。更有身份的人则根本不用手机。人同此心，心同此理，不论中西，人们对维护自己身份的愿望都是相通的。如果是一个重要人物，怎么能让别人这么轻易就联络上？！

似乎只有普通的业务员与办事员，才会在名片上详细地留下自己的办公室电话、手机号码、QQ号码、微博账号，甚至自己家里的电话。他们希望别人能随时随地找到自己，他们讨厌任何沟通的障碍。

关于电话在中国的使用，有过一段著名的公案：

末代皇帝溥仪退位后，多年困居在紫禁城中。1922年5月，年方十六的溥仪吵着闹着要在宫里装一部电话。这在皇宫的上上下下看来，可是一件不得了的事情。溥仪在他的自传《我的前半生》中写道："师傅们一起劝阻说，若安上电话，什么人都可以跟皇上说话了，这可是祖制向来没有的事情。我还是吵闹着在养心殿的东暖阁，安上了电话。"

于是就有了溥仪和胡适的一段交往。当年的5月17日，溥仪拨通了胡适的电话，把胡适吓了一跳——

"你是胡博士吗？好极了，你猜我是谁？"

听到是一个少年在讲话，胡适有些发蒙。"您是谁呀？怎么我听不出来呢……"

"哈哈，甭猜啦，我是宣统啊！"

"宣统？好怪的名字……是……是皇上？"

"对啦，我是皇上。我听到你说话了，但还不知道你长什么样儿，你有空来宫里，让我瞅瞅吧！"

5月30日上午，溥仪派了一个太监来胡适家中接他。虽然两人相谈甚欢，但这次会面也让各方议论纷纷。军阀和文人们担心的是，胡适是否以君臣之礼拜见了退位的皇帝；遗老遗少们担心的则是，怎么能随便和皇帝通话？

设立必经程序

平等、自由、"扁平化"，是当今企业管理与人际关系的主流思想。不过这似乎并不妨碍各种层级制度和繁琐程序的制定与实施。以微软为例，中国区总裁的意见要传达给盖茨或鲍尔默，要经过大中华区、亚太区，然后再经过总部的高级副总裁，每一关都打通后才有可能到达盖茨或鲍尔默的面前。唐骏在就任微软中国区总裁期间，曾有机会直接向微软总部汇报，这让他深以为荣。

在一个组织内部，汇报程序是最基本的"组织原则"，一个新入职的员工，首先被告知的事项就是向谁汇报工作。**这种制度安排在维护组织的正常运作流程的同时，也向组织成员提示了内部的等级秩序，树立起上级管理者的权威**。1996年，时任联想集团公共关系部总经理的陈惠湘，将打印好的书稿《联想为什么》交到柳传志手中，就被他的直接领导认为是"无组织性""不懂规矩"。

组织内部的另一类"烦人"程序，就是新员工的录用和管理人员的提拔。一家正规的大公司、政府机构招聘新人或内部提拔，都有一套严格的、复杂的程序。每一个单位都会说，之所以这样做，是为了保证录用的是合格的人员。这个说法当然不错。但在很多繁琐程序的背后，明显地包含着有意给新人"出难题"的意味，以此向对方表明，给予你这一职位是十分慎重的。有经验的人力资源负责人说，即使你确定了这个人，也有必要煞有介事地走一个过场，让对方受一番折腾。如果这个过程太容易，新加入者或晋升者就很可能对获得的职位不太当回事。如果他好不容易才得到这一职位，当然会更加珍惜。

美国Google公司的常规聘用程序是最严格、测试面最广泛的一种。应聘人通常要接受多方面的为期数周的面试，聘用结果还要经过由多位管理人士组成的委员会审核。复旦大学计算机系应届大学生"小歪"曾应聘Google的职位，以下是他的"遭遇"：

3月中旬，小歪通过别人介绍，获得了向Google总部直接发送简历的机会。

4月13日，Google的人事部门通过电子邮件与小歪取得正式联系。

4月21日上午，小歪接到了一个来自硅谷的电话，一位华人工程师就技术问题与他交流了一个小时。

4月29日，小歪收到Google招聘人员H女士的电子邮件，邀请他到美国面试。

7月17日上午，拿到签证的小歪从上海浦东机场出发，经日本飞往硅谷。

7月18日，小歪到Google总部接受面试。在前台先签订"保密协议"，并填写面试信息单。早上10点到下午2点，来自Google Earth等各个项目组的4位工程师面试考官对他进行轮流提问。

7月19日上午10点到下午2点，小歪逐个经历了来自另外4个项目组工程师的面试。

9月初，Google的一位高级工程师给小歪打了一个电话，提到在Google中国的员工可能会做相对独立的事情。

9月下旬，小歪收到H女士的电话。对方第一次谈到了小歪可能获得的薪酬，同时提出小歪要向Google提交他任意三位过去的上司或老师的联系方式，他们每人将会收到一份推荐问卷。此外还需要提供他大学四年的成绩单。

9月底，H女士给小歪打了一个电话，告诉他由于成绩单因素，Google最终没有录取他。

天知道招聘一个初级程序员为什么要这么繁琐。对高层管理人员的录用，Google更是"变本加厉"。前面的案例中提到，Google公司起初通过猎头公司与原UT斯达康中国公司总裁周韶宁联系，希望他加盟Google公司。周韶宁一口回绝，后来在猎头公司劝说下勉强同意在北京与Google总部的人见面。这是周韶宁牛气的时候。现在，轮到Google出招了！在让周韶宁感受到Google独特的企业文化、引他"上钩"之后，Google为他准备了严苛的面试程序。周韶宁在中美之间往返4次，与包括Google创始人、CEO在内的不同角色共进行了23次面谈。

这次招聘称得上一个纪录，连一向以注重细节著称的周韶宁也闻所未闻。通过这一系列程序，Google夺回了自己在用人上的主动权和选择权。它无声地告诉周韶宁："虽然是我们主动找你的，但这并不等于我们已决定录用你。我们有严格的条件。你应该珍惜给你的这个机会。"

如果说企业内部的繁琐程序还有成本和效率之虞，那么对待外部的人和公司，则可以毫不留情地极尽折磨之能事了。很多公司每天都会接到大量的推销电话与合作申请，怎么办？先让办公室人员或初级经理接待吧，好歹都要让对方卡上一阵子；如果他有足够决心，东西又说得过去，再让他与中层经理、专业技术人员接洽，这时候，可以一张张"出牌"了：技术邀请、看演示、要求调研、要求写方案、看案例；如果一切妥当，高层之间可以交流了；如果觉得还不够，就来个公开的招标、比稿，让他们"难受"一阵子再说。不如此，如何让他们对自己心存敬意，如何珍惜到手的机会呢？

起用中介人

近些年，国外的风险投资公司（简称VC）大量进入中国。一些创业者融资心切，从中介机构手中买来VC黄页，然后一个个给VC发邮件，但大都石沉大海。想获得和VC见面的机会，更是难上加难。风险投资家黄晶生曾坦率地说："VC这行是流行走后门的，如果没有熟人介绍，很难引起投资人重视。"

讲关系，要熟人介绍，是人类交往的古老规则。VC可谓最现代化的行业，也遵循着这样的古老规则。这种做法的一个表面功能是，多了一个质量和信誉的保证——介绍人在一定程度上充当了担保人的角色；另一个潜在功能是，维护与提升了自己的身价，其潜台词是："我是看在介绍人的面子上，否则根本不会搭理你。"不管什么因素，都足以让对方更加重视这一机会。

传统社会的很多人际交往和生意往来，都要求对方有介绍人，否则免谈。即使自己有意（比如收礼物、招学徒），也要故意设卡子、卖关子。非常典型的是相声演员的拜师过程，除了要看你的苗子与功底外，还要有引师、保师、代师。引师是引见的老师，保师则是保证学生好好学习的老师，代师是指师父不在的时候，可以由代师教导。郭德纲在北京闯荡多年，一直拜师无门，进不了圈子。2004年，他终于托人说服了侯耀文收他为徒，请的三位引师、保师、代师分别是石富宽、师胜杰、常贵田。经过这一繁琐的仪式之后，郭德纲才感到自己终于登堂入室，从牛鬼蛇神变成名门正派了。

有人认为，这种请介绍人的做法是传统社会的陈规，现代社会的交往应是平等的、开放式的，只要自己具备条件就行。但事实上，只要是达到一定级别的会面和一定层次的交易，介绍人就被广泛地运用着。承揽业务、洽谈合作，介绍人的名字、便条是进门的第一块敲门砖；很多政党、社团招收新成员，必须有老成员介绍；中国的产品要打进欧美的超级市场，很多时候人家不理，不得不找代理商出面联络。

明星参与商业演出或者代言广告，知名人物出席论坛与活动，也常常以有无熟人介绍作为是否应允的前提。即使心中有意，也坚持着不愿应承（或者给你开出一个天价，提出苛刻条件），如果有合适的介绍人，价钱低一点、条件差一点也好说，因为是"看在朋友、熟人的面子上"。因此，有些没门路的单位拿着钱却送不出去，不得不四处找关系、托熟人，给明星、名人掏钱不算，还要对中间人感恩戴德，付一笔所谓的"过桥费"。只有这样，明星、名人出场才有足够的面子。

第 15 节

制造紧张：物以稀为贵

[时间紧] 在多数人的眼中，整天日理万机、应接不暇，才是干大事的样子。工作越忙、应酬越多，越说明你具有举足轻重的地位，是个人物。

[机会少] 为了维护形象、提高身价，不管是学者、专家、娱乐明星还是经理人，都会有意地控制对外供给（服务、露面等）的数量，以维护自己的价格（身价）。当紧缺信息向外界传播后，将进一步推动身价的上升。

从2005年开始，郭德纲在北京天桥乐茶园（现更名为德云社剧场）、广德楼剧场的演出一直一票难求。每逢周末，经常有人为了现场听他的相声，提前五六个小时排队买票。工作人员称，有时候早晨5点钟就有人来排队，也只能买到20元一张的加座。能装200人的小剧场里，往往装了500多人。郭德纲自己开玩笑说："我们这儿除了坐票、站票，还有挂票。什么叫挂票？在墙上挂着看的啊。"

为什么会出现这种状况呢？一是座位少，天桥乐的座位只有300个，广德楼连散座、包桌、包厢加起来也只有200多个；二是价格便宜，票价从20元到60元不等。而郭德纲在天桥剧场专场演出的最高票价为480元，在保利剧场的贵宾票更卖到1300元一张，比较之下，天桥乐和广德楼的票源不紧张也难。

于是很多朋友建议郭德纲走进大剧场，走进电视。但郭德纲公开表示，要将小剧场的演出终生进行下去，并且门票不会涨价，"这个地方是我的根，我永远不会脱离它"。确实，虽然郭德纲经常领着德云社到北京和外地的大剧场串场，但小剧场的演出一直没有中断，价格也基本维持在原先的水平。

为什么要死守着二三百人的小剧场，让观众忍受排队之苦，而不将主场移师到旁边能容纳1200人的天桥剧场呢？在中央电视台的一次节目中，叶茂中与郭德纲对话时将道理挑明了：成就郭德纲相声的一条渠道就是他们坚守的小剧场。这也是一种促销手段，只要存在一票难求的现实，就会引起更多人的注意，吊起观众的胃口。人气保持住了，他在各大剧场才能卖出一张几百元、上千元的高价。

几年下来，德云社在北京的演出场地又增加了几家，但都是两三百人的小剧场；虽然门票不再像过去那么紧俏，但基本上保持满座。不难设想，如果当初德云社将主场移到大剧场，那就很容易出现大半场无人的局面。"门庭冷清"，这对德云社和郭德纲的名声将是多大的摧残哪！[28]

郭德纲出名后，满世界作巡回演出，又在电视台主持节目，在小剧场表演相声的时候就少了。很多人慕名到德云社剧场去看郭德纲，看到的却是他的一班徒弟。于是有观众抱怨"郭爷飘了""牌大了",现场的相声听不到了。一些"钢丝"更不乐意:"现在看见他太难了,让我们这些'钢丝'追得好辛苦。"

"钢丝"们没有好好想一想,如果"郭爷"能让你天天见着,即使你不会厌倦,你的荣耀感、幸运感也会大大降低。所谓相见不如怀念,不论对郭德纲还是"钢丝"们,都是少见一点面为好。这是我们共同的天性,越是得不到的越想争取,越是稀少的越是珍贵。

好的东西大多会出现稀缺,但成功人士和精明的商家会有意加剧这种稀缺,制造供不应求的紧张气氛。一种方式是,控制供应的数量;另一种方式是,通过各种渠道传播、渲染甚至扩大稀缺的信息,加剧紧张局面。郭德纲用足了这两种手段。

不能责怪这些成功人士与成功企业糊弄老百姓。咱老百姓都认定,好的东西肯定难以得到,难以得到的多半是好东西,如果他们不把自己变得稀缺一些,不把气氛搞得紧张一些,如何显出自己的成功与非凡?咱老百姓消费的时候,如何体会到幸运与欣喜?

时间紧

"张经理,最近忙不忙?"客户单位的熟人打来电话。

"哎呀,忙得很哪,一大堆事等着处理,午饭还没吃呢!"

"今天晚上有没有安排?"朋友在吃饭时问起。

"还有两拨人等着呢,推不掉,不知要到什么时候。老婆已经一个星期没和我说话了。"

这是在商业交往中经常可以听到的对话。如今,"我很忙""有应酬",几乎成了使用频率最高的口头禅之一。在多数人的眼中,整天日理万机、应接不暇,才是干大事的样子。工作越忙,应酬越多,越说明你具有举足轻重的地位,是个人物。于是,工作忙、应酬多也成为一种身份的标志,就像拥有名牌的西服和皮包一样，能让自己在芸芸众生中鹤立鸡群。

为了让别人感觉到你很重要，或是比对方更重要，不论是从政还是经商、治学还是帮闲，大家都以一副不胜其苦、满腹委屈的样子，叫嚷着"太忙""太累"。即使不是真忙，也要装出自己时间很紧、后面还有要事等着的样子。"对不起，我要参加市政府的一个会议（或者说，我还要赶到国际会议中心参加一个论坛），只好先走一步了。"有的时候，人们会以迟到的形式体现自己的繁忙："不好意思，市政府的那个会议刚刚结束，我就急着赶来。"对于这种迟到和早退，人们是不会责怪的，只会对这种有身份的人物"拨冗出席"倍感荣幸。

下面是财经评论员马光远博士在2012年1月初写的一则微博：

"中午11点多到北京，12点到酒店参加静宁老兄团拜会，5点结束，奔长安大戏院的饭局，8点结束，又奔大学老师在黔西南驻京办的饭局，10点结束。11点，我终于回到家了。"

有的人在日常交往的细小方面，也会刻意地向对方传递自己"很忙"的信息，甚至变成一种习惯，比如：

只作选择性的倾听。他会装着关心地问别人："家里怎样？"但只要对方一开始回答，他就立即从对方的肩膀上看过去，似乎在思考其他更重要的问题；或者开始在自己的笔记本、iPad上为要做的事情列个表，或者用手机发个短信。

不修边幅。重要人物的衣着打扮有两种情况，要么极度时髦和昂贵，要么极度邋遢。后一种情况是实在太忙了的表征，最极端的情况下，他甚至没有时间把衬衫塞到裤子里。

草率回复电子邮件。这里有三种选择：1.让助手代发电子邮件；2.除了基本信息之外不回复任何东西；3.如果亲自回复，尽可能简短，而且不在乎回复的信息是否有意义。

比尔·盖茨在企业领袖中以平易近人著称,他经常会亲自给员工回电子邮件,不过他的邮件都很短。他给一位离开公司的副总裁的邮件,上面就写着"Thanks! Good Luck!"三个字。当唐骏离开微软时,他破例给唐骏发来一封"长信":"谢谢你给微软作出的巨大贡献,我期盼着你重新回到微软的那一天。"这种用心的表述让唐骏非常感动,唐骏说:"我们俩的级别相差很大,他的时间又很宝贵……我觉得过去的十年很值。"

在会谈的时间安排中,这样的身份信号更加明显。时间的多少是与身份的高低成反比的。有身份的人在会谈前,一般会与对方确定开始的时间。现在,对时间的计算有越来越精确的趋势,比如:"请您在11点15分到张总的办公室来。"当你听到这个答复,会有什么感受?它不是在11点整,也不是11点半,甚至不是11点10分或者20分……是的!只有时间像黄金般珍贵的人物,才会精细到如此地步。说不定,前面已安排了好几拨人呢。对自己有这个难得的会面机会,你能不备感珍惜吗?

会谈的时间也要有严格控制。有级别的官员和企业家与来访者谈话的时间不会超过1个小时,对一般的人物,给10分钟或者15分钟就不错了。在确定的时间到后,他会及时告知对方,"对不起,我们的时间到了,下面我还有个安排"。如果感觉这样中断谈话有失礼貌,则会安排秘书或助手准时进来提醒——如何给主管领导"催场",是新入职的秘书必经的一道训练。如果没有助手,则要让家人或朋友在指定的时间打来电话,以便以别人在催促为由结束谈话。不过,他们可能会略带抱歉地对意犹未尽的来访者说,"这次谈得还不尽兴,希望今后有机会再谈"。

在20世纪90年代后期,有位策划人曾幸运地与四川长虹集团董事长倪润峰见了一面。经过多次托人预约和三个月的漫长等待之后,倪润峰终于答应了他的求见,并说好只谈15分钟。但由于谈得比较投机,实际谈了大半个小时。这时秘书走进去说:"倪总,还有另一个客人等着呢。"这位策划人出来后,秘书对他说:"今天对你是格外待遇了。倪总跟别人谈话,很少超过半个小时的。"策划人受宠若惊,对秘书的支持再三感谢。

2004年6月30日,因为刚刚与微软中国公司达成合作协议,倪润峰受邀与来北京访问的比尔·盖茨会晤,但不是单独与他一个人会面,而是一群CEO。晚上6点30分,倪润峰到达北京国际俱乐部的会议室。6点40分,盖茨进入会议室与倪润峰和其他CEO会晤。为便于交流,倪润峰的座位被安排在紧邻盖茨的左边。7点整,紧闭的会议室大门轻轻开启,盖茨、倪润峰及其他人从会议室进入宴会厅。整个会晤时间仅20分钟。长虹内部人士称,此次老倪和盖茨见面,因时间紧,仅是礼节性会见。为下一步的合作,双方领导人可能还会安排磋商时间。

在限定时间方面最极端的一个例子,是2003年11月,玛利亚·凯莉在上海举办的记者招待会。记者会只进行了短短15分钟。随后凯莉在另一个房间接受拍照,摄影记者被告知,只有10秒钟的拍摄时间。在随行人员的倒数声中,结束了这次招待会。类似的读秒情景,只有在围棋比赛中才会出现。

机会少

2006年9月6日晚,中央电视台在陕西宝鸡举办了一场"'同根同祖'同一首歌"演唱会,让宝鸡度过了一个疯狂的夜晚。《同一首歌》是怎么走进宝鸡的?《三联生活周刊》记者追踪了从邀请到举办的全过程。

为了推广"炎帝诞生地"的声名,从2005年开始,宝鸡市政府就计划邀请当时最红火的《同一首歌》节目组,在当地举办一场热闹非凡的演唱会,把宝鸡的品牌打出去。

最初,曾参与策划的深圳某专家工作室自告奋勇,筹办《同一首歌》演出事宜,但经过三个月的公关后,工作室回信"请不来"。

2006年3月,宝鸡市专门成立了一个筹办小组,赴北京与《同一首歌》栏目组联络。特派员们在距离央视不远的一家宾馆住了十几天，才发现自己完全是门外汉，见不到《同一首歌》任何一个核心人士，连《同一首歌》的大门都没进去过。他们给栏目组导演孟欣打了无数次电话，但接电话的人反复告诉他们，"孟导不在"。见不着一把手，所有的努力都是白搭。走之前，他们按照栏目组的要求留下了一份申请材料。

7月初，宝鸡新的政府班子上任后，继续让人给《同一首歌》打电话，表示"我们决心不变，一心要在宝鸡办成《同一首歌》"。对方回复，"不可能了，8～9月份我们已经排满了"。

在"人家已经明确拒绝"的情况下，市领导让筹办小组二次进京，"确实不行，再回来"。通过更上层的领导搭桥，终于跟孟欣电话联系上了。7月25日，筹办小组接到通知，可以跟《同一首歌》的一名制片主任坐下来谈论实质性合作，"终于见真神了"。

8月21日，前期沟通基本谈妥，宝鸡市政府和《同一首歌》栏目组进行更高规格的碰面，筹办小组的人才第一次见到孟欣，前后历时近半年。"很多原先谈不下来的地方，见了孟欣就解决了。"事后，筹备小组的负责人仍几次称赞孟欣："有些人一眼看上去就是干大事的。"

9月6日晚上的演唱会，孟欣直到9月6日下午才到现场。虽然时间仓促，但在孟欣的指挥下，忙乱的现场很快有条不紊起来。最终，演唱会办得很成功，各方面都很满意，"很佩服"。

经过这么一番周折，花了近700万元的税后收入，宝鸡人算是领教了《同一首歌》的来之不易，也领教了孟欣的时间之忙，彻底被征服了。

据一名《同一首歌》的合作者说，每年递交给栏目组的申请有60%以上被拒绝。特别是"金9月"的档期，在3个月甚至半年前就已经敲定。《同一首歌》是"美女"，谁都想把它娶回家。宝鸡在"穷汉"中脱颖而出，已经是幸运儿了。

事情往往就是这样，机会越难得，人们越珍惜；供应量越少，东西越值钱。这是经济学的规律，也是人性的常识。**为了维护形象、提高身价，不管是**

娱乐明星、经理人还是专家学者，都会有意识地控制对外供给（或者服务、露面）的数量。紧缺信息向外界传播后，价格将会进一步上扬。

在供给不变的前提下，需求者的增加，同样能提高供给者的身价。恋爱期的女孩子会巧妙地释放追求者众多的信号，比如有人天天送花到公司，真是烦死了；有人下班时守在办公楼下等待，所以不知道能不能赴你的约。足球运动员和足球教练在一个赛季结束前后，都会向媒体透露有哪些单位有意邀请自己加盟；另一方面，俱乐部和足球协会也如法炮制，抛出一长串被考查的候选人名单。

传递稀缺信息的方法，在商家中有着非常多的运用。在楼盘的销售过程中，开发商或代理公司都会想方设法制造楼盘热销的假象。开盘当日，开发商或代理公司通知所有意向客户一同前来（所谓"开闸放水"），有的甚至会雇一些大叔大妈前来排队，形成多人哄抢的态势。这么多人与你拼争，你还不赶快下单？

为了促成媒体记者对企业老总作专访，有些优秀的公关人非常善于运用饥饿疗法。他们会给有联系的财经记者打电话说："张总后天将从总部来到本市，停留两天时间，这是一个难得的机会，我们可以为你安排一次采访，你需要吗？"这样的机会当然要抓住啊！不过天知道，张总平时来了本市多少次，或许，他一年中大部分时间都待在这里呢。

第 16 节

"守株待兔"：这是你找上门的

[**强势者的高傲**] 你主动找对方，还是让对方找你，体现出的是对双方关系的定位。让别人来找你、请你、求你，是强势者显示其地位的经常性姿态。

[**弱势者的矜持**] 被动、等待、矜持，是弱势者手中的一件砝码，是追求平等与尊严的信号。……如果弱势者采取主动，势将形成自己乞求强势者的局面，在谈判中更显得被动。

[**地位对等者的僵持**] 在双方地位大致相当或姿态同样强势的情况下，则很可能出现双方僵持不下、两条"平行线"不能相交的局面。……那么，僵局如何打破呢？方法就是设计一种中间状态，通过在第三方场合"偶遇"，或者第三方穿梭，使双方看起来"互不求人"，交往、交易得以继续进行。

1920年，英国著名小说家毛姆游历中国，他特地乘舢板千里迢迢逆长江而上，到重庆拜访当时中国最大的儒家辜鸿铭。两年后，毛姆在他所著的《中国游记》一书中记载了他和这位"哲学家"的会面：

"当我表示想去拜会这位著名的绅士时，我的主人马上答应为我安排这次会面。可是很多天过去了，我还没有得到一点消息。我终于忍不住向主人询问，他耸了耸肩，说道：'我早就派人送了张便条给他，让他到这里来一趟。我不知道他为什么到现在还没有来。他这个人很不通情理。'我认为用如此傲慢的态度去接近一个哲学家是不合适的。他不理会这样随随便便的招呼丝毫没有使我感到意外。我用我能够找到的最谦卑的言辞写了封信给他，向他询问是否可以允许我拜访他。信送出还不到两个小时，我就接到了他的回信，约好第二天上午10点见面……"

在毛姆坐下之后，辜鸿铭的第一句话就是："你想来见我真使我感到三生有幸。你们英国人只与苦力和买办打交道，所以你们认为中国人只有两种：不是苦力定是买办。"正当毛姆感到不解时，辜鸿铭又说："你们认为只要随便召唤，我们就得随叫随到。"这时毛姆才弄明白，辜鸿铭对他以那种方式联络仍耿耿于怀。

辜鸿铭学贯中西，在西洋游学多年，精通英、法、德、拉丁等多种语言。虽然当时中国国势颓废，但他照样鄙夷西洋文化，对中华传统抱着强烈的自负。让毛姆亲自到他的家中拜访，维护的不仅仅是他个人的尊严。毛姆心悦诚服地说："他是一个有骨气的中国人。"

民间有俗语云："人不求人一般高，水不流时一样平。"不管是处于相对的强势还是弱势，或是双方地位大体相当，一方主动地去联系另一方，客观上都显示出了自己的急切以及对对方的看重，增添了对方的博弈筹码。所以，在人际交往与商业往来中，有心人大都会尽可能地让别人主动前来"求见"自己、"邀请"自己，避免形成自己积极主动地请求别人、上门推销的局面。

这种"守株待兔"式的交往策略，表面上显得非常被动，似乎与现代社会的进取与竞争原则相悖；而且，一味地等待可能延误时机，这是讲求效率的商业机构难以忍受的。但是，它获得的是在博弈中相对优势的地位。在双方未发生接触时，主动的一方是拥有选择权的，但是，一旦主动的一方提出了接触的请求之后，选择权就转移到了被动的一方，被动的一方可以决定是否接受主动一方的邀请与请求，并在随后的谈判中索要一个更高的价格。

在有些情况下，被动显示了自己充足的信心，提醒对方认识自己的价值所在，反过来促进交易的达成。"被动"是强势者的基本姿态，是一个让人愉悦、倍有面子的好词。

有人说，"守株待兔"只是一个寓言，"兔子"不会总是自动来送死的。是的。不过，如果你的地盘上青草如茵，谁说不会呢？

强势者的高傲

让别人来找你、请你、求你，是强势者显示其地位的经常性姿态。1927年8月、1931年12月、1949年1月，蒋介石三度在压力下"下野"。每次"下野"后他并不待在南京，而是回到他在浙江奉化溪口镇的老家。由于国民党内部矛盾加剧，各路军政要员不辞辛苦、络绎不绝地赶到溪口，聆听他的指示。偏僻的溪口镇变得车水马龙。这种场面，使蒋介石的权威与魅力得到了充分的证明。蒋以这种独特方式，变相地向反对他的人示威。各方看在眼里，心知肚明。时隔不久，蒋就在各方要求下复职。

你主动找对方，还是让对方找你，体现出的是对双方关系的定位。**在中国古代的知识人（专业技术人员）中，有一种"只闻来学，不闻往教"的传统。**不管是教书先生还是工匠师傅，都以此自重——"如果你不主动前来向我请教，我何必要教你呢？"那些已经成年的学生或徒弟，如果自己不积极主动地虚心求教，就不要指望学到多少东西。这种传统的"师道"和"学问"方式，与当今"兜售"式、"填鸭"式的教育不大相同，不仅将学习者的主动性充分调动起来，也成就了知识人在社会中的崇高地位。

在今日世界，媒体掌握着话语权，在媒体上出现的方式与频率，在很大程度上决定了一个人（企业）的公众形象。许多人（企业）积极主动地与媒体联络，提供信息或者稿件，这样虽然可能增加一些曝光的机会，但也面临着一个局面：受到媒体的挑剔甚至拒绝，甚至要支付费用。而有些傲气的学者、专家宁可不上报不出镜，也决不主动向媒体投稿或者联系记者，受约写的稿子成文之后，也要等编辑三请四催才肯交稿。越来越多的艺人与公司也逐渐掌握了与媒体交往之道，巧妙地利用公关公司或圈内人向外释放信息，让记者们主动前来约访自己。这样，双方的关系被扭转过来，"我求他"变成了"他求我"。

由罗永浩创办的牛博网，曾在知识人群中火爆一时。这是一个专门的博客网站，但与门户网站的博客空间向所有人开放不同，牛博网在开办的最初一段时间，并不提供博主自行注册开博客的服务。所有的博主都是由网站编辑邀请后才开通个人博客。

为了让更多有思想、有见识的博主加入牛博网，罗永浩在网上发布了一则著名的邀请函——

（牛博网）除了给我们自己邀请的博主提供空间之外，我们也欢迎被读者推荐的别处的优秀博主来这里开博。如果符合我们的标准，不管那些博客开在什么地方，有没有名气，浏览量大不大，我们都会死皮赖脸地去把他们请过来，至少邀请他们在牛博网开设镜像。我们不能容忍那些优秀的博客被埋没在几乎全是文字垃圾的大型博客网站里。

如果您是优秀博客的博主，也可以自荐。如果您自重身份不好意思自荐，也可以冒充普通读者来这里推荐您的博客。如果您有虚荣心方面的需要，比如需要我们在首页上隆重宣布即将邀请您来开博客，比如需要我们敲锣打鼓迎接您，比如需要我们声称我们是八顾茅庐之后才请到了您等，我们都可以满足您的需要。

虽然有调侃之嫌，但邀请函的字里行间对"优秀博主"心理的把握，堪称经典。被动地接受邀请、不主动自荐（即使自己很有意）、敲锣打鼓地迎接、三顾茅庐才请到……这些正是一个知识人应有的自尊。不如此，知识人的颜面何存？何以显出自己的优秀？

被动等待确实会感觉不便，但处理得当，益处多多。在楼市火爆的时期，新入职的售楼员会被经理告诫：在购房者进入售楼处后，先晾他几分钟，让他自己转一圈，等他先开口提问后再上去接待。这给原本以为自己是上帝的购房者一个信号：我们的房子卖得很好，在价格、位置上没有太多讨价还价的余地！

弱势者的矜持

1989年的政治风波之后，美国等西方国家对中国实施了经济制裁，中国与西方的关系处于冰冻状态。当年10月，邓小平在北京会见了来访的美国前总统尼克松。邓小平说："结束过去，美国应该采取主动，也只能由美国采取主动。美国是可以采取一些主动行动的，中国不可能主动。因为强的是美国，弱的是中国，受害的是中国。要中国来乞求，办不到。哪怕拖一百年，中国人也不会乞求取消制裁。如果中国不尊重自己，中国就站不住，国格没有了，关系太大了。"

被动、等待、矜持，是弱势者手中的一件砝码，是追求平等与尊严的信号。 在这种状态下，弱势一方的地位得到了一定的弥补，"挽回了一点面子"。如果弱势者采取主动，势将形成自己乞求强势者的局面，在谈判中更显得被动。所以在现实生活中我们经常看到这样的情景，处于弱势的一方表现得非常矜持，本来自己的需求更强烈，却偏要等对方主动联络或邀请，以此获得对方的尊重。

不少有点实力的"乙方"单位，愿意花大价钱在媒体上发布广告，积极参加各种论坛，但就是不愿意主动向"甲方"联络业务、上门拜访。按照惯例，在传统的节庆日，"乙方"单位大都会向"甲方"寄贺卡、送礼物、发短信，但有些牛气的公司偏不。有的创业公司急需融资，但不会主动地去联络风险投资商，而是巧妙地向媒体和圈内人透露自己的美好前景，诱使投资商主动找上门来。

在一次行业研讨会上，一位策划专家与某龙头公司的老总相邻而坐。专家知道对方的身份，也有意与对方建立合作关系，但就是不主动和他搭话。轮到他上台演讲，他将该龙头公司面临的问题大加批评。下台之后，该公司的老总如获至宝，热情地与他交换名片，邀请他抽空到公司指导。有了这样一个情境作铺垫，专家不但获得了生意，而且身价倍增。专家感慨地说，这比他主动联络的效果要好上十倍。

前几年，章子怡在影坛上大红大紫。章子怡有一个特点，从不主动找导演要戏，对国外的导演也是一样。有一次她对采访她的记者说："（我）从来没有（找导演要戏），我不喜欢。在美国，他们都知道我最讨厌的就是去见那些人。我不在乎见那些人，再大的制片人他不找我拍戏，他就跟我没有任何关系，我为什么要浪费时间在这上面？见了，他们会对你有印象，知道你会讲英文、年轻，就愿意为你做什么？有这种可能性，但不是我工作的方法，所以我跟他们说得很明白，这种事情最好别让我去做。"[29]

章子怡的这一风格，让带她出道的导演张艺谋也不得不服。虽然这可能使章子怡失去一些机会，少一些人脉，但也进一步树立了她的头牌花旦的形象。

地位对等者的僵持

如果双方都等着对方来找自己、求自己，会不会出现双方处在两条平行线上、永远不能达成交易或交往呢？这要视具体情况而定。在双方地位明显不对等的情况下，交易（交往）是不会轻易中断的——如果某一方确实存在这种需要的话。明显强势的一方不用担心因为自己主动而使自己看起来低人一等，所以刘备三顾茅庐请出了诸葛亮，布什再三邀请请出了保尔森；处于明显弱势的一方也不用担心因为自己再三邀请一位名家、主动跟一个大公司要单子有损自己的形象。双方的悬殊地位在那里摆着，强弱关系不会因此而改变。

但是，在双方地位大致相当或姿态同样强势的情况下，则很可能出现双方僵持不下、两条"平行线"不能相交的局面。任何一方都不愿显得过于主动，以免让人感觉是自己有求于人。那么，**僵局如何打破呢？方法就是设计一种中间状态，通过在第三方场合"偶遇"或者第三方斡旋，使双方看起来"互不求人"，交往、交易得以继续进行。**

第三方场合包括各种论坛、俱乐部、沙龙、球赛、庆典、宴会等。别看这些会议名头很大，场面热闹，其实大多数人对会议的主题、活动的内容并不十分关心（它只是提供了一个聚会的由头），更关心的是什么人会去。在这种场合，他们将可以以"偶遇"的形式与别人平等地交流，而不必担心让别人感到有求于人。这正是这些论坛、聚会的真正功能。有经验的会务组织者会在活动中间安排大量的茶歇时间，让参与者自然、随意地交流。对很多与会者来说，这才是真正有价值的时间。

2006年7月25日，国美电器与永乐电器对外宣布了合并的消息。仅仅三四个月前，他们还是激烈的竞争对手，共同感叹"同行是冤家"。那么这次合并，两位"冤家"是怎样"坐在一起"的呢？在中央电视台的对话节目中，黄光裕坦白："第一次对上眼的时刻是在一次活动（行业会议）中，这次活动他也知道我去，我也知道他去，结果在那个场合上见了一面。"他说："在谈判过程里头，谁也不愿意表现出过多主动或者是太积极。我想那天应该说是很好的一个机会。"

在国际关系中，有争议的两国对谁主动的问题非常敏感，因此发展出了独特的"走廊外交""厕所外交"。

第三方斡旋是指由第三方居中联络、沟通协调。媒人、媒体、双方的熟人、中介公司充当着这样的角色。特别是在发生争议的时候，双方谁都不愿主动沟通（那很可能被看作示弱与让步的表示），第三方的斡旋就显得特别重要。以国际关系为例，在巴勒斯坦和以色列相持不下的时候，美国总统屡次将巴以双方领导人请到一起商谈，签署和平协议；当朝核问题陷入僵局的时候，中国就成了美国与朝鲜之间关键的调停人。

有的用人单位为了找到最匹配的经理人，会到同行企业中物色人选。选中了之后，他们不会亲自邀约，以免自己一方显得过于主动。这时候，他们会请猎头公司充当中间人。比如，微软瞄准了在摩托罗拉工作的陈永正，有意挖他过来担任大中华区的总裁，本来他们完全可以自己跟陈永正联络，但还是甘当"冤大头"，花钱请猎头公司居中联络。当陈永正在猎头公司的安排下赴美国面试时，微软从主动者的角色上隐退，重新处于被动者——选择者的位置，你来求职，我面试。这正是很多大企业愿意掏钱给猎头等中介机构的重要原因。

高层经理人在试图转换工作时也会如法炮制。他们把自己的简历及要求发给猎头公司，由猎头公司与用人单位进行初步接洽。如果用人单位不中意，经理人也不失身份——我并没有主动选择你，这是猎头公司的安排。

地位对等的双方在什么地方会面，是人际交往中的一大难题。按照人类共通的行为习惯，一般是弱势者到强势者一方、客人到主人一方主动拜会。比如，学生到老师家中探望、乙方公司到甲方公司提案。有个年轻人新开了一家广告公司，为了让客户来访时自己脸上有光，不惜血本把办公室装修得漂漂亮亮。但事后一年到头，也看不到一个客户来访。他不知道，处于强势地位的甲方，是不会轻易屈尊到乙方处拜访的（除非出于考察的目的）。在商业实践中，有合作意向的公司之间常常为会面的城市、地点争执不下。双方都担心，自己到对方的城市和办公室去拜会对方，意味着自己处于主动、弱势的地位。为避免形成这一局面，当事人在地点的安排与时机的选择上往往费尽心机。于是，第三方地点、顺道拜访作为双方都能接受的方案呼之而出。

1807年，不可一世的拿破仑皇帝征服了整个普鲁士。他安排了一次与俄国沙皇亚历山大一世的会晤。如何使双方能坐在一起而又都不失身份，法国皇帝动了不少脑筋。最后他想了一个办法，在普鲁士涅曼河的中心航线上安排了一条船，船上造了两间一样的房子，两间房门朝向两边的河岸。按照约定，两位君主在同一时间到达自己一方的河岸，然后同时上船。这样，在形式上，双方都不会感到是自己拜见对方。

近两个世纪后，另外两个国家的领导人遇到了同样的问题。1997年6月30日，英国王储查尔斯抵达香港，参加香港主权移交仪式。按照一般程序，他将代表英王与江泽民主席会面。查尔斯在他的日记中回顾了这一过程："我们离开宴会厅，等待与中国国家主席江泽民的会面，盘算着如何令双方不失面子……在移交仪式每个细节的安排上，中国人都要争拗一番。他们坚持要我走到一个房间拜会国家主席，英方上下对之强烈反对。最后我们同意折中方案，由我们分别从两边进入一个房间，在中间碰头。"

第 17 节

让别人等待：要等的才是好东西

[拖延] 一般来说，级别越高的人，你需要等待的时间越长。等待的时间与对方的地位成正比。通过这种漫长的预约和延迟满足，不但显示出"我很忙"，而且可以充分吊起对方的"胃口"。

[后到一步] 重要的人物总是在别人到齐、万事俱备之后，才最后一个到来，接受他人的敬礼和注目。这是全人类共同的文化。……在组织内部，后到一步是一种重申权力与检验忠诚度的游戏。

昔日国家田径队的主帅马俊仁是个老江湖，深谙中国传统的摆谱之道。靠着一种欲擒故纵的谈判功夫，马俊仁把一个普通的中药配方卖出上千万元的价钱，造就了当时轰动一时的"生命核能"传奇。记者赵瑜在1998年出版的《马家军调查》一书中，对此作了详细的记载。

1993年12月16日，广东今日集团总裁何伯权在杂志上看到一则报道："马家军"之所以在国际田径比赛中接连取得神奇的成绩，秘诀之一是马俊仁为运动员研制的独特中药配方。次日一大早，何伯权当即召集部门经理会议，亮出开发"马家军"配方的初步想法。

19日下午，何伯权飞抵北京，指令沈阳分公司经理李振勇迅速与马家军取得联系，谈明意向，必要时何伯权将亲赴沈阳与马俊仁面商大计。

李振勇等人多次与马俊仁联系，但一直没有突破性进展。现在的马俊仁已不是随便什么商家都可以谈买卖的。何伯权赴沈，算是来了真佛，然相见谈判仍需一个过程。

次日上午，何伯权和李振勇悬着一颗不安的心，前往辽宁省体育开发总公司，洽谈合作事项，要求必见马俊仁。

老马很快得知广东大老板专程前来，并且谈判心切，决定先给何伯权吃个闭门羹，传言不见客，只是让人转告何、李二人在沈阳坐等。

何伯权和李振勇那时都是三十来岁的年轻人，他们相互鼓励，以十足的韧劲支撑在寒冷的沈阳。

又是两天过去了，何伯权已经显得有些焦急。马俊仁这才决定正式见面。12月29日下午2时，何伯权、李振勇如约前往辽宁省体育运动技术学院二楼会议室。又等了一个半小时，正担心之间，马俊仁和崔大林推门而入，可谓姗姗来迟。

马俊仁以沙哑的嗓音说："在此之前，愿出1000万的企业来了几家，想买马家军的牌子，我都没有松口。对你们，我比较感兴趣，因为你们今日集团的管理人员80%是大学生，而日本好些企业才50%。你们创业4年，销售收入增长57倍，发展惊人，而且懂法律，知道办这事应该找谁，坚持见我，也见到了我。就凭这一点，我就知道你们是懂经营的，也是尊重别人的，是真正的企业家。"

"那我们就合作起来，你拿出配方，我开发产品，那时12亿中国人的体质将会有一个突破性的提高。"何伯权直探马家军配方。

马俊仁大手直摆，急忙拒绝："你要我这个运动员的配方，你出8个亿我也不能卖，对营养配方要保密！"

最后马俊仁同意，"我在运动员用的配方基础上，给你一个老少皆宜的配方。"

次日上午，马俊仁见到队医张琦女士，指示她："张琦啊，你给写个营养药单子，要中草药的。"写点儿啥呀？张琦问马指导。老马告诉她，写常用中草药，有益无害即可。也不用多写，有几味就可以了。剂量也不用写，光开药名就行。

张琦即随手写出八种药名：红参、鹿尾、天麻、黄芪、枸杞子、阿胶、大枣、当归。马俊仁照单亲笔抄录一遍。

当天，何伯权与马俊仁签署协议，今日集团出资1000万元，购买马俊仁"生命核能"秘方独家生产权。中国标的数额最大的一宗知识产权交易就这样诞生了！

客观地说，马俊仁的所谓秘方能卖出天价，主要靠的是当时"马家军"的巨大名声，但能让何伯权一点不打折地拿出1000万元，马俊仁的谈判技巧也发挥了重要作用。何伯权当时已是名声赫赫的企业家，开发的乐百氏饮品风行一时，马俊仁仍不惜让他一等再等，打磨他的性子，吊足他的胃口，欲擒故纵，欲拒还迎，最后适时地会面、出价、成交。

在生活与商业之中，谈判是无处不在的，会面也无时不在。让别人等待显示出两方面的意味：

1. "我对会面或者达成交易不急切、无所谓。"这等于给对方一个强烈的暗示，目前你具备的或提供的条件没有诱惑力。如果你想迅速地进行会谈、达成交易，需要显示更大的诚意，提供更好的条件。

2．"我不怕你放弃，我是值得你等待的。"这等于不断提醒对方，仔细地认识我的地位与价值。让对方等待的时间越长，越显示出自己有强烈的自信。

按照人们头脑中的逻辑，只有重要的东西才值得等待，只有处于优越地位的人才会从容不迫，并且不怕让别人一等再等。有经验的谈判者和权势人物大都精通这套心理游戏，通过有意地拖延时间，让别人等待，强化对方对自己重要性的认识，先期为自己建立起地位的优势；同时，让对方在等待中心情变得更加急迫，最终愿意作出让步。

让一方等待另一方，既是一场耐力的较量，也是地位与实力的宣示。

拖延

"您好，我是×××公司的大卫·王，请帮我接一下张经理。"

"请稍等。"电话那边传来一个年轻女子的声音。

过了一会儿之后，女子的声音又响起："对不起！张总刚刚接了另一个电话……请稍等一会儿。"

这种"通电话"前烦人的拖延与等待，是各国商界中普遍存在的权力游戏。它相当于为会谈所准备的一种仪式，从中显示出谁是重要的人。如果你不幸处于相对不那么重要的一边，要想与那个重要人物交谈，则要被迫等待多时。

这还是好的，毕竟让你等待的时间只是几分钟。如果与更重要的人物预约，则可能需要你等上几个月，甚至一年、两年。

2006年4月8日，对马云、傅玉成、江南春等30多位国内知名企业家来说，是值得津津乐道的一天。在这一天里，他们见到了钦慕已久的商界领袖李嘉诚，而且是在他的办公室里。大家一起谈话、喝茶、吃饭，前后三个多小时。长江商学院院长项兵承认，拜会李嘉诚，是对首期"中国企业CEO课程班"学员的"一个奖励"。为了这次见面，项兵早在一年前就跟李嘉诚请示，得到的答复是到时候如果在香港就没有问题；会见前一个月，才把这件事定了下来。长江商学院由李嘉诚投资创办，所以项兵拥有这个便利。[30]

李嘉诚先生是一个大忙人，我们没有根据怀疑他有意拖延，但很多人肯定不会有他这么忙，也照样需要提前好几个月预约。

一般来说，约见级别越高的人，你需要等待的时间越长。**等待的时间与对方的地位成正比**。通过这种漫长的预约和延迟满足，不但显示出"我很忙"，而且可以充分吊起对方的"胃口"。经常带旅行团到外地的导游，对开饭的时间安排深有感受。只有等游客走得又累又饿，然后再等半个小时饭菜端上来，游客才吃得特别香，压根儿不会挑剔你的饭菜好不好。

2004年底，台湾中天电视台主持人萧裔芬首度完成了对鸿海集团董事长郭台铭的专访。这个节目播出后，台湾媒体界纷纷打探："萧裔芬如何访问到了郭台铭？"萧裔芬事后透露，她花了8个月的时间准备、联系，其间历经临时改时间、鸿海高级幕僚质疑"此事不看好"等，最终才让这个"至为难得"的商界巨子走入电视棚。

在商务谈判中，控制谈判的节奏、适当地让对方等待，能获得意想不到的谈判成果。

曾任雅虎公司CEO的塞梅尔是美国公认的谈判高手。在加入雅虎之前，塞梅尔为华纳兄弟公司工作了24年，从职位低下的销售员一直做到联合首席执行官，和鲍勃·戴利一起将华纳兄弟公司从10亿美元的规模发展成为110亿美元的娱乐业巨人。他的高超谈判技巧在好莱坞有口皆碑，以至于好莱坞创造了一个专门词语——"塞梅尔化（Semelized）"来形容某人"精于谈判"。

曾与塞梅尔一起制作过大约40部电影的制片人阿尔农·米尔肯是这样描述的："起初，他先是一段时间内不回你的电话，这样你就有点绝望了。接着，当他终于同意见你时，他让你等上两个小时。等到你被领进他办公室的时候，他热烈地拥抱你，问寒问暖，你就是有什么情绪也一扫而光，甚至连你来干什么也给忘了。他却没有。"

塞梅尔曾在一次演讲中对哈佛商学院的学生透露了自己谈判的秘诀。当他进入谈判角色时，就不断告诫自己保持最大的耐心，"不要首先提出条件""不要说太多话""要先提出一百万个问题"。"在谈判时，永远不要匆忙，除非你不得不匆忙。"他所主持的最长一次谈判，持续了整整一年，那就是雅虎收购Overture一案。

当2002年开始谈判时，雅虎股价还处于网络低潮时期的17美元，而Overture的股价则是33美元。经过三四个月的讨论之后，Overture的股价开始往下跌了一点儿，而同时雅虎的股价开始往上走。塞梅尔说："这就是耐心带来的好处。直至认为时机合适之时，我再次邀请Overture的董事长一起喝酒，我说'这次我们是认真的！'"长达一年的谈判最终开花结果。

塞梅尔之所以在谈判中屡屡取得胜利，很大的原因是他掌握了时间的艺术。他以过人的耐力与毅力，让别人总是处于被动等待的地位——等待谈判的结果，等待与他的会面，而他自己，则静静地收获着时间的果实。

后到一步

重要的人物总是在别人到齐、万事俱备之后，才最后一个来到现场，接受他人的敬礼和注目，这是全人类共同的文化。 在电视上我们可以看到，英国的王室人物出现在公开场合，向来要迟到一会儿以示庄重；日本内阁开会，首相也总是在其他内阁成员都坐好之后，才从隔壁的休息室走进来。

这种游戏规则也进入到了我国的官方程序中。由最高人民法院制定的《法官行为规范》特别要求，法官出庭审案，"一般在当事人、代理人、辩护人、公诉人等入庭后进入法庭"。在实际的民事诉讼庭审程序中，一般由书记员先到庭，清点原告、被告双方是否已经到场，并宣布法庭纪律，然后请法官进场。法官进场时，全体起立，待法官坐定，其他人方能落座。这一顺序与仪式，实际上是把法官置于当事人、代理人、辩护人以及公诉人之上的更高的位置，居高临下地审视参与庭审的各色人等，宣示了法官在法庭中的神圣地位。

第二次世界大战期间，苏、美、英三国首脑在雅尔塔谈判。每次开会时，斯大林总是到得最晚，罗斯福和丘吉尔不得不站起来迎接他。有一次，罗、丘两人商定要报复他，故意迟到了15分钟，以为这回该斯大林站起来欢迎他们了。谁知，斯大林比他们到得还要晚。于是他们故意装作没看见斯大林进来。斯大林进门后，却在门边停步，不马上就座，目光威严地逼视罗斯福和丘吉尔。丘吉尔终于沉不住气，像小学生一样站起来向斯大林问好。

在组织内部，后到一步是一种重申权力与检验忠诚度的游戏。有的企业老总在外面办事时打电话回公司，通知干部们什么时间到会议室开会。但他自己一点不着急，甚至会故意晚去一会儿。这种等待成为一种权力认同与等级关系的仪式。鸿海集团老板郭台铭就有这样一个故事。某天晚上，他和公司干部一起到餐厅吃饭，突然说要去一下办公室。但他这一去竟是两个钟头。大家从晚上7点多等到9点，就是没人敢点菜动筷子。姗姗来迟的郭台铭赶紧叫菜，并带头夹菜吃。看到他动了筷子，饥肠辘辘的干部们才跟着吃起来。

不少名人在举行记者招待会、演唱会和演讲活动时，也会近乎本能地迟到一步。有的人宁可坐在旁边的贵宾室发呆，也不愿早别人一步到达现场。在众人坐定、现场安静之后，他再在众目睽睽、众人翘首以盼之下翩然而至，显然更能显示他的独特身份。

2006年6月17日，美国藏传佛教僧人、《当和尚遇到钻石》一书的作者麦可·罗区格西到上海交通大学商学院作演讲。在预告的演讲时间开始后，学院有关负责人先对罗区格西的传奇生平和商业成就进行隆重介绍，然后，活动组织者发表感言。在全场四五百名听众按要求关掉手机，以为就要见到这位传奇的"洋和尚"时，他的助手宣布，大家还需要稍等片刻，格西正在隔壁休息室静修，以便有更充沛的精力跟大家演讲。经过了数分钟的等待，在助手两度请示之后，罗区格西终于和他的精神伴侣一起双手合十，带着谦逊的笑容走进演讲厅。全场报以热烈的掌声。

罗区格西和他的助手是老练的氛围制造者。他们让听众长时间等待，不但没有像一些迟到的娱乐明星让人心烦，还进一步激起听众对他的敬仰。他们至少在三个方面与众多明星不同：一、有让别人等待的合适的理由；二、等待的时间在能够容忍的范围内；三、他告诉别人，他很重视这次演讲，把这很当一回事。有了这几点，听众就没有理由再去责怪他了。

让人等待过长时间是危险的，但是，自己等待别人同样危险。在罗区格西演讲的同一个大厅，阿里巴巴创始人马云也曾作过一次演讲。马云比预告的时间早到十多分钟，甚至比主持人到得更早。没有人关照他，可怜的马云在讲台上一会儿搓手，一会儿揉脸，一会儿变换坐姿，等着听众陆陆续续地入座。幸亏马云的演说非常生动，他的企业也确实出色，否则听众将很难相信，眼前这个其貌不扬的小个子男人，就是传说中的商界领袖。

第 *18* 节

神秘主义：距离产生美

[隐身幕后] 最有势力的人是"听说过没见过"的人。……对于这些平素难得一见的人与物，人们会在想象中主动为他的力量加分，以满足自己对力量与奇迹的期待。

[控制信息] 有一定身份和地位的人士，在与朋友交往时一般只会开放一部分生活圈子，避免让别人了解他的全部，这样就给合作伙伴留下了想象的空间。……"让人看透"是一件乏味甚至危险的事——你将在别人的掌控之中了。

上海的房地产策划界有一位声名赫赫的人物，人称许老师。许老师以事务繁忙著称，业界传说他"要么在飞机上，要么在去飞机场的路上"。他在公众场合露面的频率尚属正常，与众不同的是，他在公司内部却很少出现，即使手下员工也难得一见。当他在上海时，总是长期在几个五星级饭店的酒吧间"蹲点"，朋友客户要拜访他、公司员工汇报工作，需要到饭店的大堂里去找他。据称，有一次公司请人设计了一块户外广告牌，不得不派人将这个牌子扛到饭店里请他过目。

沪上一位房地产策划人因为对许老师敬仰已久，冲着他的大名加盟到许老师的工作室。多年之后，他撰文回忆他在许老师手下工作的经历——

上班第一天，上级领导许诺："大家做得好，就让老板跟大家见面。"我每天晚上加班到零点左右，甚至回到家里，还经常通宵达旦地上网查找资料。直到现在我还认为：这段时间，是我工作以来最努力的时候，而这些全是为了能够有机会早日见到"老板"……

幸运的是，由于我接手的一个项目的重要性，近年从不参与具体策划工作的许老师破天荒地亲自挂帅把关，在标书初稿结束后的第二天，他决定接见我们。现在回想起来，接见的前一天晚上我激动得睡不着觉，终于有机会零距离地拜谒心中的偶像，咋不令人兴奋得失眠？见面安排是上午10点钟在公司总部的会议室，我们再三做好充分的准备，向心中的偶像汇报工作可千万不能出差错啊，提前半个小时到场的我们就这样正襟危坐地等待、等待，等待大师的出场……结果一等就是一个多小时，大师还没出现，据领导说这是常事，许老师他忙啊！是的，大师往往都是如此神龙见首不见尾，来匆匆去匆匆，能见一下面都是多么幸运的事啊！

正胡思乱想时，门被推开，一个精瘦的中年男人边打电话边急匆匆地走进来，到中间的位置坐好，把手头的香烟放下，没看我们一眼，只顾对着电话叽里咕噜地讲着一番快速的上海话。领导和同事们的表情立刻严肃起来，我猜想这肯定是大名鼎鼎的许老师，因为我在报纸上见过他的照片……

接下来由我向他解说项目的整体策划思路，这可是千载难逢的好机会，当仁不让地在偶像面前好好表现表现，于是我充满激情地演说了一番，除了开始有些紧张，总体效果还不错，遗憾的是解说过程中频频被他平均两分钟响一次的手机打断。我至今记得清清楚楚的是他当时对于我演讲的激情和气势给予了较高的评价，至于策划思路本身的一些点评，由于激动过度，今天竟然记不清楚许老师说了些什么。

后来有几次内部大讨论，只要许老师在公司一般都来参与指导，几次接触下来，觉得许老师还是比较平易近人的，对员工很随和，在洗手间或电梯间遇见了也不会让你感到十分紧张。

这位员工讲述的故事，为我们生动地展示了神秘可能产生的效应。作为一名策划人，接触的大老板小老板都会有一些，应该算"见过世面"的人，但许老师的神秘，还是在他心中形成了一个巨大的光环。实际上，许老师是一个随和、亲近的人，关于他的种种传说，仅仅是他神秘的行事方式产生的奇妙结果。

神秘主义是一种古老的现象，它建立在一种根深蒂固的大众认知心理之上：不管多么强大、美好的东西，人们见得多了，很快就会习以为常；再厉害的武器，只要了解了其中的奥秘，也会觉得不过如此。而对于自己没有见过、不太了解的人与物，只要存在着少量正面的或者强势的信息，人们就会在想象中主动为其涂脂抹粉，在传说中不断为其增光添彩。内在的原因，或许是因为人们对强大、美好怀着一种深深的期待，而只有神秘的东西，才能最好地满足这种期待。这也是为什么像耶稣、孔子这样的伟人、圣人，在活着的时候都饱受世俗的攻击甚至嘲讽，当他们死去之后，形象才一天天变得高大、完美。

为了维护与提升他人对自己的尊崇，神秘主义有两种基本方式：一是降低亲自出面的频率（让别人难以见到）；二是减少信息外传的数量（让别人不完全了解）。两种方式的结果都是让别人摸不着底细，增加神秘感。伴随着神秘感的是权威性。神秘正是因为其不可捉摸，而使人肃然起敬。

神秘主义路线图

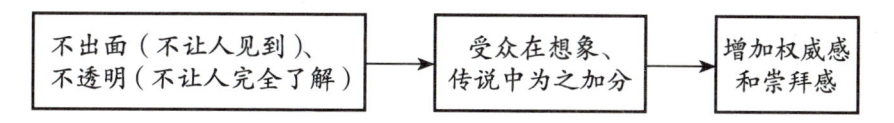

```
不出面（不让人见到）、        受众在想象、         增加权威感
不透明（不让人完全了解）  →   传说中为之加分  →   和崇拜感
```

领导者、偶像级明星、大师、销售天才、传道者、风水先生、美女，都是神秘主义的天然信奉者。要让别人本能地信服、遵从，首先要想办法拉开与交往对象的距离，将自己（或自己兜售的东西）装扮得高深莫测，神乎其神。然后，在别人的敬仰目光中，树立一个更伟大的形象，卖一个更高的价格。

当然，神秘感得以产生的前提，是必须有适量的正面信息传播出去，在相关人群中流传、发酵，足以让别人产生兴趣、欲望与期待，否则想象将成为无源之水。**神秘并不是完全地隐蔽，不是让别人一无所知，而是在一定知名度的基础上与他人好奇心的对抗，是一场"捉迷藏"的游戏。**

如今，成功人士大多热衷于高调地展示自己，上电视、开论坛、写博客、参加聚会，任何露脸的机会都不愿错过，神秘似乎成了一种不合时宜的状况，具有神秘气息的人物很难寻见。但是，作为一种古老的建立个人形象的方法，神秘主义仍具有强大的、广泛的魅力，运用得当，将能帮助当事人建立起意想不到的个人形象，起到其他方法难以达到的功效；无视神秘主义的价值与规律，将可能导致灾难性的后果。

隐身幕后

保持神秘的通常方法是减少与他人的接触，不亲自出面，让别人难以看到你。这一做法在中国传统社会有着深厚的传统，各阶层的人都将它发挥得出神入化。封建时代的皇帝把自己藏在高墙和深宫之中，百姓和普通官员都难得一睹龙颜。天颜难睹，天威难测，人们自然而然地心生敬畏，把他当作真龙天子，他的话就是不可更改的金口玉言。皇帝以下，各级大臣如法炮制，升堂审案时也不准小民直视（除非他让你抬起头来，否则就是大不敬），出门时则把自己藏在八抬大轿的幕帘之中，仆役们高举"肃静""回避"的牌子，将主子大人包裹得严严实实。

中国是世界上盛产"隐士"的地方。谋士、风水大师、道人、神医等，大都偏好居住在山林或人烟稀少之处，以此表明自己是"不屑于俗务"的清高之士。但他们的"隐"并不是彻底地弃绝尘世、音讯全无，而必定会在上流人士中留下一些踪迹，"神龙见首不见尾"，飘然而至忽又飘然而逝。因此，**每个朝代都有一些"著名的隐士"，正因为其"隐"，反而声名远扬。**

最有势力的人是"听说过没见过"的人。在科幻电影和武侠片中，真正的老大总是深藏在幕后，在最后关头才一露峥嵘。在政界和商界，很多真正掌握权柄的人物仍然乐于扮演幕后的角色，而让自己聘请的职业经理人、助手、授权代表、律师抛头露面，冲锋陷阵。对于这些平素难得一见的人与物，人们会在想象中主动为他加分，以满足自己对力量与奇迹的想象。

20世纪90年代初，邵逸夫向国内多所大学捐建了以"逸夫"为名的图书馆和教学楼，但在新楼揭幕仪式上，邵逸夫本人都没有亲自出席，而是委托特别代表参加。当时他的身体状况良好，可他宁愿躲在家里看录像，也不愿抛头露面。

神秘主义也被咨询顾问、公关活动家、投资者们广泛采用并发扬光大。这几年，海外的投资银行、风险投资公司陆续进入中国，本土的风险投资公司也逐步成长，但除了偶尔在行业论坛上发表演讲外，他们大都不愿被媒体过分曝光，对自己的投资案例、投资金额更守口如瓶。圈内流行的说法是："悄悄地进村，打枪的不要！"

一项调查表明，71%的风险投资商倾向于在初始阶段不和创业者直接见面。这种刻意的神秘与低调，使他们在与实体企业洽谈合作时，得以保持一种居高临下的姿态。在创业者眼中，这些风险投资商都是难得一见、不易接近的"大菩萨"。

明星是天生要与曝光率作斗争的一类人。不曝光不行，但曝光过多过滥，又会降低他在媒体和公众中的吸引力，使自己平庸的一面展露无遗。特别是偶像级明星，在取得一定的知名度和江湖地位之后，大都会小心地将自己包裹起来，控制公开露面的频率和节奏。要么不亮相，亮相就要兴师动众，光芒四射。近些年，香港明星来内地的频率非常高，但除非是特意的公开亮相，大都会采取严密的保密措施——选择夜间航班，黑衣墨镜掩护，有的还要乔装打扮。想想看，如果记者和粉丝们每天都可以看到你，再敬业的记者、再忠实的粉丝也很快会见怪不怪，习以为常了。

控制信息

保持神秘的另一种方式就是控制信息的外传，让别人不能对你完全了解。不仅自己要少说，还需要同伙、合作者都做好保密工作；不仅语言信息，其他一切文字、符号、行为……所有能向外传播信息的渠道都要受到控制。控制的内容包括自身的经历、拥有的资源与能力、生活状况、信心与决心等。

个人的财富状况是富人们讳莫如深的"绝对隐私"。可以让外人知道他有钱，但不能让别人知道到底有多少钱，以及这些钱是由哪些部分构成的、某个项目的收入是多少等。如果持有的是上市公司股份，按规定不得不公开，也仍可以通过亲人或者私人公司的名义间接持有，以避免个人信息公开化。很多企业家、艺术家在与他人合作时都会向对方提出明确要求，不得向外透露交易的具体金额，以及给个人的报酬，这几乎是财经记者的一个"盲区"。

个人生活状况、社交圈子，也是需要对外保密的内容。有一定身份和地位的人士，在与朋友交往时一般只会开放一部分生活圈子，避免让别人了解他的全部，给合作伙伴留下想象的空间。事实证明，即使是一个普通的职业人士，适当的神秘感也会让人增加兴趣。"让别人看透"是一件乏味甚至危险的事——你将在别人的掌控之中了。

在单位内部，控制信息是管理者通用的办法，甚至可以说是基本的为官之道。在与同事、下属沟通时，领导者总是要保留一部分信息和意见，哪怕这些信息丝毫算不上内部机密。有的管理者有时会与下属一起外出吃饭、游玩，但也会小心保护自己，避免让下属对自己内心的想法一览无余。经常有员工抱怨："虽然上司时常对我进行鼓励和表扬，但我不能确定这是不是他全部的想法。"上司们要的就是这个效果，因为你不完全清楚上司的评价，所以还得兢兢业业，谨小慎微。对管理者来说，在员工面前保持距离，能够增加自己的权威。这听起来有些官僚主义，但事实差不多就是如此。

俗话说，"少说为妙""言多必失"，你很难准确预测某些信息会产生什么结果。不过，**如果他人对于自己的情况完全不知情，"说"肯定是必要的，只是必须有目的地控制信息的发布，有选择、有技巧地"说"**——点到为止，欲说还休，或者含糊地说，避实就虚地说，天马行空地说，说了等于没说。

中国古代的士人与其他"专业技术人员"很善于利用"说"与"不说"的艺术，为自己提高身价，推销自己的对策、药方、桃符。谋士、风水大师、道人、神医诸路人等，在人前惜字如金，欲言又止，让人感到云遮雾罩，深不可测；有时又透露出少量的关键信息，让人听了一惊一乍，惊叹不已。要知详情，则看你能掏多少银子、给什么位子了。

2006年6月，美国和尚、《当和尚遇到钻石》一书的作者麦可·罗区格西来到上海，为几家商业机构的经理人和商学院的学生讲授如何用佛学做生意。这位佛学大师本身的经历就够神秘的了，他的讲学方式同样神秘。罗区以讲故事和释道的方式，对几个宗教名词进行了阐发，比如他讲金钱有"空性"，提了四个观点：

1．认为事物真实地存在，这不正确。
2．认为事物并未真实地存在，这也不正确。
3．认为事物既未存在又不存在，这不正确。
4．认为事物既未存在也未不存在，这也不正确。

他指出，"实行中观论点的人，都了解这一道理，远离这四种极端看法的悬崖。"

罗区说的是什么意思，就看你如何理解领悟了。大师说的总是有道理的。如果你有足够的悟性，说不定能从中求解到商业的真谛；如果你天资不够，不明就里，只能怪你自己了。

远离媒体

前面提到，**神秘主义并不是真的归隐与出世，而是一种反向的摆谱策略，它是需要传播的，只不过，这种传播依赖于人与人之间的口头传播**。口头传播有一些重要的特点：碎片化（而非完整性）、断断续续（有一茬没一茬）、多人加工（倾向于越传越神或越传越坏）、无法考证。这正是神秘效应得以产生的必要土壤。

与口头传播相对应的是大众媒体传播。这种传播方式的特点正好与口头传播相反：趋于完整性、媒体相互促进、有署名的信息制作人、可查证，这些正是神秘主义的大敌。一般来说，越是神奇的人与事，越容易引起媒体的关注，但是物极必反，根据大众传播的规律，对一个已经很出名的人，只有负面新闻才是新闻。在媒体的聚焦之下，任何人与事都将显示出平庸的特征。人无完人，金无足赤，一旦作为典型被媒体关注后，其身上存在的缺点与历史瑕疵将不可避免地被捕捉、被放大。这样的案例不胜枚举。

2005年10月之后，经过媒体的密集报道，郭德纲很快声名鹊起，俨然成了复兴传统相声艺术的希望。但很快，对于郭德纲的质疑多了起来：先是有网友披露当年他在天津某文化馆工作时涉及"经济"问题，随后有人对于他自称会600多段传统相声表示质疑，接着是前辈艺人批评他拜侯耀文为师有悖相声界行规。郭德纲遭遇全面信任危机。

好在郭德纲逐渐悟出了其中的道理。他宣布"拒见媒体两个月",并坚决拒绝上央视春节晚会的建议,正所谓"动什么别动感情,上什么别上春晚"。

不过,郭德纲到底耐不住电视的诱惑,频频到天津卫视、辽宁卫视担任节目主持人,逗口舌之快,博众人一笑。但从实际效果上看,出现在电视上的多才多艺形象,不仅无助于提升郭德纲的名声,并且损害了他曾经留给人们的传统艺术守护者的印象。

遗憾的是,在媒体的巨大影响之下,飞蛾扑火者仍大有人在。这之中不仅有商界中的"打工皇帝"唐骏、"会议产业大亨"卢俊卿,甚至连一些出家之人、贵为总统者也不能抗拒。

李一道长在修建了绍龙观之后,"生意"可谓蒸蒸日上,道教养生班越办越红火,号称弟子三万,一大批富商名人成为他的学员。转折点从张纪中夫人樊馨蔓撰写的一本书开始。樊馨蔓参加一次缙云山的修炼后,感动之余,写下了这本《世上是不是有神仙》,直呼李一为"神仙"。不想书出版后大受欢迎,跃上了畅销书榜。李一道长也频频被电视台邀请去做节目、开讲座,如凤凰卫视《世纪大讲堂》《锵锵三人行》《智慧东方》,湖南卫视《天天向上》等,"李神仙"的名声越传越响。随后,《中国企业家》《南方人物周刊》相继推出大幅报道,宣传李道长的道教养生观与修炼方法。

2010年7月,科学斗士方舟子连发数条微博,对李一早年水下闭气表演的时间提出质疑,随后众网友努力找出了这段视频。8月初,《南方周末》发表首篇批评性报道,披露李一的身世与加入道教过程的瑕疵,并指出所谓电疗、辟谷等有伪科学与敛财之嫌。其后,多家媒体跟进发表揭露性报道,"神仙"形象轰然倒地。

奥巴马在竞选美国总统之时,非常善于利用媒体与选民互动,形成了巨大的明星效应;但在当选之后,他仍然非常喜欢在媒体上抛头露面,这使他处理具体政治事务时多次暴露出经验不足的缺陷,民意支持率逐步下滑。幕僚们暗暗叫苦，总统，该悠着一点了，不要动不动就冲到前头！

2009年后，微博在中国兴起，大批明星、学者、作家趋之若鹜，通过微博时时刻刻地与公众互动。对大多数默默无闻的草根而言，发微博挣几个粉丝，舒解一下生活的寂寞，顺带满足一下自己的虚荣心，未尝不可；对一些原本知名度不高的意见领袖而言，依靠微博的渠道扩大影响，传播思想，也具有加分的作用；但是，**很多偶像级、大师级的人物也赶来凑这个热闹，就是不智了。这种过于密集的沟通和频繁的互动，降低了其在公众心目中的高超形象。**再好的菜，天天吃，也腻了；再美的人，天天看，也平凡了。特别是有些人本身不具备驾驭文字的能力，微博一开，自己的浅陋与呆板显露无遗。

幸运的是，不少人看到了这一问题，在过把瘾之后，果断地关闭了微博。

对作为摆谱手段的神秘主义来说，**媒体的公开、透明是一道必杀技，是人格魅力与能力神话的腐蚀剂，电视与微博尤其如此。因此，远离微博，提防电视和记者是成功人士应该采取的基本态度。**如果你真的忍不住要上媒体，报纸、杂志可以考虑，但你要事先想清楚说些什么，尽力控制多余的信息；电视上偶尔亮亮相也是可以的，但只能接受一对一的专访，而且要求主持人事先提供书面提纲；最妥当的方式，还是《百家讲坛》式的专题演讲。

有人问，在这个立体化的媒体时代，记者无处不在，如何保持自己的神秘？其实，不管媒体如何报道，只要你没有主动走上前台，不发布正式的文章与声明，别人仍可以进行想象，你仍然具有神秘性。

第 *19* 节

缄默：无声是一种恐怖主义

[**不动声色**] 使用缄默武器的一般是拥有强势地位的人。……他们以缄默表明自己掌控着局面，也让对方在不明就里、不知底细的状态中保持敬畏之心。

[**引而不发**] 未出手的武器是最厉害的武器。……对受众来说，这种引而不发的缄默，是一种难以逃避的拷问和巨大的压迫，具有令人窒息的恐怖气息；而对缄默者来说，缄默让他保留最终的决定权和评判权，即使自己不是这方面的行家，但仍能因此占据一个游刃有余的优势地位。

2001年1月20日，原世界最大铝业公司——美国铝业（Alcoa）的董事长保罗·奥尼尔弃商从政，就任小布什政府首任财长。奥尼尔很快领教了布什总统不同寻常的领导风格。

上班第一天，奥尼尔进入布什总统办公室。他先用15分钟概述了他对当时美国经济的总体判断：经济处于平缓的衰退阶段。他分析原因并提出了政策建议：减税。

奥尼尔期望布什会有一大堆问题要问，他对这些问题都作了准备。但是布什什么也没有问，脸上的表情也让人无法看出他到底是肯定还是否定。于是奥尼尔把话题从宏观经济转向对进口钢铁提高关税政策。

讲完后，总统仍然一言不发，脸上的表情也毫无变化。

在这次一小时的见面中，奥尼尔几乎是在唱独角戏。他接着又自顾自地讲到了医疗保健系统的改革、紧缩联邦政府开支以及《京都议定书》等多项内容。

当布什身后那座18世纪的红木老钟走过一个小时的时候，会面准时结束。奥尼尔一头雾水地走出了总统办公室。

布什总统这种让下属揣摩不透的风格，贯穿了后来奥尼尔在任两年期间参与的很多次高层讨论。"（布什）就像一屋子聋人中的一个瞎子。"奥尼尔这样形容。

那次见面的两年后，2002年12月5日，奥尼尔接到了他的老朋友、美国副总统迪克·切尼的电话。"保罗，总统决定对（政府）经济团队作一些调整。你是调整的一部分。"奥尼尔呆住了。第二天，奥尼尔提出辞职，成为布什政府中第一位被迫辞职的内阁成员。

如果不是被迫辞职，奥尼尔可能还蒙在鼓里，还在想方设法赢得主子的欢心。可以肯定的是，奥尼尔这两年是在战战兢兢甚至惶恐不安中度过的，他甚至连向自己的老板解释与争辩的机会都没有。布什的缄默不语，让他不得不仔细斟酌自己的每一个建议与表态，然后等待老板的裁决。这一招太厉害了。奥尼尔在商界身居高位，肯定多多少少使用过这种手段，但长期在政界掌舵的布什显然更长于此道。

处于现场但一言不发（或者仅作简短的开场白与提示），对会谈议题、中心问题不置一词，但表情严肃、专注，认真倾听，偶尔做一点笔记——这种老式官僚的做法，我们曾经在国内的各种组织中广泛见到。现在，在为某项立法、某次公用事业价格调整而举行的听证会上，那些坐在主席台中央的官员仍然自始至终一言不发。即使是主持会议者，也不会对任何一方的观点发表意见。

　　缄默者与那些争相发言的人形成了鲜明对照，他以独特的方式显示出自己的权威与从容。他分明是在告诉其他人："我才是最后真正拍板的人，但我不屑于在这个场合发表意见。"或者，"这个事情我已有充分的把握。你尽管说吧，最后怎么决定还是由我。我只是听听你是怎么想的。"

不动声色

　　这似乎是一种矛盾：我们看到，在很多国家的议会和公司的董事会里，在大众媒体上，人们似乎在竭尽全力地争夺任何属于自己的发言机会，"花言巧语"以争取他人的注意。是不是缄默已经过时，不再属于这个讲究平等与透明的时代？

　　非也！稍作分析就可发现，这些争相发言的场合，要么是在某些国家的议事机构，要么是在股权高度分散的公司董事会，要么是由平等参与者组成的民间组织，要么是在公共媒体上。**这些抢着发言的人，缺乏对其他人的权威感与号召力，不得不靠发言来争取其他人的理解与支持。**而在其他场合，以及上述组织中的行政与执行部门，缄默仍然大行其道，主导者频繁使用缄默手段，而让其他人徒劳地聒噪不休。

　　使用缄默武器的一般是拥有强势地位的人。他们除了在现场发言之外，事后仍有机会发表意见，表明立场，影响事态的进展。事后表态的方式包括单方面决定、小范围协商、电话通知，甚至坐等别人主动请示。**他们以缄默表明自己掌控着局面，也让对方在不明就里、不知底细的状态中保持敬畏之心，所谓**

"不怒而威，不言自重"。

据与国美电器老板黄光裕有过接触的记者称，黄光裕面对谈话对象或前来采访的记者，经常采取缄默的态度。"他一言不发，坐在宽大的老板桌后看着你，你感觉自己是笼中的猎物，你不可能和他有平等对话的权利。"

西方的人力资源管理教材有一个著名的"二八原则"。什么意思？它要求企业在招聘员工时，负责面试的主管说话的时间不要超过20%，其余80%或以上的时间让应聘者叙说。在面试场合，说话是一种自我推销，说话越多，表明你越有求于对方，而且出错的可能性越大。少说话，使企业对应聘者保持一种居高临下的姿态，"我才是考核者，我掌握着选择权"。应聘者不知底细，会少一些漫不经心和漫天要价。

歌手王菲是一个"扮酷""玩深沉"的天王。一般来说，流行音乐的演唱会现场要尽力营造热烈的氛围，歌手们大都会以煽情的言辞挑动、讨好观众。但王菲偏不。在她的大型演唱会现场，无数歌迷眼巴巴、热辣辣地望着心中的偶像，王菲却不说一句话，兀自唱歌，一首接一首，甚至没有任何形体动作。即使演唱会中间遇到下雨，王菲也不会向观众作任何安慰。就这么个死活不理你的派头，歌迷还特别买账，以致她很长时间居于歌坛一姐的地位。当然，王菲采取这种做派，也与她的底气与自信心有关。后来王菲开了微博，大家才知道，她其实也是一个闷骚型的、喜欢卖萌的女人！

在商业谈判中，缄默是常常遇到的情境。谈判的一方或者双方都长时间地不说话，如果某方忍耐不住尴尬局面欲率先打破沉默，势必要主动提出让步或协调方案。所以谈判人士中流传一个说法："谁先开口谁先死。"为避免过多地陷入这种状况，有经验的谈判者会在自己的谈判小组中安排一个沉默者角色。这是一个硬派角色，他在谈判过程中一般不说话，表情认真严肃，尽可能地"玩深沉"。这个角色常常在对方心中具有强大的影响力，在谈判进入后期的艰难阶段或陷入僵局的时候，对方会求助于这个沉默者，希望他发表意见。这时，他才出面提出建议，要求双方作出让步，一跃成为谈判中受到双方认可的主角。

引而不发

未出手的武器是最厉害的武器。暗器已经在手，但不知什么时候发出，这是最令对手胆战心惊的局面。对受众来说，这种引而不发的缄默，是一种难以逃避的拷问和巨大的压迫，具有令人窒息的恐怖气息；而对缄默者来说，缄默让他保留最终的决定权和评判权，即使自己不是这方面的行家，但仍能因此占据一个游刃有余的优势地位。

以声音为业的音乐人大多懂得，有时候无声是比有声更锐利的武器。深圳喜欢古典音乐的听众大概会对一个场面记忆犹新：20世纪90年代中期，著名小提琴演奏家吕思清到深圳演出。音乐会进行中，观众席中接二连三地响起BP机的声音。吕思清停止演奏，一言不发，长时间地望着台下。吕思清的沉默比剧场的提示更有效，观众席中的BP机声和人声终于没有再响，吕思清从头拉起。

不难想象，吕思清沉默的一两分钟，对那些打开了BP机的听众是多么难熬。如果吕思清开口说话，提醒甚至批评，他们都会好受得多。但吕思清没有。

我们可以将吕思清的沉默与另一位小提琴家索菲·穆特的愤怒进行对比。2006年6月，穆特应邀在上海东方艺术中心举行独奏音乐会。就在音乐会临近结束时，穆特一直紧盯着小提琴的眼睛往观众席狠狠地一扫，突然停止演奏，开口说："有人一直用照相机对着我，在他的干扰下我不能全神贯注。请停止拍照！"随后穆特一手挟着小提琴，一手叉在腰里，手指着一名观众大声说："我已经无法演奏下去了，请你出去！"她手一挥，做了个"驱逐"的动作。场内一片哗然。在众目睽睽之下和观众的叹息声中，一名年轻的男性一边嘟囔着"我又没用闪光灯"，一边走出观众席。

面对穆特的愤怒，违规者感受到的主要是尴尬，他还想通过辩解挽回一点面子；但面对吕思清的沉默，违规者感受到的无异于一种恐怖，他根本没有辩解的机会。

引而不发的缄默常常伴随着严厉的表情与长时间的、坚硬的凝视。这时候，缄默包含了明确的居高临下式的"审问"信息。

有经验的中小学老师如果被安排到一个风气较差的班级，在第一次上课时，他会站在讲台上长时间向下面凝视，或者在教室里长时间逡巡，不讲一句话。有的老师会将这一手段持续整整一节课的时间。经过这样一次"心理杀威棒"，那些调皮捣蛋的学生会变得安分很多。

在政府部门，当权者宣布处分决定或者审问违法嫌疑人时，也非常多地运用缄默手法。一般来说，权力越是密集的部门，运用这一手法越是频繁与老练。比如，组织部官员宣布对干部的撤职或处分决定，公安人员调查有违法嫌疑的当事人，都只是寥寥数语，然后凝视对方。当对方反应激烈之时，持续的沉默更显示出他们的权威与淡定。

第 20 节

大动干戈：让你看看我的厉害

[发脾气] 在很多情况下，大发雷霆并不是由于一时的情绪失控，而是有意做给别人看的，或者是对自己习性的有意放纵。

[威胁] "你等着""你给我小心""不要惹我"……这类张扬、夸张的言辞，经常出现在威胁者的口中。有的人甚至不惜让自己拥有一个"恶名"。对于"恶名"在外的人，大多数人采取的对策是退避三舍——"惹不起，躲得起"！

[独断专行] 只有当你将拥有的权力行使出来，"做"给这些人看，他们才能切实体会到，并予以尊重、认可。"做"比"说"有用。当权力被行使、力量被运用时，它的存在才得到证明——"现在是我做主""我有这个实力""我说到做到"……而且，运用权力的强度越大，越是独断专行，那么给别人的感受越深刻，震慑效果越明显。

22岁时，根据家族董事会的安排，年轻的杨子成为河北巨力集团的执行总裁，负责公司的销售业务。"这么年轻就升任到这么高的职位"，许多老将不服，冷言冷语不断，让杨子经受了一场心理磨难。如何在公司中建立威望，"真正成为巨力的执行总裁"？杨子经过慎重的考虑和周密的计划，接连放了"三把火"。以下是多年后杨子在博客中的自述——

面对诸多公司老将的不服与挑衅，该如何继续我的巨力执行总裁之路，虽无刀光剑影，但也荆棘密布，斗智斗勇远胜唇枪舌剑。我知道我要想成为故事的主角，就要在没有硝烟的管理战场上，走好每一步。

我忍耐着应该忍耐的一切，努力把压抑的心情转化成前进的力量，按照心中的"五步"方针，循序渐进按部就班地朝着心中的目标迈进，当"五步"实施完毕的时候，出手的时机也就到了，因为总压抑、忍耐、观察绝非长久之计……

终于有一天，在所有销售人员回总部召开销售全体大会之际，我作了一个震惊四座的安排：高调颁布"三话三说"理论，在巨力总部的大会议室召开全体销售员工大会，一律不许缺席，在每个人的桌子上摆上一张白纸一根削好的铅笔，在主席台上摆了四台碎纸机，主席台上就座的只有我，坐在我两侧的是从生产上临时借调的8个新来巨力工作的秘书，主席台的背景就是"有话直说，实话实说，无话不说"。这一切布置让所有销售部门的领导、员工摸不着头脑，更不知这葫芦里卖的啥药。

首先，我在会场上作简要说明："自从我成为巨力的执行总裁以来，大家对我支持的、反对的、看涨的、看跌的都大有人在，我通过这段时间对这个新环境新位置的了解，对人、事、物都知道了一些基本情况，当然，对我颇有微词的人也有。常言道：团结才是力量。我们如果不能同心同德通力合作，公司与企业就没了明天。今天我们要把思想问题、积压问题及每个人对我的意见、建议，甚至仇恨、鄙视都说出来听听。俗话说，兼听则明。今天我希望大家给我、也给在座的所有销售精英一个全面认识、全面了解我自己的机会，我想只有这样我们每个人才能放下包袱，认清事实，轻装前进。但是我也知道，直接让大家说谁也不会甚至不好意思或者说不敢明说,所以我想了个招儿,大家可以用放在你们座位前的笔和纸,将你们对我的建议、意见、想法、看法、希望、要求都写出来,也可以利用这个机会对我攻击、谩骂泄泄心头之火,当然也可以批评、指正我的过失、错误,甚至如果有人认为我曾经做过一些有悖于企业章程、条例、制度的不良行为,大家均可以对我全面地揭发、揭露。大家看到了,我特意请了几位刚入企业不久的秘书,他们会把大家的言论在现场当众宣读,然后即刻进入这几台碎纸机销毁,片字不留,这8个秘书大家不熟我也不熟,所以绝对不会有记住你的笔迹之嫌,目的就是为了让大家没有丝毫后顾之忧地畅所欲言。"

"现在大家可以开始了,我马上坐到旁边,对大家的言论洗耳恭听。不过,我要强调一点,这次给你机会你不说,如果谁再敢会后、人后乱说,我会让这个人立即滚蛋,哪怕你劳苦功高,哪怕你位高权重。所以请那些希望我离开执行总裁位置的人能绞尽脑汁、挖空心思地好好写写,因为这次没有把我写下去,下次我就会同样用这个方法让大家写写你,以便让大家与你自己更加认清自己。好,请各位动笔吧。"

此招一出,满堂哗然,因为我就任执行总裁之位自认为是一身正气两袖清风,不怕大家评头论足,可是那些总是干幕后勾当的"小人"自然有不敢见光之事,若其对自己言行不收敛,我既然敢用此招对自己,说不定哪天我就会用在他身上试试。自此以后,"议政从宽,决策从严,执行从速,验证从实"的会议制度登堂入室,成为今后巨力集团高效快捷行事风格的保障之一。

此招也从根本上确定了我成为巨力执行总裁后在人们心中的真正位置,同时,我感觉也把杨子——22岁的孩子,直接变成了杨总。孙子兵法:"凡战者,以正合,以奇胜。故善出奇者,无穷如天地,不竭如江海。"这第一把火,应该说卓有成效。

杨子的这第一把火,来势凶狠,出手凌厉,我们可以称之为"大动干戈"。在所有的摆谱手段中,大动干戈是让人印象最深、也最受刺激的类型。

它以高调、张扬的手法，充分显示出当事人的力量与意志——"这样你看到我的厉害了吧？""你要清楚是谁说了算！"虽然也可能引起对方的反抗，或者因为错误的决定而产生副作用，但它无疑最能引起对方的重视，效果最为明显。

敢于运用这一手法的大都是手握权柄的重量级人物，或者是性格上的强硬派。**为了达到示威的目的，大动干戈的行为主体一旦决定出手，力度就会非常强大，而且一意孤行，强硬到底。**如果表现出的力量不够强大，在面临风险或反对时又中途自我否定，将会被别人认为是虚张声势，或者是信心不足的表现。

发脾气

在公众场合，权势人物发脾气的现象是很少见的，因为那毕竟有损于自己的风度。但在一个组织的内部，几乎大多数的领导者都是坏脾气（当然是针对自己压得住的下属）。万科集团董事长王石的坏脾气是企业界中有名的。曾经一段时间，王石在万科内部的外号是"王老虎"。据说从他的办公室里，经常传出地动山摇的拍桌子声音，然后伴随着阵阵咆哮。最严重的时候，当他主动过去和职员们说话时，对方的双腿和声音都不由自主地发抖。外界传说，王石摔坏了四五个"大哥大"，开会时把杯子砸到了手下的脸上。王石对此表示否认："我就没用过'大哥大'，杯子也没砸人，只是自己拍碎了。"[31]

华为集团老板任正非的脾气也十分暴躁，常有一些干部被他骂得狗血喷头（高级干部尤甚）。曾任华为副总裁的李玉琢回忆："有一天晚上9点多，我陪他一起回公司。到了会议室，他拿起几个副总裁准备的稿子，看了没两行，'啪'的一声扔到地上：'你们都写了些什么玩意儿！'于是骂了起来，后来把鞋脱下来，光着脚，像怪兽一样在地上走来走去，边走边骂，足足骂了半个小时。"[32]

鸿海集团老板郭台铭有个绰号，叫"企业界的成吉思汗"。他在公司内部实行类军事化管理，对公司高层主管也毫不手软，甚至更为严格。他随时向他们提问，如果答不上来，骂人的话立刻脱口而出，还要在会议桌前罚站。郭台铭下达的命令，即使远在地球另一端，相关负责人也要在8小时内作出回应；没有时差的，则必须在15分钟内答复。㉝

中国如此，在西方也不例外。苹果公司创始人乔布斯早期的格言是："要么按我的方式去做，要么滚蛋。"（My way or the highway.）他的同事们都害怕在电梯里碰见他，因为在电梯到达前可能会挨顿痛批，甚至被炒了鱿鱼。乔布斯再次回到苹果公司后，臭脾气依然没改。他对产品经理提交的设计反复骂："一团垃圾，脑子进水了！"

微软的比尔·盖茨和鲍尔默都是有名的坏脾气，鲍尔默的吼声经常回荡在微软办公大楼的走廊之中，盖茨的"咆哮"让李开复萌生了去意；公认的"沟通大师"、美国通用电器前CEO杰克·韦尔奇，其实也不是一个善主，训起人来毫不留情；Facebook创始人扎克伯格有一次在公司内部开会时，对着两名设计师说："我是CEO，浑蛋……"后来，他把这句话印在名片上。

有人说，喜欢发脾气、训斥人只是一种性格，或者是一时兴起，算不上刻意摆谱。但是，这些人为什么从不在自己权力范围之外、在公开论坛上、在政府官员面前发火呢？在那些场合，当他们面临不同的意见甚至争执时，为什么控制力就大大增强，变得宽容大度甚至风趣幽默了呢？在下属或"乙方"面前，他们的大发雷霆不是一回两回，自己也肯定意识到了，为什么下一次依然故我？

王石承认："脾气和地位、权力有关。随着地位的提高、权力的加大，脾气也愈来愈大。在深圳的一些企业里，老板的脾气往往比一般员工来得大。"

有研究表明，**在很多情况下，大发雷霆并不是由于一时的情绪失控，而是有意做给别人看的**，或者是对自己习性的有意放纵。动物大声嘶吼，并不表示它想要打架，而是想以此吓退对手。人类的行为绝大部分处于意识之中，并受预期支配，所谓的"酒疯子"也大多如此。虽然不能说所有的发脾气都是装模作样，但至少一部分是有预谋的，是摆谱手段的一种。

为什么这样做？一方面显示自己的权力和决心，提醒对方"我才是老大""我已对此很在意"；另一方面，也试图让对方害怕与臣服，对相关的问题给予足够重视。**这种最古老、也最粗暴的摆谱方式，虽然一般不会受人喜欢，但在受人喜欢与受人服从之间，很多人宁愿选择后者。**

现在的问题是，发脾气正受到越来越多的欣赏和鼓励，似乎成了一种美德。有的评论文章将之列为优秀企业老板的特征之一，认为只有敢骂"粗话"才能做老大，因为这表明"他们无时无刻不在想象更好的境况"，不仅"想要赢"，而且"必须赢"。文章还提出，永远不要让那些"不会愤怒"的人担任领导，因为他们无法缩短现实和梦想之间哪怕一厘米的距离。

大多数人不会想到，温文尔雅的百度创始人李彦宏也曾和董事会摔过手机——他的这一举动后来被人视为经典。2001年8月，李彦宏提出公司向"竞价排名"的赢利模式转型，董事们都不赞同，认为他的想法是"疯狂、不理智的冒险"。在深圳的视频电话会议上，李彦宏的嗓门越来越大，会议变成了吵架。李彦宏终于爆发了，"啪"的一声将手机重重地朝桌上摔去："我他妈的不做了，大家也都别做了，把公司关闭了拉倒！"

这突如其来的一幕让大家惊呆了。几位投资商的态度开始缓和，他们不敢再刺激李彦宏了。最后的结果是投资人妥协，董事会同意公司转型。"你的态度而不是你的论据打动了我们。"外方董事说。

据称，后来在讨论百度上市还是卖给别人的问题上，李彦宏又摔了一次手机。后来，百度上市了。

威胁

为了显示实力、吓退对手，威胁被个人和组织广泛采用。在个人与个人之间，威胁的主要方式是扬言进行人身伤害和利益惩罚，"你等着""你给我小心点""不要惹我"……这类张扬、夸张的言辞，经常出现在威胁者的口中。有的人甚至不惜让自己拥有一个"恶名"。**对于"恶名"在外的人，大多数人**

采取的对策是退避三舍——"惹不起，躲得起"！

而在企业与企业、企业与个人之间，媒体和法庭充当了合法的威慑媒介，通过发表严厉声明、扬言起诉或实质性起诉，达到阻吓对手、自壮声威的目的。曾轰动一时的微软诉李开复案，即是这方面的一个例子。

2005年7月5日，时任微软副总裁的李开复向他的直接上司提出，他将离开微软到Google工作。7月18日，微软就以违反竞业禁止条款为由，将李开复和Google告上了法庭，要求禁止李开复到Google工作，并获得赔偿。当时，李开复尚在微软总部，接待10名从中国选拔出来的即将去比尔·盖茨家做客的学生。

微软为什么如此大动肝火，且迫不及待？显然不单单是因为李开复的重要性，而是Google从它那里挖走了太多人才。正如李开复后来在听证会上所指出，"这桩官司是一种障眼法，他们真正的用意是要恫吓微软其他员工不要轻举妄动"。李开复还称，比尔·盖茨7月15日曾亲口对他说："开复，鲍尔默（微软CEO）绝对会针对你跟Google提出起诉。他一直在寻找这个机会，他原本就预期会有VP（副总）级的人跳槽至Google，我们必须这么做才能阻止Google。"

以这种快速、高调的诉讼相威胁，微软显示了捍卫自己权利的决心。过去，微软也曾因类似的问题而与其他公司对簿公堂，使对方不敢再挖它的墙脚。新创办的Crossgain公司在受到微软的起诉后，拒绝了数名微软员工的加盟。

在威胁对抗中，如果双方表现得同样强硬，则很可能演变成一场"顶牛"的游戏。2006年夏秋之际，因《第一财经日报》报道富士康集团存在普遍超时加班、工作条件恶劣等问题，富士康集团在法院起诉，对该报记者提出巨额的索赔要求。此后，富士康与第一财经日报社之间多次发表严正声明，并召开记者会，表示"严阵以对，以正视听"。此事引发媒体与公众的广泛关注。就在人们等待案件开庭的时候，具有戏剧性的一幕发生了。9月3日晚，双方发表联合声明，表示和解，互道尊重并互致歉意。

很多义愤填膺的人士大惑不解，感到上当了。这些热心人不明白的是，双方并不愿意将官司打到底，都有软肋在对方手中。高分贝的叫嚷更多是为了展示自己的决心，给对方和外界作出姿态，逼迫对方让步。

两强相遇勇者胜，关键看谁愿意让出第一步。不过，如果都不愿率先让步（又无人从中调和），则很可能演变成一场"斗鸡博弈"，迫使一方或双方将威胁付诸实施，弄得两败俱伤。

独断专行

你拥有了某种权力与实力，但别人并不一定能了解。即使你把手中持有的机枪大炮、尚方宝剑亮出来，别人仍有可能将信将疑，怀疑它们的有效性、稳定性，以及你使用它们的决心。只有当你将拥有的权力行使出来，"做"给这些人看，他们才能切实体会到，并予以尊重、认可。"做"比"说"有用。**当权力被行使、力量被运用时，它的存在才得到证明**——"现在是我做主""我有这个实力""我说到做到"……

在电视剧《宰相刘罗锅》里，有这样一个片段：

乾隆禅位嘉庆后，当了太上皇，但仍然临朝听政。一天早朝上，大臣刘墉请求告老还乡。

乾隆问嘉庆：颙琰（嘉庆小名），你的意思如何？

嘉庆：刘爱卿随父皇几十年，忠心耿耿，一身清廉……

乾隆打断嘉庆的话：你想留？

嘉庆：儿臣想留。

乾隆：是去还是留？

嘉庆：儿臣……

乾隆：（稍候片刻）我怎么觉得那盏宫灯挂歪了？

嘉庆：没歪啊。

乾隆：诸位爱卿，你们看看，那盏宫灯是不是挂歪了？

和珅：的确是歪了。

其他大臣纷纷说，歪了歪了。

乾隆：颙琰，你现在再看看。

嘉庆说：儿臣也看出，是歪了。

乾隆：和爱卿，你去把它拨正了。

和珅：太上皇，往哪儿拨啊？

乾隆：你不是看出来哪儿歪了吗？

和珅：奴才这就去拨。

和珅拿着一根棍子，把原本是正的宫灯拨歪了。

和珅：回太上皇，奴才完全按照您的意思把它拨正了。

乾隆：皇儿，你看看现在是不是正多了？

嘉庆：儿臣看出，现在是正多了。

然后嘉庆就对刘墉说：刘爱卿，朕准你告老还乡了。

通过这种明摆着指鹿为马的做法，乾隆提醒嘉庆，现在还轮不到你做主。

权力要证明自身的存在，不仅要显示和运用，而且要经常性地运用。如果长期搁置不用，将使权力的对象产生麻痹，遗忘权力的存在；而且，**运用权力的强度越大，越是独断专行，那么给别人的感受越深刻，震慑效果越明显**。这是为什么专制统治大都趋向于朝极权发展的重要原因。

运用权力的方式可分为"做什么"和"不做什么"两个维度。前者包括重要的人事任免、行动决策、制度建立、奖励惩罚等，是积极的决定；后者包括否决申请与建议、中止行动、更改制度，是消极的否决，如乾隆指鹿为马式的公然否决。当然，判断这些独断专行的行为是不是摆谱，要看它的动机中是否包含着"做"给他人看的成分。

新上任的管理者对独断专行有一种内在的冲动。俗话说："新官上任三把火。""三把火"又称"三板斧",古往今来的官员们为了在上任初始迅速凸显自己的身份、树立自己的威望,大多会祭出这一招。这"三把火"既是做给上司与支持者看的,表示"我是个有能耐、有主见的人,你们没有看错我";更主要是做给下属看的,表示"我不是吃素的,你们最好服服帖帖、乖乖地干活"。不懂形势或者不服气的人撞到了枪口上,日子肯定是不好过的。

某位年轻的经理被派去接管一家面临严重问题、内部矛盾重重的分公司,并被要求"尽快扭转局面"。新经理花了几周时间研究分公司的状况,认为要挽救公司必须采取重大改革。于是,他对自己的第一次登台亮相,采取了一种大胆的、极端的方式:

在赴分公司之前两个小时才通知公司的管理部门;

带来了4名助手和3个装满公司材料的手提箱;

一到来便立即召集全部高层经理开会;

明确指出公司现状很不令人满意;

简要概括他的使命和公司今后的发展方向;

当场解雇4名高层经理,并限令他们两小时内离开;

声明如果谁试图阻挡他对公司采取的拯救行动,他将不惜一切毁掉这人的前程;

宣布从第二天早晨7点开始将安排与每位经理会谈,然后结束60分钟的会议。

事实上,这位新任经理的运气不错,有些主管人员慑服于他的权威与魄力,有些则从中看到了变革的决心与复兴的希望。在随后的半年里,公司里留下来的人积极与他合作。

这种以势压人、高压统治的办法,在现代企业的管理中具有较大的风险,常常会招致他人的抵制。这位新经理之所以愿意冒这样的风险,是因为他认为除此之外,没有什么好办法能使大家立即配合他的行动。说服不仅浪费时间,而且有的人可能根本不听劝说。

第四章

"温脸"：权势者的等级宣言

"温脸"展现出来的是一副温和、谦逊的面孔。与"热脸"的高调急切、"冷脸"的生硬冷漠不同，"温脸"看起来要和气得多、含蓄得多，采取的手法更加细腻、隐蔽，似乎是反前两者之道而行之。在很多时候，它是让人感觉舒服的，甚至可以作为生活的榜样和道德的楷模。如果没有丰富的人生阅历与充分的理解力，一般人很难体会到其中包含的炫耀信息，以及拒人于千里之外的意味。

在很大程度上可以说，"温脸"是大富大贵者的独有表情，是权势阶层用以声明自己高贵等级的信号。没有达到这一阶段的人是很难模仿的。它需要以庞大的资源与稳固的自信心做后盾，一般只有事业上的登顶者、拥有"老钱"（old money，指经几代经营得来的钱）的二代以上贵族、家传深厚的世家子弟才敢于使用这种手段。一些手握强势资源、几乎"不用求人"的"牛人"，也偶尔会"客串"这一领域。

因为有雄厚的优势资源和强大的自信心作支撑，"温脸"不再像"热脸""冷脸"一样，总是希望进一步提高自己的身价，它只要显示现有的身份就够了。它不急于与人完成交易，甚至不屑于公众的认同。它自己给自己下评语。在这种独特的、炫技性的手段背后，洋溢出来的是一股由内而外的、骨子里的优越感和骄傲之心。

第 *21* 节

隔离主义：不与大众为伍

[**"看不见的阶层"**] 对公众来说，他们是一个"看不见的阶层"，只存在于政府的不动产登记名册、企业股东名单和流传于民间的各种小道消息里。

[**"三不原则"**] 这些迅速崛起的富人逐渐摆脱了上世纪八九十年代的炫耀作风，学会了低调与收敛。"巨贾无言"，他们在媒体面前往往三缄其口，甚至严加防范。虽然与他们有关的报道、书籍炒得热火朝天，但其中内容往往引自二手资料，不乏猜测与臆想。

[**封闭式交往**] 为了将身份不配、条件不够的人排除在外，交际的"圈子化"是一个重要的现象。几乎每个富豪、政要、艺术大师都有一个或多个自己的小圈子，定期或不定期地以喝茶、吃饭、打球等方式举行聚会。新人要加入这个圈子，必须有老成员的推荐，并取得其他成员的认同。

在任何国家和地区,首富总是公众和媒体注目的焦点,记者们似乎总有办法将首富生意上、生活上的点点滴滴公之于众。不过,对于已故台湾首富、国泰集团的大家长蔡万霖,记者们却显得束手无策:不知道个人行踪,不知道生意动向,没有媒体访谈,没有公开讲话,想找一张照片都难上加难。

蔡万霖是传统的"隐身大佬"的代表。他生前甚少公开露面,唯一一次亮相,而且暴露在媒体的镁光灯下,是当年台湾当局开放新银行,要求每个新银行的负责人都必须到台"财政部"接受测试之时。当时,蔡万霖被媒体团团围堵,有记者央求他:"可不可以讲一句话?"蔡万霖走到自己的车前,开了车门回过头,讲了一句令所有媒体人至今都难忘的话:"再见!"说这话时,蔡万霖的脸上露出了外界鲜见的灿烂笑容。

人们说"豪门深似海",但蔡万霖的家完全可以用"咫尺天涯"来形容。蔡府坐落在台北市仁爱路与大安路交叉路口的一栋大楼里,生活在车水马龙的尘嚣中,几乎众所周知。可是,来往的人和他的邻居从没见过他们,只能通过车子的进出确认有人从蔡家来往。

蔡万霖于2004年9月27日去世。作为台湾工商界的巨子,身后事自然得以高规格办理。但蔡家后人依然力图保持低调,对灵堂、遗体暂厝、住处都戒备森严,严控门禁。每一位前来吊祭的人,要将背包存放在一楼,由一楼人员通报28楼的蔡氏四兄弟,再由一位总经理以上的主管带领上28楼。蔡万霖遗体暂厝的慈恩园,一楼电梯就有保安人员守着,不准闲杂人等接近,摆放遗体的五楼总统套房则有两位保安人员和一位家属轮流看守。

蔡家对媒体更是严防死守,防止不当消息泄露。在正式的讣告发布之前,一封律师函就发给了台湾各大报社的总编辑,指出三天来丧礼被有的媒体"八卦化",有些内容夸大其词,严重损害蔡家形象及清誉,要求媒体尊重丧家隐私。在吊祭现场,即使媒体老板到场,也不许摄影拍照。一家电子媒体记者企图带针孔摄影机闯关,被保安人员查出并挡下。

在心理上,有钱有势的人总想通过一定的方式来显示自己,从而享受别人的敬意。但是，越是大富大贵之人，往往越显得低调、隐晦，人们难得一见他们的身影。即使出现在公开场合，也表现得平和、朴素，尽可能地不惹人注目。是他们不想显示自己吗？**他们只是不屑以故意显示的方式来显示，更不屑于跟芸芸众生、市井小民混迹一处，相提并论。把自己隐藏起来，远离大众，是他们显示自己特殊身份的特殊形式。**在这种与显赫身份形成强烈反差的低调背后，当事人的骄傲、清高与不同凡响溢于言表；同时，也反衬出他们的充分自信——不需要以高调、张扬的方式证明自己的存在，不用担心被社会遗忘，不乞求他人的认可。

既然不在公众场合露面，言谈举止谦虚朴素，那还算得上摆谱吗？他们摆给谁看呢？当然首先是针对与自己大致处于同一阶层的人。在自己的同类面前，成功者是不吝于显摆自己的，这样做才能够获得最大的满足感，潜在的回报也最大。不过，普罗大众也是他们重要的诉说对象，因为大众总是对他们的一举一动怀着浓厚的兴趣，在内心里，他们也时时地与不知名的大众进行着对话与对抗。作为一种特别的行为与存在，隔离主义向大众释放出明确的信号："我是身份高贵的人！""我不愿意搭理你们！"权势人物的低调与一些成功人士的招摇过市形式上不同，但实质是一样的，都是显示自己与众不同、高人一等的表现方式。

隔离主义与"冷脸"中的神秘主义有诸多共同之处。两者的区别在于摆谱的主体不同，动机不同。神秘主义是一种故弄玄虚、欲擒故纵的自我推销，期望通过与交往对象保持距离、控制信息的传播而获得他人更高的评价；而隔离主义为大富大贵所采取，它不屑于与大众对话，不期待大众的评价，仅仅是为了显示自己的不同凡响与不可侵犯。

看不见的阶层

在公众的眼中，有钱有势的人总是深居简出，除了偶尔有媒体报道之外，公众不知道他们在哪里居住、在哪里办公、在哪里购物、在哪里消遣。他们的汽车（以前是轿子或马车）无一例外选择深色玻璃（或装有幕帘），外出吃饭、购物都要选择到专门的、隐蔽的场所，谈话对象也要在事前经过细致的考查与挑选。**对公众来说，他们是一个"看不见的阶层"，只存在于政府的不动产登记名册、企业股东名单和流传于民间的各种小道消息里。**

权势人物自古就喜欢住在不被市井小民窥视的地方，远离世俗的纷扰。他们的住宅大都位于郊外的河湖之滨、山上或者城市的高墙大院之中，并有山石、树林、绿化、水景等组成的屏障遮掩，入口处少不了铁门和保安把守，外人难以一窥究竟。有的权贵甚至不惜长年在小岛上居住，比如英国的玛格丽特公主、美国影帝马龙·白兰度、中东的许多王室家族以及好莱坞明星。金色的海滩、360度的无敌视角以及那份遗世独立的逍遥，成为亿万富翁、名人贵胄们无法抗拒的诱惑。

比尔·盖茨是人们所知道的最热爱"普通生活"的富豪，但身为世界首富，"隐私"当然是无比重要的。1997年，盖茨在西雅图郊外建造了一座占地2万平方米、价值1.1亿美元的湖滨别墅。就在这座别墅开工的同时，他陆续买下了周围的地皮和房产。据统计，从1994年至2003年，盖茨夫妇通过经纪人先后购买了别墅周围的11处房产，包括湖滨豪宅附近的9栋房屋，占地面积1.7万平方米。这些房产共花费了大约1440万美元，几乎包括了湖滨别墅所在的整个街区。盖茨夫妇将这些房屋的一部分送给微软公司的雇员使用。

这类做法常常以安全防范或者保护隐私的名义进行。盖茨夫妇的发言人乔·塞雷尔就是这样对媒体解释的："对于这样的家庭来说，隐私至关重要……（盖茨夫妇购买的）房屋为盖茨一家营造出一个缓冲空间。"但是，很多人的安全问题并没有达到像盖茨那样需要严加防范的程度，那些到处作秀的老板并没有频频传出被绑架的新闻，而那些身无巨资的名人、非当权的政要、没落贵族，更没有被绑架、遭威胁的可能；也不是所有的权贵人物都会被狗仔队追逐——即使有人追逐，你试着和普通百姓一样过几天毫无遮挡的日子看看，还会有谁对你感兴趣？其中的内在原因之一，或许仅仅就是不愿与普罗大众混为一体，避免人们见怪不怪、等闲视之。

即使在单位内部，政府和大企业的首脑们也总是想办法和员工保持距离，比如独立的办公室、独立的行动。领导人物的办公室通常位于办公楼的顶层，远离员工办公区，有的高层人物还要配备专用电梯，以便与普通员工区隔——这一点，从事规划设计的建筑师们心知肚明。

与大众隔离的做法与种族隔离在心态上多少有些类似。种族隔离主义的理由也是安全，但当美国、南非的种族隔离措施取消之后，安全问题并没有随之大增。骨子里的原因，可能就是对低于自己的人群的轻视。在大众的海洋中，权势者认为自己是一个不同的种族，他们要求有自己的生活方式、自己的游戏规则、自己的语言、自己的领地。

总之，一旦迈入权势者的行列，就要想尽方法拉开与公众的距离。这是世界各国权贵阶层的共同传统。中国古代的王公大臣和有钱的士绅、商人甚至戏子，都要尽其所能购置一处大宅子，平时院门紧闭，待人接物都在院墙之内进行。在西方国家，虽然贵族的名号大多已不复存在，但"贵族低调"的传统一直延续至今。

"三不原则"

有"科技枭雄"之称的台湾新首富、鸿海企业集团董事长郭台铭曾是低调的样板。他曾为自己确定下"三不原则"，即不接受采访、不参加公开活动、不任意拍照。尽管鸿海集团已跻身世界财富500强的前列，但他每年仍只在6月的年度股东大会上露一次面，为企业和媒体"上一课"，从来不像其他企业一样举办每季例行的法人说明会。形成这种作风的原因，或许是因为他的身份——他是企业的创始人和真正的老板。尽管有如此"不近人情"的作风，郭台铭还是屡次以最高得票被评为台湾地区的"职场万人迷"。

近年来，随着财富与自信心的增加，奉行"三不原则"的富豪在中国内地有逐渐增加之势。**这些迅速崛起的富人逐渐摆脱了20世纪八九十年代的炫耀作风，学会了低调与收敛。**"巨贾无言"，他们在媒体面前往往三缄其口，甚至严加防范。虽然与他们有关的报道、书籍炒得热火朝天，但其中内容往往都引自二手资料，不乏猜测与臆想。

广州珠江投资与合生创展集团的老板朱孟依，纵横中国房地产行业二十余年，个人身家达数十亿元。王石曾感叹地说，朱孟依才是中国地产界真正的老大。财经杂志和网站推出房地产人物排行榜时，都把朱孟依放在显著位置，但苦恼的是找不到一张可用的照片。现在人们能看到的一张照片，还是1998年合生创展在香港上市时他提供的一张登记照。按香港联交所的规定，新上市的公司必须登载一张董事局主席的照片，于是，这张照片就成了唯一一张在外面流传的照片。珠江地产内部人士称，朱孟依对内、对外恪守"三不原则"：不曝光，不上镜，不见报。

世茂集团的老板许荣茂也是地道的"低调高手"。虽然他旗下的世茂股份早已上市（属于公众公司），开发的楼盘数量众多，知名度也很高，但许荣茂几乎从不在媒体和各类房地产论坛上露面。让一般人做不到的是，在公司传出负面消息时，许荣茂也从不出来说话，该"摆平"的事派人去"摆平"，该拿的地照拿，该开盘的楼盘照样隆重开盘。他似乎相信，只要自己的企业仍然活跃在舞台上，各种传言和质疑就会自动消失。

香港庄胜集团董事局主席周建和是另一位"三不原则"的实践者。从20世纪90年代进入内地后，先后投资了多处商场、酒店与房地产项目，在北京就有庄胜广场、庄胜崇光百货、紫金宫饭店、潇湘会所和庄胜丽晶酒店等。在2005年胡润中国百富榜上，他以38亿元的身家名列第29位。但在媒体上，周建和属于典型的"三无人员"：没有任何一张他个人的照片；没有任何他发表的言论；几乎没有记者采访过他。仅有的一两次接受记者的简短采访，都是在湖南老家的地方电视台与报纸。一种夸张的说法称，庄胜集团许多中层都没有见过周建和本人，能够完整勾勒出庄胜集团产业结构的人微乎其微。这真是一个现代版的奇门遁甲之谜。有媒体查证，周建和这几年悄悄地做了很多公益事业，但他从不愿意声张，更不愿意留名。

在中国人中，最能体现高贵与低调风格的，当数身在香港的荣智健家族。荣智健极少接受媒体的专访，除了公司年报发布会或是特别事件，他本人极少公开露面，外界很难了解他的生活细节。在内地，这类"看不见的富豪"则有世纪金源集团的老板黄如论、华为集团的创始人任正非等。有人认为，这些富豪躲避媒体的原因，是因为他们在发家过程中存在"原罪"；还有人认为，这样做是避免遭到绑架勒索或被"化缘"者盯上。不排除他们确有这方面的考虑，但理由并不很充分。或许内在的欲望就是：将自己与大众区隔开来！

封闭式交往

与大众拉开距离，减少在公开场合和媒体上露面，这并不是说这些人物已经修炼得可以不食人间烟火，甘于忍受寂寞。恰恰相反，他们中很多人是活跃的社交明星和派对动物，只不过交往的对象限定于自己的同类，不会随便接受"外面的人"。

为了将身份不配、条件不够的人排除在外，交际的"圈子化"是一个重要的现象。几乎每个富豪、政要、艺术大师都有一个或几个自己的小圈子，定期或不定期地以喝茶、吃饭、打球等方式举行聚会。新人要加入这个圈子，必须有老成员的推荐，并取得其他成员的认同。高层次的交际圈子对新加入者的审核，与中国官方的"政审"一样严格，不仅要看身价、资格，还要看可靠性、忠诚度及拥有的资源。

在20世纪90年代，中国"指甲钳大王"梁伯强为打进所谓上层圈子，隔三差五到北京为各类饭局买单，五六年时间共花掉上千万元。"草根出身"的他最终没有获得上层圈子的认同，只好一无所获地返回广东老家。他后来总结说："那时候经常烧香找错庙门儿，天真得可怜。""我们这种人根本不属于那里,只能一滴汗水,一分收获。"

家族交往、大学同学、早年共事经历、利益联盟等因素,在小圈子形成中起着重要作用。2004年小布什与克里竞选美国总统时,人们发现两人原来都是耶鲁大学"骷髅会"的成员。这是一个极度封闭的学生社团,成员之间相约相互帮助,但对外界绝对保密。目前"骷髅会"的成员已遍布美国的政商高层。小布什个人的小圈子也非常有名,这个圈子中的核心人物,大都是其父老布什的旧臣、跟随自己多年的伙计。

宴会、沙龙、论坛也是权势人物的重要社交渠道。这类聚会的主持人有一项重要职能,就是"过滤"来宾——确保"谈笑有鸿儒,往来无白丁",并安排好座次——避免有身份的来宾受到身份不对等、不相关的人士的打扰。

西方封建时代的主要社交方式是宫廷宴会和沙龙,出入其中的都是有贵族头衔的人,并形成了一套特殊的礼仪规范、语言方式和游戏规则。新兴资产阶级梦想进入上流社会的社交圈子,不惜重金买下贵族的头衔,改姓换名,但还要忍受贵族们的奚落。

今天,高级俱乐部是权贵人物进行交往的重要场所。这些俱乐部大都采取封闭式的管理方式,不对非会员开放。要获得这里的会员资格,有两大门槛是普通人难以跨越的:一是高昂的会费;二是身份及其他条件限制。不是这里的会员又没有会员引见,就过不了门童这一关。有的俱乐部门口还设有保安站岗,来宾须出示行车证和身份证之后才能通行。俱乐部里的服务员大都接受过严格的保密教育——"俱乐部没有故事",确保会员活动的私密性。据说,四通集团董事长段永基从来不去酒店谈事,而是选择长安俱乐部。他认为在这里能享受到家人一般的照顾,而且绝不会有人打扰。

第 22 节

满不在乎：这个不值得我当回事

[面对批评和挑战] 张五常式的对批评者的满不在乎，摆出的架势是我比你高一等，容易让对方产生逆反心理。更巧妙的应对是表现出宽容、大度甚至幽默的姿态，"宰相肚里可撑船"，让即使恶意的攻击者也心悦诚服。

[面对荣誉与财富的证据] 他们会摆出一副不在意、无所谓的姿态，甚至有意地进行遮掩。即使知情者提起来，他们也会用轻描淡写、漫不经心的口气回答。这种满不在乎，其实是效果最好的炫耀手段，它给人的感觉最可信——无意中看到的东西显得更真实，印象更深刻——对这些东西毫不在乎，说明已经拥有很多了。

[面对过去的艰苦经历] 当他们功成名就之后，讲述早年的贫穷、落魄、无知以及艰苦的奋斗历程，就成了一件光彩而得意的事情。这样既表明了自己的过人能力——没有凭借外力的帮助白手起家、在逆境中创业成功，不是任何人都能做到的；又显示了对目前成就、地位的充分自信——不是已经功成名就、地位稳固，谁会把自己暗淡的过去提出来？

2002年1月，在举国"张五常热"的当头，《文汇报》和《经济学茶座》杂志分别刊发了北京大学中国经济研究中心博士夏业良的文章——《对张五常热的一点冷思考》《给张五常热降温》。夏业良认为，张五常热"是自捧与追捧相结合的不正常现象"，张五常反感使用数学，以偏概全，误导后学。这两篇文章像两枚炸弹，在经济学界和媒体上引发了一场大论战。

但是，争论的焦点人物张五常始终未作正式的回应。后来有记者询问他对此的看法。张五常说："我是听说了这篇文章，可是我从来没有看过，写我好的文章我都不看，批评我的更加不看。但是我有一个奇怪的感受，我听说他夏业良写了8000字，写了8000字也不是批评我的学术，而是骂我的，我就不晓得北大的夏先生为什么有这么多空闲的时间。其实在夏业良之前，也有人说：'我骂张五常他不敢回应，他是在逃避我。'我不看你的文章，怎么回应呢？有人就要把文章寄给我看。我说你要我看文章，你是要付钱的；你要我回应你，你付的钱会更多。关于夏业良的文章，还有网上的许多回应我完全不管的。因为生命不是那么长的，有时候陪一下老婆还更有好处，你说哪一样比较值得，是看夏业良的文章值得呢，还是在街边看漂亮女人值得？"

富有戏剧性的是，当年4月张五常到北大演讲，演讲结束即将登车赶赴天津时，张五常忽然提出想见夏业良。当夏业良被找到车前时，张五常与他热烈拥抱，并用粤语开玩笑说："夏业良，你帮我大忙了，让我大大出了名！"随后转身面对镜头，快门声顿时响成一片。

有人认为这是张五常的友好与和解的表示，其实，这仍然是张五常刻意显示出的高姿态，表明他对夏某的批评不计较、不在乎。大师哪里是你这小辈轻易就可以推倒的，又哪里会把你的几句不好的话放在心上？

张五常一再声称："无论谤誉，我统统不理会。"他的确是这样想的。1999年11月，作家王朔在《中国青年报》发表《我看金庸》一文痛骂金庸，称其武侠小说为"四大俗"之一。查大侠两次下笔回应。张五常随后发表《我也看金庸》一文，认为"查先生不应该回应。他应该像自己所说的'八风不动'。王朔的文章没有什么内容……胡说八道的话，不足深究。查老在文坛上的地位，比我这个

'大教授'高一辈。但他显然六根未净，忍不住出了手。前辈既然出了手，作为后辈的就大可凑凑热闹，趁机表现一下自己在武侠小说上的真功夫！"

面对批评和攻击时如何应对，最能考验权势人物的耐力与定力。据理力争，反唇相讥是一种态度；不予置评，"八风不动"是另一种态度。前一种态度或许能挽回一些影响，但它让自己与批评者站在了同一位置——这正是许多希望靠批评名人博出位者所期待的；后者可以让人感觉到这是你的高姿态，但也可能让人觉得是你理亏了、默认了。

有人担心，如果采取后一种方式，岂不是忍气吞声、让人抹黑吗？确实有这种风险。关键是当事人对自己的信心及自我定位如何。如果你像张五常那样确信自己是"前辈""大师"，就不会轻易被抹黑。当然，保险的方法是像张五常那样既不正面回应，又巧妙释放信息，让别人知道不是因为你理屈词穷，而是你不屑一顾，因为双方不在一个档次上。

满不在乎是权势人物独有的显示自己优越性的手段。除了对他人的批评之外，面对自己已经获得的财富与荣誉，以及证明自己地位的方式、获取利益的机会等，大都可以装出一副不以为然甚至漠不关心的神情。这种姿态向外表明，我已经拥有很多，地位非常牢固，这种事情根本不值得我给予重视。

美国发现频道的撰稿人理查德·康尼夫在《大狗》一书中提醒人们，"洞悉有钱人这一亚人种的三大谎言，你早晚会有用得着的时候"——

谎言1：我对钱其实不感兴趣；

谎言2：我对社会地位完全无所谓；

谎言3：我才懒得去引起别人的注意。

轻视批评和挑战

和张五常一样，"文化大师"余秋雨也经常受到来自传媒与文化名人的激烈攻击。面对这些有来头、有分量的论敌，大师也是不看在眼里的，因为他的手里握有重型武器，轻易不肯出手。他说："我的学生遍及全国各省，其中有不少确实也已担任省部级的主要文化官员很长时间。那么多年过去，师生关系还在隐隐约约地起作用，他们几乎没有一个会不听我的话，违背我的意愿……近十年来我受到几个奇怪文人的诽谤，有不少传媒卷入，我的那么多笔力千钧的学生从一开始就气得嗷嗷叫了。他们如果出手，嬉笑怒骂十八般武艺都操纵自如，谁也不会有招架之力。但我一声令下：'不准与精神病患者厮磨'，他们也就全都扭转脸一声不吭了。"

这种满不在乎的架势，相当于一个大人面对小孩的哭闹纠缠，懒得搭理——当然也不是完全不搭理，还是要通过一定的语言或表情，将自己"懒得搭理"的姿态显示出来。否则，何以显出自己的高人一等？对方还可能以为你自知理亏，不敢应战呢！

不过，有时候话说重了，比如将对方比作"精神病患者"，说对方"胡说八道""不值得一看"，容易让对方产生逆反心理。更巧妙的应对是表现出宽容、大度甚至幽默的姿态，**"宰相肚里可撑船"，让恶意的攻击者也自感无趣、自惭形秽，进而心悦诚服。**

骂人无数的王朔有次在接受记者采访时，对余秋雨大加挞伐："就余秋雨这个名士派头讨厌，太讨厌了，真得骂他一个傻×。你就是去蒙中学生去吧，也就一个百家讲坛的水平，穷酸气。余秋雨在文学界真的不入流，写点游记，那叫作家吗？一个小说没写过，你配称作家吗？"对这种刻薄的攻击，大师不仅不恼，而且软语温存，反过来对对方赞扬有加："王朔写过一些很不错的小说，与那些只会骂人却没有任何作品的人不同。很多年前，上海设立中长篇小说奖，我是设立这个奖的倡议者，又是评委，极力推荐他的《我是你爸爸》得奖，当时有一些专家不同意，认为他只是一个不成熟的青年作者，不是作家。……由于我的坚持，他终于得了三等奖。我还是颁奖者之一，与他握了手。"

大师的回应颇有"长者风度"，居高临下，又话里有话：既含蓄地夸奖王朔比"只会骂人的人"强，更提醒他自己曾是提携过他的人。大师的涵养、风度与资历由此可见一斑。两位名家对垒，余秋雨完胜一局。

另一位美术大师陈丹青也曾受到一些人指名道姓的批评。他的回答，和余秋雨有异曲同工之妙，堪称经典：

某次《东方艺术》杂志登出一篇文章《我不喜欢陈丹青》，作者列出了三个理由：第一个理由是他现在所画的画，语言过于直白，观念过分简单；第二，写生活琐记，作怀旧文章，不温不火地挠痒痒，是流于表面的玩味；第三是他在接人待物方面所表现出的那种左右逢源的乖巧。后来有记者访谈，询问陈丹青对此文的看法。陈丹青回答："这篇文章我读过，附有作者的照片，一个小伙子，相貌蛮好看。我没有意见，希望他是对的。常有年轻人表达对我的不屑与愤怒，我参加奥运会开幕式团队，并写文章肯定他们，立刻有年轻人痛斥，说我无耻之尤、被招安——我瞧着这些批评，就像看见我年轻时。"

瞧瞧，大师就是大师！不针对批评者的主要观点作出回应，而是夸批评者相貌好看，还说从他们的痛斥中看到了自己年轻之时。一番话下来，过来人与画坛大佬的包容、自信与定力溢于言表。

看名家的应对，一招一式都是享受。我们再看两个例子：

比尔·盖茨在成为亿万富翁的同时，也成了不少人攻击的目标。有一次，他与一帮政府首脑一同抵达布鲁塞尔的一个会场，有个恶作剧的人朝他的脸上丢来一大块奶油蛋糕。面对这一突袭事件，现场和电视机前的人都惊呆了，等着看盖茨如何反应。但盖茨没有说太多的话，只是抱怨说"那个奶油派的味道不够好"，然后继续开他的会。这种亿万富翁的风度，让恶作剧的人也倍觉无趣。人家不跟你玩，甚至都懒得计较，你还能怎么样？可以设想，如果盖茨大发雷霆，反而会让搞恶作剧的人成为英雄。

2006年11月，国民党主席马英九到高雄市为该党"市长"候选人助选，突然遭到一位女性议员候选人的袭击，下巴被打。当记者就此事进行采访时，马英九淡淡地说，这纯粹是选举造势，他不会追究，也不值得回应。同一时期，民进党前主席谢长廷在竞选台北"市长"时，另一位候选人周玉蔻到他的竞选总部前用喇叭大声"叫骂"。对此谢长廷表示，能够体谅周玉蔻，选举投票只剩下十几天，她的"压力太大"。

两位党主席一开口，与攻击者的地位高下立即见分晓。这种典型的高层人物的反应，既可理解为修养，又显示出一种姿态：我是有层次的人物，不会跟这类低级的行为搅在一起，即使要回击，也是针对相同重量级的对手。

但并不是所有的人都有这般从容与风度。大导演陈凯歌被一块"馒头"噎住，就是一则著名的公案。2005年底，一个叫胡戈的年轻人针对陈凯歌执导的新片《无极》，制作了一部搞笑视频《一个馒头引发的血案》。短片在网络上发布后，观者如潮，各种评论纷至沓来。很多人都认为，陈凯歌不会与胡戈较真。连胡戈本人也说："陈凯歌是有名的大导演，不会跟我一个无名小辈计较。"

但让人意想不到的是，陈凯歌为此大动肝火。2006年2月11日，他在柏林机场接受采访时愤怒地表示："我们已经起诉他了，我们一定要起诉，而且就这一问题要解决到底。"说完这句还觉得意犹未尽，又恨恨地抛下了一句话："人不能无耻到这种地步！"一时间舆论哗然，陈凯歌的这句话登上了国内各个娱乐媒体的头条。

尽管人们对网络"恶搞"有不同的看法，但听到陈凯歌声色俱厉的呵斥与威胁，人们几乎是一边倒地站在了"弱者"胡戈一边。网友纷纷发言支持，多位律师主动请缨愿意代打官司。有评论指出，陈大导演的气急败坏，暴露了他底气的不足、修养的不足："如果连一个后辈小子的玩笑都承受不起，这'中国第五代最有才情导演'的名头岂非浪得？"

随着舆论声浪越来越热，陈导意识到这样下去对自己不利，最终息事宁人，不了了之。

轻视荣誉与财富的证据

　　成功者都会有一些成功的证据：奖状、证书是荣誉的证据，金银珠宝、锦衣玉食是财富的证据，随从、名头是权力的证据。初尝胜利果实的人往往会把这些东西陈列在醒目的位置，煞有介事或者沾沾自喜地展示给他人。

　　但是，真正的大富大贵、有权有势者一般不愿意如此招摇，他们会摆出一副不在意、无所谓的姿态，甚至有意地进行遮掩。即使知情者提起来，他也会用轻描淡写、漫不经心的口气回答。**这种满不在乎，其实是效果最好的炫耀手段，它给人的感觉最可信——无意中看到的东西显得更真实，印象更深刻——对这些东西毫不在乎，说明已经拥有很多了。**

　　好莱坞影星凯瑟琳·赫本曾把一座奥斯卡金像奖的小金人，放在家中卫生间的门脚用作挡门之物。这一景象，让到过她家的美国名流钦慕不已，传为美谈。奥斯卡金像奖是所有明星都梦寐以求的，但她却表现出一副根本不放在眼里的架势，因为她曾获得了4次奥斯卡奖，另外有12次被提名，她有这样的资本。这种满不在乎的炫耀作风，比将小金人放在客厅中央更能让人印象深刻。它强烈地提醒目击者，它的拥有者是一位获得了4次奥斯卡奖的演员。

　　美国发现频道的撰稿人理查德·康尼夫认为，这其实是凯瑟琳·赫本变相的炫耀。如果真不把奥斯卡小金人当一回事，就应该把它收到顶楼储藏室里去，而不是放在每位客人都可能进入的房间里（爱因斯坦就曾把他获得的诺贝尔奖奖状、各种荣誉博士证书，一起乱七八糟地放在一个箱子里，看也不看一眼）。

　　对待已经获得的财富，有钱人的炫耀方式正朝着越来越不招摇、越来越隐晦的方向演化。含蓄和内敛成为上层阶级普遍的"家教"，是修养的重要表现形式，露骨的炫耀可能被指责为"暴发户"作风和品位低劣。这种对待财富的从容心态，有赖于长时间富足生活的熏陶，以及社会对其地位的普遍承认。随着中国老一代创业者财富的稳定，"富二代"群体的崛起，越来越多的人开始体验这种新的炫富方式。

　　按照西方上流社会的准则，消费的物品价钱可以很昂贵，但外表不能张扬。以服装为例，他们穿的衣服大多颜色暗淡，从外面是找不到任何Logo的。不过，其中一定有一点提示："轧别丁呢料的外套会有修剪过的貂皮衬里，一件全白的衬衫领里面有Burberry的招牌格子花布，当然仅靠得很近的人才能看见。一件工作衬衫看起来好像是普通的斜纹布衬衫，但是买得起这种衬衫的人能从浅紫色的边缝针脚认出来，这是全世界最优质的衬衫公司Borelll的产品，一件售价350美元。"

理查德·康尼夫发现，缩小观众群乃是低调炫耀的要点，最上乘的炫耀使用的语言只有其他有钱人才懂。他在其著作《大狗：富人的物种起源》中列举了两个例子：

纽约最时髦的"马戏团"餐馆的老板马奇奥尼，在意大利的故乡习惯开着一辆毫不起眼的蓝旗亚车（Lancia）。和他同一族类的人却可以从车子低沉的声浪里听出来，引擎盖里面其实是一颗法拉利的心脏。

在巴黎芳多姆广场上，有一家经营胸针的小店，外表看来好像已经歇业，橱窗里铺着褪色的淡紫丝绒，一件首饰也没摆出来，也没有店名招牌，只在反光玻璃上刻着"JARIS"几个字母。这里卖的胸针在大多数人眼里看来像是不锈钢的。但是，专程到这里购买的人几乎是全世界最有钱的女士。这里制作的首饰被认为是艺术品，每件一般售价高达3万美元。该店老板乔·罗森塔有一门绝活，他能把白金弄成好似不锈钢一样。

这类遮遮掩掩的做法，动机与逻辑并不复杂：**真正成功的人，根本不需要张扬地去证明自己，更不屑于向普通大众证明自己。**

公开过去的艰苦经历

出身贫寒或事业发展不顺利的人，一般不愿向别人提起自己的经历，偶尔提及也是极力美化。但是，**当他们功成名就之后，讲述早年的贫穷、落魄、无知以及艰苦的奋斗历程，就成了一件光彩而得意的事情**。这样既表明了自己的过人能力——没有凭借外力的帮助白手起家，在逆境中创业成功，不是任何人都能做到的；又显示了对目前成就、地位的充分自信——不是已经功成名就、地位稳固，谁会把自己暗淡的过去提出来？

潘石屹早年的贫穷几乎尽人皆知。他在接受媒体采访或者写博客时，总是不忘提到自己缺吃少穿的童年。他小时候父亲是"右派"，母亲常年卧病在床，为了让一家人都能活命，家里决定把他的一个妹妹送给山里的农民抚养。上小学的时候，因为没有铅笔，被老师驱赶罚站在教室门外。"14岁半去兰州上学，穷得不得了，我妈用她和我爸的两条旧裤子给我改了一条裤子。每天坐在凳子上都小心翼翼的，生怕刮坏了。"这样的故事，每一个都让人印象深刻。

华谊兄弟影视公司老板王中军现在风光无限，但他也不吝啬讲述自己当年在美国留学时的"悲惨经历"。"在美国待了5年，真是什么苦都尝遍了。"学习之余拼命打工，工作主要是送外卖，有时一天工作16个小时。回到家必须先休息半个小时，才有力气去洗澡。5美元以上的鞋没买过，衣服经常穿一周才换一次。他那时的自我感觉就是一个"废物"。

在电视和论坛上，美特斯邦威的老板周成建总说自己是一个裁缝，而红星美凯龙的老板车建新总说自己是个木匠。有时候，听老板们讲述自己的过去，感觉像是一个"忆苦大会"，每一个人都争着自揭老底，诉说自己当年如何苦、如何难、如何傻。事实上，这也是一个彰显成功的大会、胜利的大会，"忆苦"是为了"思甜"。如果不是已经发达了，如果现在还跟以前的境况差不多，谁敢满不在乎地公开说自己的妹妹都送给了农民抚养？谁敢说当时自认为是个"废物"？谁敢说自己傻头傻脑？

20世纪八九十年代，成功企业家的学历大都不高，像李嘉诚那样的低学历曾经是老板们的荣耀。不过，随着知识经济的崛起，学历对创业的重要性越来越大，低学历容易让人怀疑他的企业做不大、走不远。所以，现在很少有人再公开说自己是"小学文凭"了。只有一种情况例外，那就是你已经足够成功。

童话大王郑渊洁乐于告诉别人的是，其"最高学历为小学四年级"，周成建也毫不讳言自己是初中毕业生。小布什在当选美国总统后被媒体翻出老账，说他在耶鲁大学读书时属于差等生。小布什丝毫不感到难堪，有一次他对耶鲁学生打趣地说："如果你在耶鲁的成绩是差等，你可以成为美国总统；切尼在耶鲁肄业，所以他只能当副总统。"

甲骨文创始人拉里·埃里森也曾在耶鲁求学，中途退学。这个经历不但不让他引以为憾，反而成了他吹嘘的资本。他在耶鲁的一次演讲中说："我，埃里森，这个行星上第二富有的人，是个退学生。比尔·盖茨，这个行星上最富有的人，是个退学生。艾伦（指微软公司另一位创始人），这个行星上第三富有的人，也退了学。再来一点证据吧，戴尔，这个行星上第九富有的人，他的排位还在不断上升，也是个退学生。"

第 23 节

节俭：穷人敢这样吗？

[大富大贵者的反差性节俭] 由于反差强烈，顶级富豪的节俭更能引起社会关注。在有关他们的花边新闻中，关键词不是奢华，而是节俭。几乎每一个大富豪身上都有一些人所共知的节俭故事。

[新富一族的高调节俭] 有的新晋富人在地位比较稳定、但外界对其实力的认可度还不是很高之时，选择以高调的节俭行为作为宣扬自己财富的手段。其潜台词是："我已经不需要靠奢华来证明自己了。我敢于公开自己的节俭，表明我对自己的财力有充分的自信。"

台湾新首富、鸿海集团董事长郭台铭的"抠"是出了名的。据媒体报道，在郭台铭坐镇的深圳龙华厂区，他住的是仅30多平方米的宿舍；他在台北土城和深圳龙华的办公桌，都是用几张会议桌拼起来的；原来的座椅是一把用了十几年的折叠铁椅子，还是从员工餐厅搬来的，椅背上印了"餐厅"二字，后来在医生的建议下才换了把新椅子；办公室里给客人坐的沙发，据郭台铭自己说，是在台北长沙街的二手家具店买的，1500元新台币一张；会议室的墙上基本没有装饰，地上铺的也是最便宜的地毯。

郭台铭说，当每个人都说要买最好的东西和享受时，他就故意再低一个等级。通过这种与自己身份、身家完全不对等的节俭行为，给投资者和员工一个强烈信号：这是一个严于律己的、以身作则的领导者，"不会乱花公司的钱""不会只要求别人节省"。这些物件都是郭台铭为自己搜罗的道德证据。从他津津乐道地向别人介绍这些物件的来历的情形看，郭台铭对自己的节俭形象是非常在意的。财富的数量已经不再能带给他多大荣耀——人人都知道他是巨富，道德威望是他获得更大权力与荣誉的新源泉。

其实，郭台铭花起钱来是很豪气的，对手下如此，对自己也是如此。他买了两架私人飞机放在大陆，只是为免树大招风没有对外张扬。在穿梭海峡两岸时，他大部分时候坐的都是专机。

虽然奢华是每个人内心的渴望，但节俭似乎更被社会的主流价值观所推崇——它表明了当事人对社会财富的珍惜，以及与他人保持平等的愿望。因此，节俭能够让当事人获得道德上的优势，大富大贵者大都乐于向别人展示自己的这一面。

在欧洲资本主义的发展史上，暴发户们一开始总是极力模仿贵族的奢侈生活，借此向社会宣告自己的成功。但当他们在经济上获得明显的优势后，马上就发展出新的竞争技巧——节俭。这种行为向社会表明，这个新阶级比老贵族更高贵，对社会更有益。

从某种程度上说，节俭是大富大贵者的专利。**只有在具有足够的支付能力**

之后，节俭才能作为一种美德对外公开。穷人有的只是贫困和寒酸，他们要做的是想方设法掩饰自己的窘迫，尽可能展示生活中潇洒、优裕的一面。

有两类人是节俭的专利所有者。一类是非常有钱的人，自认为已经不需要通过高消费行为来证明自己的富有。公开的节俭是他们的财富身份的另类证明，既表明了他们的充分自信，也显示出他们在道德和品位上的高度。另一类是知名专家学者、艺术家、社会活动家和政府官员，他们在其他方面取得巨大成功并被社会所认可，不再需要靠金钱来抬高自己的身价，不用担心别人笑话他们没钱。少数取得了巨大社会声誉的创业型企业家——比如王石——也可归于此类。节俭对他们不仅不是羞耻，反而是一种道德资本。

对这两类人来说，节俭是他们头顶上的一个新的光环。它既是一种道德诉求——"我愿意把钱花在对社会更有用的地方"，又是一种变相的财富炫耀——"如果没钱，我敢这样做吗？"

大富大贵者的反差性节俭

具有高知名度的顶级富豪是最有资格节俭的。人人都知道他们富有，而且他们的经济地位非常稳定，一掷千金的消费已经不能再为他们加分。这时，节俭就成为身份游戏的新主题，也是富豪们相互攀比的话题。

由于反差强烈，顶级富豪的节俭更能引起社会关注。在有关他们的花边新闻中，关键词不是奢华，而是节俭。几乎每一个大富豪身上都有一些人所共知的节俭故事（这些故事许多是由当事人自己透露出来的）——

一马当先的当然是比尔·盖茨。这位世界首富没有自己的私人司机，公务旅行不坐飞机头等舱却坐经济舱，衣着也不讲究什么名牌，在公司通常以汉堡包当午餐，对打折商品很感兴趣。有一则流传很广的故事说，某次盖茨和一位朋友开车去希尔顿饭店，饭店前的普通车位（停车费2美元）停了很多车，车位很紧张，而旁边的贵宾车位（每车位12美元）却空着不少。朋友建议把车停在贵宾车位，但盖茨认为太贵。在朋友愿意代为付费的情况下，盖茨还是找了个普通车位。

全球第二大富豪沃伦·巴菲特更是有名的"吝啬鬼"，甚至比普通的美国人还要节俭。他喜欢喝可口可乐，但很少跑到商店里去喝，而是以折扣价每次购买50箱回家；他住在四五十年前用3.1万美元买下的一幢房子里；他的一个钱包用了20年，曾经被水泡过。巴菲特对这一切感到欣然，他说："我的西服是旧的，我的钱包是旧的，我的汽车也是旧的。1958年以来，我就一直住在这栋旧房子里。"

沃尔玛的创始人莎姆·沃尔顿，据说永远坐飞机的末等舱，穿着自己商店里出售的廉价西装，开着一辆客货两用车。他一生都在阿肯色州的本顿维尔镇居住。即使成为亿万富翁后，也仍然去街角的小理发店理发，每次理发只花5美元。

华人首富李嘉诚一双皮鞋穿七年，至今仍佩戴着一块价值26美元左右的廉价手表。李嘉诚为此感到自豪，他说，如今花在自己身上的钱比年轻时少多了。

也许有人会说，这些人的节俭是长期形成的生活习惯。这种说法当然有道理，但并不尽然，比如李嘉诚就承认，年轻时花在自己身上的钱就比晚年多得多。有人会说这样做是为了引导企业与社会的风气，我们愿意相信这一点。不过，从富豪们对自己节俭生活的张扬与得意可以看出，标榜自己的道德水准，是节俭行为的内在动机之一。

事实上，节俭只是富豪们生活的一面，他们大都有着奢华的另一方面，只是不愿张扬，媒体也不愿报道——狗咬人是没有新闻价值的。比如比尔·盖茨，住的是上亿美元的豪宅，还拥有4架最高档的飞机（媒体总喜欢有意无意地忽略这一点）；巴菲特也为自己购买了一架私人飞机，他就餐的地方都是高档餐厅，虽然他吃的东西很简单，但价钱便宜不到哪里去。

一个比较有意思的现象是，许多第一代创业者自己很节俭，却允许甚至支持子女们的奢侈铺张。洛克菲勒的儿子每次住饭店都要最好的房间，而在同一家饭店，洛克菲勒本人从来只开普通房间；李嘉诚一套西装可穿10年，而儿子李泽楷总是一身名牌，流连于各式高档会所。当然这中间包含了富豪们对子女的爱——自己辛辛苦苦，让后代享受人生正是自己的目标之一——但也不排除"代理消费"的成分。第一代人的奢侈会引来"忘本""暴发户"的无声指责，但让"二世""三世"进行替代性的高消费则合情合理。洛克菲勒曾对好奇的侍者解释说："因为他（指自己的儿子）有一个百万富翁的爸爸，而我却没有。"老子节俭儿铺张，老子低调儿张扬，两代人一阴一阳，默契配合，将家族的财富与权势昭告于天下。

知名专家学者、艺术家、社会活动家和政府官员等，他们的成功不是体现在财富上。和顶级富豪一样，他们也是有节俭资格的，可以心安理得地展示自己的节俭。只是由于反差（对比度）不如富豪那样强烈，因而关于他们的此类故事要少得多。最有名的是爱因斯坦：长年穿着同一件皮夹克，外出时经常坐二、三等车厢，计算用的纸都是两面写，还把许多收到的信封裁开当草稿纸用。这类节俭行为不仅无损他的伟大，反而让他的科学家形象更加突出。

新富一族的高调节俭

一般说来，新富起来的人都有一个狂热消费的过程，从中体验成功的快感，并以此向外宣布自己身价的提升。不过，**高消费的炫耀作用是有限的，有时候反而让人怀疑他的财富等级与真实性，如同一个走夜路的人大声叫嚷或歌唱，反而暴露了他内心的恐惧**。所以，有的新晋富人在外界对其实力的认可度还不是很高之时，选择以高调的节俭行为显示自己财力的稳定。其潜台词是："我已经不需要靠奢华来证明自己了。我敢于公开自己的节俭，表明我对自己的财力有充分的自信。"

《格调》一书的作者保罗·福塞尔发现，现在美国的中产阶级多半倾向于西装革履，开一辆豪华的奔驰或宝马；而一个上层人士则可能很不经意地穿着肮脏破旧的牛仔裤，从脏兮兮的旧雪佛兰车里钻出来。这种貌似寒酸的方式表明，他们懒得去证明自己的显贵身份。这一套微妙的炫富技法，正在被中国新崛起的企业家们所领会。让我们看一则中国企业新贵的"低价衬衫竞赛"案——

吉利集团董事长李书福经常说，自己是农民出身，不讲究穿着，"衬衫20元，裤子50元，不是蛮好的"？但德力西集团老板胡成国穿的衬衫比李书福的更便宜。有一次在电视上做节目，当听说刘永行（希望集团董事长）身上的衬衫只有30元一件时，胡成国大呼贵了贵了。他说："有一次到外地出差，碰上一家服装经销站在清货，原来都是100多元一件的啊，现在只要10元一件，我一口气买了300件，回来发给员工，一人一件，他们高兴得不得了……我留了10件，每到夏天轮着穿。"

敢于说自己穿的是10元、20元或30元一件的衬衫，绝对是需要勇气的，也是需要条件的。比如唐骏，虽然做到了微软中国、盛大公司的总裁职位，但毕竟是打工仔，怕人家说自己是没钱的人，他总是告诉记者，"衬衣我只穿美国的"。

李书福、胡成国、刘永行并非一贯如此"小气"。李书福很早就买过奔驰车，在自己做汽车后才不再乘坐。在事业不够辉煌（或者处于下降期）之时，他们需要的是用奢侈品装点门面。健力宝公司前总裁张海在被抓之前，有一回住在北京昆仑饭店，有记者前去采访他，看到他从西服口袋里慢慢掏出一盒高级雪茄，一边吞云吐雾，一边品尝酒店的茶点。尽管已经穷途末路，但表面上，他还是派头十足。

第 24 节

闲情逸致：有闲才是最高的境界

[古董与艺术品收藏] 在西方社会，收藏古董和艺术品代表着最高的品位。大多数达官显贵都是某一方面的收藏家和鉴赏家。……因为人人都知道，收藏古董和艺术品是要花费巨资的，还要有一定的鉴赏能力，这也就成为新发家的富人由富转贵、获得更高社会认同的捷径。

[休闲性体育运动] 打高尔夫、参加室内健身运动、自驾车长途旅行、登山、滑雪、极地探险等，成为了中国成功人士的新标签。富人们手中几乎无一例外地握有一两张昂贵的健身俱乐部或者高尔夫球会的会员卡。

[仪式性味觉消费] 具体的味道如何，优劣之处各在哪里，与其他同类物品有什么差别，都是品评的内容。如果能说出两种相近物品的细微差别，那无疑说明你是经常享用、阅历丰富的常客，是一件非常光荣的事情。

华谊兄弟影视公司董事长王中军，可能是中国最让人羡慕的成功人士。这不仅因为他有钱，更因为他有闲。在事业风风光光的同时，他把大量的时间用于会友、泡吧、养马、抽雪茄、收藏古董名画……这使他成为中国有闲生活方式的代表，国内的时尚杂志和国外的商业杂志经常把他作为报道对象，企业家们则视他为成功的榜样。

很长时间以来，王中军每天只上半天班。他说："我是一定要睡到自然醒的。上午一般没什么事情就在家里，在我的阳光屋里看看画，抽抽雪茄，下午到公司待两三个小时，超过这个时间我就不知道该干什么了。"这种"甩手掌柜"式的悠闲让王中军非常得意，他在各种场合反复说同样的话："生活上我追求的是自己能驾驭，如果说每天让我工作12小时，就是一年给2个亿我也不要；如果我能挣5000万，每天只干3小时，我就觉得这个值。"

王中军在北京顺义有一个占地300亩的私人跑马场——格林马会，养了60多匹来自爱尔兰、法国和美国的退役名马。马场位于风景秀丽的温榆河畔，周围河流环绕，森林葱郁，鸟语花香，里面建有设备一流的马房、标准马术障碍场地、休闲骑乘场地及供马会会员会客交流的会所。从朋友那里买下来后再扩建完成，王中军共花费了几千万元。为什么要建这么大一个马场，他解释说："顺义的马场给了我一个圆梦的机会。那个马场就像自己的一个乡间别墅，是一个私人俱乐部，可以约朋友去吃饭、骑马甚至开会。"

王中军是一个超级收藏迷，逢人便讲自己的收藏故事。他说自己每次出国，必做的两件事一是到郊外看古镇，二是逛古董店。在他1600平方米的别墅里，精心摆放着上百件古董、雕塑和绘画作品。

王中军还是一个有名的雪茄客，每天抽的是来自古巴的顶级雪茄可喜巴（Cohiba）。他把自己的办公室装修成了酷似"雪茄吧"的样子，办公桌和窗台上摆放着从各地淘来的雪茄用具。与合作者、同行谈业务，王中军喜欢把他们邀请到北京的高档雪茄吧；在外出旅游、开会的间隙，王中军则和其他企业家人手一支雪茄，畅谈雪茄人生的感受。

在王中军10多年的奋斗过程中，不同品牌、型号的汽车曾经是他身家的标签，光宝马就先后买了6辆。但随着财富和名声的增加，他感到了不满足："刚开始的时候，车可能是一种身份的象征，现在它已经不能和我的身份对等了，就像艺术品一样摆在那里而已。"显然，与汽车相比，跑马场、艺术品收藏、雪茄烟是更有品位、更能体现身份的工具。汽车只能说明你有点钱，暴发户都是这样做的，但养马、收藏这些玩意则说明你不仅有钱，还有闲、有文化，而且地位稳定。这绝对是由富而贵的登顶者的象征。

如王中军自己所言，这些闲情逸致主要是为了"圆梦"和享受人生，不过，展示给他人也是重要的功能——不管是跑马场、艺术品收藏还是抽雪茄，甚至当"甩手掌柜"也不例外。闲情逸致并不意味着寂寞。这种"明显有闲"的生活方式，塑造了一个中国最成功、最得意的电影大佬形象，让王中军在圈内圈外都享受到广泛的尊重与推崇。

一个人是否取得了巨大成功，光有钱不行，还得有闲、有雅趣，依照上流社会的样子整出点风雅、高贵的事情来。这样一则显示自己已经越过了为生计而奔波的阶段，衣食无忧，地位稳固；二则可以体现自己的文化修养和品位，而不是一个胸无点墨的莽汉。**拥有较多的闲暇，以及作为闲暇标志的闲情逸致，是一个人的身份由富转贵的信号，也是成功的最可靠证明。**

凡伯伦在他的《有闲阶级论》中分析认为，富人们要炫耀自己的富有，显示自己的优越，除了明显的浪费外，另一个重要手段就是大量的闲暇。"从古希腊哲人的时代起直到今天，那些思想丰富的人一直认为要享受有价值的、优美的或者是可以过得去的人类生活，就必须享有相当的余闲，避免跟那些为直接供应人类生活日常需要而进行的生产工作相接触。"

在节奏不断加快的现代社会，越来越多的人认识到，闲适才是真正的奢侈品。"我很忙""要陪客户吃饭"之类的说法对于创业者和中层经理或许是合适的，显示了他的重要性，但对于更高层次的人则不啻是一个危险的符号。如果还像打工仔那样忙得昏天黑地，没有充足的自主支配的时间，不能做自己有兴趣的事，那能说明他是成功者吗？中国的很多企业家已经开始意识到，星期天不上班、少到办公室，才是值得炫耀的事。

仅仅是有空闲时间，不能真正叫作有闲。**真正的有闲，需要生活在一种闲适、优雅的环境中，需要以高额的消费支出为支撑，还需要有一定的品位为基础，本质上仍是有钱**。普通的人家养个花鸟鱼虫、收集点烟标旧报，退休老人遛遛鸟、钓钓鱼，当然也是一种闲暇，但因为与金钱关系不大，不能算作人们理解的有闲；票友们聚在一起听听京戏，写两幅字画，本来是一种更高雅的闲情逸致，但由于平头百姓也可以参与其中，也不是足以傲人的有闲的标志。

史玉柱曾在微博上展示他半退休式的休闲时光：住在一间宽大的别墅里，每天的生活主要是喂鱼、逗狗、喝红酒，不开手机，但微博发得很勤。毕竟耐不住寂寞啊，史玉柱总结说："隐退江湖的生活=休闲+寂寞+快乐。"所以，**有闲的生活要过得有滋有味，不能呆坐着，还得整点闲情逸致的事情**。

作为有闲人标志的闲情逸致，主要有以下三种方式：一是古董和艺术品收藏，二是休闲性的体育运动，三是繁琐性、品味型的味觉消费。

古董与艺术品收藏

1996年，联合国秘书长加利争取连任。美国驻联合国大使奥尔布莱特一手导演了遏止加利连任的阻击战。加利拼死抵抗，但最终落马。三年过去，加利仍耿耿于怀，在他的回忆录《永不言败》中不忘对奥尔布莱特暗中奚落。他回击的第一件武器就是艺术鉴赏。加利是世家子弟，早在巴黎求学时就开始收藏名画和古董，拥有不少奥斯曼土耳其人用过的笔架。加利在回忆录中说，他曾反复向奥尔布莱特展示过这些笔架。奥尔布莱特看得眼热，也开始收藏此物，但都是复制品。

加利写得很不经意，但一抑一扬却很明显。你看，奥尔布莱特是头号强国的重臣，自命不凡，在联合国内颐指气使，但文物鉴赏却不行，不但要步加利的后尘，而且只能收集复制品。

在西方社会，收藏古董和艺术品代表着最高的品位。大多数达官显贵都是某一方面的收藏家和鉴赏家。比如法国前总统希拉克，对收藏美术作品就很在行，他对中国传统文化情有独钟，收藏了多幅中国名画。微软公司的创始人之一保罗·艾伦，收藏对象囊括了那些妇孺皆知的艺术大师：莫奈、毕加索、凡·高、塞尚、雷诺阿……还包括波普艺术代表人物李奇登斯坦，时间跨度达几个世纪，藏品中不乏难得一见的稀世珍品。

因为人人都知道，收藏古董和艺术品是要花费巨资的，还要有一定的鉴赏能力，这也就成为新发家的富人由富转贵、获得更高社会认同的捷径。要想挤进上流圈子吗？赶紧买一幅名画好了！买的画越招摇，效果越好。如果家中挂着一幅莫奈的画，别人一走进来就知道是天价买来的，买主一夜之间就似乎成为名门出身。

美国发现频道的撰稿人及制作人理查德·康尼夫也认为，在美国要想被看作一个"大狗"级富人，除了拥有1亿美元之外，第一条标准就是要喜欢收藏名贵的艺术品。

权贵者的心思大抵是相通的，中国自古以来也有收藏古玩、书画的传统。无论是帝王将相还是文人墨客，无不把把玩古物、品鉴字画作为风雅之事。即便在清末、民国这样的乱世，在任何一个有学问的文人、有地位的官员的府第里，也多多少少会挂上几幅名人字画，摆上一圈红木桌椅和一些陶瓷、玉雕、奇石。不如此，会客时脸面往哪里搁啊？

近年来，古玩和艺术品收藏之风再度在国内复兴。荣宝斋、嘉德、保利、翰海等几大拍卖公司的拍卖会越来越热。在纽约、伦敦等国外的著名拍卖会上，中国购买者的身影也一年比一年增多。演艺明星是其中最引人注目的群体。名气最大的首推王刚，只要与朋友、记者聊起收藏方面的事，王刚总是滔滔不绝。他在家具收藏方面的好友是编剧邹静之和作家龚应恬，在瓷器收藏方面的"密友"则是在古玩界赫赫有名的人物、中国第一家私立博物馆的馆长马未都。

越来越多的商人开始加入收藏的行列，且来势更猛，出手更阔。靠加工爆米花起家的浙江金轮集团董事长陆汉振，在拍得1000多件历代瓷器、青铜、书画等艺术品后，以总价近5亿元的资本筹建了浙江最大的私人博物馆——金轮艺术馆。靠卖虾、青蛙和海鲜起家的黎永星、黎永辉兄弟，分别收藏了40多辆古董名车和20架退役的战斗机，还计划投资上亿元在广州建一个文化广场。对这些从底层打拼起来的富豪来说，收藏古董与名贵物品是他们去除身上的草莽气息，宣告自己品位提升、进入一个更高阶层的象征。

收藏正成为中国新兴的上流阶层的流行话语。与王中军一样，泰康人寿保险公司董事长陈东升差不多逢人便讲自己的收藏。他在办公室和家中都要留出足够大的空间，以便摆放新收来的画作。他的办公室里挂着一幅傅抱石的黑白相间的《晋贤酒德》，还有一幅绘于1912年的北京内外城地图。他家里的房间很高很空旷，像一间展厅，为的是能挂起一幅当代画家的大尺寸的油画作品。

对河北巨力集团年轻的执行总裁杨子来说，收藏更是他显示家世的手段。据说他从15岁起就开始玩收藏，价值不菲的明代竹林七贤葫芦瓶、价值数千万元的鸡钢杯、世界十大名表都在藏品之列。他对青花瓷器颇有研究，还因此成了电影《青花》的艺术顾问，并在其中扮演角色。

休闲性体育运动

对体育运动的崇尚起源于希腊的雅典时代。运动塑造了强壮的身体和健美的体形，这正是一个高尚人的特征。在其后的时间里，运动一直是西方上流社会流行的、具有荣誉性的活动。之所以形成这种观念，除了运动能塑造健美的身体外，还因为它是有钱、有闲的证明：

其一，上层阶级不从事体力劳动，因而对身体的锻炼产生了需要。与此相对的是，下层人士每天进行大量的体力劳动，身体上对运动并无迫切的需要。

其二，**体育运动不是具备实际作用的生产劳动，只有有钱、有闲的人才可**

能投入其中，符合高贵活动的特征。与此相对的观念是，生产性劳动是下层人士的活动。穷人整天为衣食而奔波，是不会有这方面的闲心的。

其三，上流社会休闲性的体育运动，不论是传统的骑马、击剑、打猎、长途旅游，还是现代的高尔夫、网球、探险、飞行、航海、冲浪、滑雪等，都是需要花费大量的金钱的，一般人难以支付得起。

今天，体育运动仍然是西方上流社会的标志性活动，也是重要的社交工具。如果家里没有摆放一些体育用品，一年中没有半个月以上的时间从事户外运动，是难以在上流阶层中找到共同语言的。最典型的是甲骨文公司创始人拉里·埃里森，他曾率领他的航海队，9次夺取美洲杯帆船赛的冠军。

中国古代的权贵和精英们在闲暇时间，似乎更热衷于琴棋书画、金石古玩等静态的活动。近几十年来西风东渐，体育运动逐渐成为主流人士的新风尚。打高尔夫、参加室内健身运动、自驾车长途旅行、登山、滑雪、极地探险等，成为了中国成功人士的新标签。富人们手中几乎无一例外地握有一两张昂贵的健身俱乐部或者高尔夫球会的会员卡。特别是高尔夫，由于它不仅需要不菲的金钱，还需要大量的时间，至今依然保持着高贵雅致的外衣，引得大批企业家趋之若鹜。百度总裁李彦宏本来不好此道，自第三次巨额融资成功、特别是在美国上市后，经不住朋友的规劝——"Robin，你已经是成功人士了，不会打高尔夫像什么样子呢？别人还以为你过得很艰难！"——他也开始在各类高尔夫比赛场上频繁现身。

王石是企业家中半职业化的运动员。从1997年攀登了西藏的第一座雪山之后，他一发而不可收，每年抽出1/3的时间用于登山、漂流、滑雪、滑翔、跳伞、热气球之类的活动。这让他成为一位明星企业家，并获得了"国家登山运动健将"的称号。他戏谑地说，他将"不是死在山顶上，就是死在山脚下"。2003年5月，52岁的王石成功登上珠峰，成为中国登顶珠峰的人中年龄最大的一位。2005年12月，他又成功抵达了南极极点，完成了"7+2"（七大洲的最高峰，加上南极点和北极点）的目标，成为全世界所有完成"7+2"壮举的人中年龄最大的一位，也是华人中的"第一位"。

登山让王石成为企业家中的明星。每次登顶归来，他都要春风满面地接受媒体的采访，或者到大学作演讲。从某种程度上说，这比万科的经营业绩更让他感到风光和荣耀，对高峰的登顶，也是他人生的登顶。他之所以一次次不畏艰辛、大张旗鼓地进行登山，绝不单单是满足个人爱好，还因为这种行为具有多重的炫耀功能：

第一，说明他已经可以自由地安排时间干自己想干的事，而不必担心经济条件的限制和他人的反对。有记者询问他这样做是否有"不务正业"之嫌时，王石大力反击说："不要把我当个工头来要求！不要这样要求一个董事长。""我不能因为事业而违背我的个人生活……事业成功，目的是为了给自己更多的生活选择，而不是放弃属于自己的生活！"这种潇洒的生活状态，让很多陷于具体事务和竞争焦虑中的企业家羡慕不已。

第二，表明他对企业的管理，以及自己在企业中的权力具有充分信心。这一点他说得很直白："万科董事长能出国、进山，一次就是30天、40天，除了运动本身，还给了外界一个非常重要的信号，就是万科的休假制度已经非常规范化了，说明这个企业管理已经走向了正轨。"他还说："我能干，我手下人也能干，我干得多了，他们还不高兴，我干吗抢他们的活儿干？"

第三，表明他拥有过人的毅力和体力。他自己曾说，登山的最初，就是一种张扬自我、炫耀自我。"登山对我来说是一种生活方式。谈判时我往那儿一坐就有优越感，我在山上一待就是一个月，你能吗？无论从意志上还是体力上你都磨不过我。"

和王石一样热衷体育运动且名声在外的企业家越来越多：爱好登山的有搜狐网CEO张朝阳、中坤地产老板黄怒波，爱好探险的有今典集团总裁王秋扬，爱好滑雪与骑马的有华泰财产保险公司董事长王梓木，爱好飞行的有惠普中国区前总裁孙振耀，爱好网球的有荣昌伊尔萨洗染集团董事长张荣耀……

2005年，信中利投资公司董事长汪潮涌投资1500万欧元，组建了"中国之队"帆船队，被称为"顶级富豪的游戏"之一的美洲杯帆船赛从此有了中国的身影。汪潮涌因此成为中国企业家的骄傲和时尚杂志的新宠。

仪式性味觉消费

直接诉诸口腔和味觉，或许是最感性、最"人性化"的体现闲情逸致的方式。不过，瓜果、菜肴这些日常的食品，不管美食家们如何细嚼慢咽，总是很快就能吃完，而且这些食物的实用功能太强，不能显现享用者的优裕、优雅。于是，人们找到了一些不具有充饥功能、又能够长时间享用的刺激品（麻醉品）——以酒、烟、茶为代表，并创造出了一套套日益繁琐的品味方法。在一个悠闲的午后或黄昏，经过一番繁琐的讲究，不急不忙地浅酌慢饮，吞云吐雾，既是在内心里品味成功的过程，又是向外显示优越感的方式。

酒是人类最早发明的麻醉品，也是当然的奢侈品。在社会处于整体贫穷阶段时，无论喝什么酒，无论怎么喝，都是有闲阶级的标志。但随着酒的普及化，在目前阶段，似乎只有喝葡萄酒才是优雅人士的选择。作为一个成功人士，品评葡萄酒是必须掌握的基本功：要能分得清高档酒与廉价酒的区别，叫得出法国几大名庄酒的名字，最好能分辨得出产自不同地区酒的口味差异。《大狗》一书中讲了这样一个故事：2000年夏天，一个骗子来到画家吉恩斯·塞兰·培根位于长岛的工作室，自称是洛克菲勒家产的继承人，打算以50万美元买塞兰·培根的五六幅作品。充满疑窦的塞兰·培根最终在用餐时拆穿了这个骗子的骗局，因为他对塞兰·培根献上的一杯廉价加州红酒大加赞美："好酒！是波尔多嘛！"

葡萄酒之所以受到上流社会青睐，除了它丰富的种类、相对较小的刺激性和所谓的营养外，还因为它发展出了一系列复杂的贮存及饮用方法，具备作为上流社会标志的特征。葡萄酒理论家指出，喝红葡萄酒应该选择"亭亭玉立的郁金香型高脚杯"，温度掌握在10摄氏度~20摄氏度之间，喝法分为四个步骤：

1. 眼喝：首先检点一下酒的品质，然后再用深情的目光，欣赏一下那晶莹剔透的芳泽；

2. 手喝：端着高脚杯缓缓地摇晃，让酒与空气接触，散发出扑鼻的香气；

3. 鼻喝：把酒杯移向鼻端轻轻地吸一口气，然后流露出陶醉的赞许的微笑；

4. 口喝：轻轻地啜上一口，然后在口腔内缓缓地转动，回味那风情万种。

这种从容与优雅，如果不是衣食无忧、自信满满的人，是难以假装出来的。

茶本来是一种功能性的饮品。当茶的品种越来越多，并发展出细致的讲究和繁多的仪式后，它就成为文人雅士、达官贵人、乡绅富商们显示高雅、夸耀富贵的工具，斗茶之风此起彼伏。中国的茶艺有所谓四要："精茶，真水，活火，妙器"，无不求其"高品位"。一套高档茶具的完整组合，大小器具可达数十件之多。日本的茶道在喝茶的形式上也有一整套的仪式，点茶的动作、姿势、表情，甚至进门先迈哪只脚，都有严格的规定。茶叶从中国传到英国后，王公贵族又发展出弥漫着精巧和高贵气息的下午茶。虽然现在繁复的饮茶礼仪已经简化，但正确的冲泡方法、优雅的喝茶器具、精心制作的茶点却是不能减免的。

烟是与酒一样的合法麻醉品。对任何一个人来说，对香烟最初的尝试绝对不是美妙的感觉，但为了体现自己的富裕、优雅或者成熟，相互模仿，终成风俗。两百多年前鸦片在中国流行，品尝者的动机之一就是羡慕那份高卧长榻、吞云吐雾的神仙气派，老爷乡绅们觉得如果不时常抽上两口，似乎就不能维护高人一等的体统。时至今日，抽鸦片（以及海洛因等其他提纯品）由于危害太大，不再受到主流人群的赞许（只有少数演艺人士在圈中以此为荣）；抽卷烟由于已经完全大众化，也已经讨不着什么好了。因而，距卷烟一步之遥的雪茄跃上前台，成为富豪、政要、明星们的新宠。

与香烟相比，雪茄具有更昂贵、更繁琐、更富视觉冲击力的特点。以产自多米尼加的"戴维·杜夫"为例，这样一支中档雪茄的价格为400元，最贵的有上千元，便宜的也近百元。置办雪茄器具就更贵了，全套雪茄装备包括保湿箱、加湿器、雪茄剪、穿刺器、烟灰缸、长支无硫火柴……抽一支50美元的雪茄，却可能需要配置一套2万美元的烟具，这就是奢侈的定义。

抽雪茄的过程也不像抽过滤嘴香烟那样简单。从剪口、取火、吸食到处理烟灰，都有一整套严谨的规矩、复杂的讲究，还必须拿出一大段完整的时间来，关掉手机，关上屋门，慢慢地、专心致志地去品味。据称最好的状态，是与二三同道围坐在舒适的休闲椅上，在若隐若现又无处不在的柔和灯光下，一边啜着陈年美酒，听着抒情的爵士，一边品味着雪茄的香醇。这样，一个成熟的、成功男人的奢侈、神秘与从容立刻显露无遗，有谁会说这是不良嗜好呢？

英国前首相丘吉尔、美国作家海明威是让世人印象最深的雪茄客。在公开场合，嘴上叼着一根粗大的雪茄，徐徐地喷吐出白色的烟圈，一副趾高气扬、志得意满的神情跃然而出。即使只将雪茄拿在手上，时不时放在鼻子底下深深地闻一闻，展现出的力量与风度也让人肃然起敬。有人说，一个男人只有达到一定的人生境界，才能把握好他手里的那支粗壮有力的哈瓦那雪茄。

近年来，抽雪茄、玩雪茄正在成为中国财富一族的时尚。很多企业家加入到雪茄爱好者的大军中。一些豪华餐饮场所和饭店陆续开设专门的雪茄吧，颇受富人们的青睐。在上海，建有雪茄吧的地方有位于永福路的雍福会、南京路上的锦沧文华大酒店、浦东的海神诺富特大酒店、淮海路上的大公馆等。

以上这些带有仪式性的味觉消费，具有三个共同特点：一是速度慢。一杯茶一饮而尽是解渴，一瓶酒几口干完是买醉或浇愁，一支烟不停地抽到尾是郁闷的表现。只有慢才能细致地品味，才能体现从容和优雅。二是有比较严格的要求和复杂的程序。用具要讲究，品尝方法要繁复，这种形式、过程比消费的物品更重要。三是当事人要有能力对消费品进行品评、鉴别。味道如何，优劣之处各在哪里，与其他同类产品有什么差别，都是品评的内容。如果能说出两种相近物品的细微差别，那无疑说明你是经常享用、阅历丰富的常客，是一件非常光荣的事情。

第 25 节

精细化与特殊化：
贵人哪能没要求？

[细节上挑剔] 当某个人向你绘声绘色、不厌其烦地介绍某一道菜的选料之严格、加工程序之细致、味道之独特时，他的意图绝不是向你传授烹饪技法，而是传递他生活优裕的信息。因为只有在生活品质达到一定境界之后，才会转而追求如此细致的享受，并品鉴得出食品中的细微差别。

[私人化服务] 私人服务的好处不仅在于它更周到、更体贴，还能充分体现出你的重要性。在当下的中国，哪怕是拥有其中一项，也能立即使你的形象上一个档次。

[特殊待遇] 这种超出正常标准的特殊待遇，具有非市场化、非交易性、非大众化等特点。它带给人们的不单是更好的服务、更多的便利，更是一种难得的优越感。

2003年11月10日，受上海国际音乐节之邀，玛利亚·凯莉飞赴上海举行演唱会。希尔顿酒店在她的要求下，为她特别准备了两间总面积在200平方米以上的总统套房，其中一间供她住宿，另外一间用于会客和工作。下面是她在酒店的衣食住行清单——

衣：50个以上的衣架、长条镜子、衣服熨烫机、熨斗和熨斗板、老板椅、四周有灯的化妆镜、发型和化妆设备空间、4个拖线板、4台电能转换器。为了达到这些要求，酒店特别为她准备了一个单间做化妆室，并且拆掉了单间的大床。

食：必须在总统套间厨房中准备1台冰箱、1瓶水晶香槟、2瓶开胃酒、2瓶上等红酒、6瓶可口可乐、6瓶姜水、6瓶健怡可乐、润喉草药茶、柠檬提神茶、各种新鲜果汁、6箱湿纸巾、6箱矿泉水。由于准备达到她要求的上等红酒有些困难，玛利亚·凯莉在此条上有所妥协，于是折合人民币2万多元一瓶的红酒，就由她自己从美国带来。

住：房间内所有窗户必须用黑纸挡光；房间内随时准备新鲜的粉红色玫瑰；床边至少6个暖气温度调节器；至少3根专人使用的电话线；要有DVD、录影机、24小时免费开放的健身房。

行：一辆新型6座林肯或者奔驰豪华轿车，所有车辆的车窗玻璃必须是深色的；管理组需要两辆四门深色行政房车；随从需要一辆深色客车，能够载7个人和手提行李；一辆行李篷车，可载50件行李。所有车上必须配置冷饮料、可口可乐、白酒、香槟、口香糖、餐巾纸、玻璃杯，司机必须熟悉所有路程和地点、必须懂得英文、24小时待命……

虽然当时玛利亚·凯莉的名气已大不如前，但排场和讲究一点也不降低。这些几近骄奢淫逸的细节要求，是一个凡夫俗子难以想象的。它不仅是玛利亚·凯莉的生活之需，也是她对自己身价的无言声明。玛利亚·凯莉借此向人们说明，她就是这个时代的超级明星和神话公主，完全符合人们对明星生活的期待和想象；她的事业依然成功，完全有资格享受这种精致的生活。

"**精细化**"是高消费之上的摆谱新发展。**价格、品牌的表现力都是有限**

的，到一定地步之后就难以体现出明显的差别，但在细节上的讲究与追求却是无限的。只要不厌其烦、精益求精，总能找到新的等级证据。

"精细化"一般要以经济支付能力为基础，但又不等同于高消费，其目的不一定在于显示有钱，而是体现身份的尊贵。它的潜台词是："我是贵人，在日常消费、接待标准上当然比较讲究。""如果和常人一样马马虎虎、将就一下就行，何以体现自己的特殊身份？"

另一方面，要享受这种光荣的"精细化"的生活，并不是有钱就可以轻易做到的，它需要经过长时间的学习和培养。凡伯伦指出："一个人如果不想成为愚蠢可笑的粗汉，他就必须在趣味培养上下工夫，因为精确地鉴别出消费品的优劣是他义不容辞的任务。有闲绅士能品评不同档次的珍馐美味，分清得体的衣着与建筑，懂得欣赏各种武器、运动项目、舞蹈和刺激品。**繁复的要求往往把绅士们的休闲生活变成了艰苦的学习过程——学习如何体面地过一种貌似休闲的生活。**"

与"精细化"紧密联系在一起的是"特殊化"。精细化本身就是一种特殊化——普通百姓是享受不起的，特殊化是达到精细化的重要途径。不过，特殊化本身也能带给当事人独特的优越感，它的潜台词是："我是贵人，当然应享受特殊待遇。""如果人人都能享用，花点钱就能买到，那我岂不是与普通百姓无异？"

"精细化"与"特殊化"主要表现在三个方面：在生活细节上的挑剔讲究，有针对性的私人化服务，市场化之外的特殊待遇。

细节上挑剔

多年前，香港西夏企业总经理郑玫女士曾经被邀请到英国Rook Hill大庄园主家里做客。在她的想象中，大庄园主拥有自己的山水、田园，生活非常富裕，请客吃饭也肯定是讲究排场、极尽奢华的。但是，在这位庄园主的饭桌上，郑玫发现端上来的饭菜都非常简单朴实：沙拉是生菜、西红柿，主菜是烤鸡，甜品是奶酪，饮料是水和鲜榨果汁。不同之处在于，这些看似简单的菜肴，都具有高度健康的品质：生菜、西红柿和香料是自己田地里种出来的，不施农药，完全无公害；鸡是从附近认识十几年的农场主那里买来的，是玉米喂的散养鸡；奶酪也是从认识了好多年的农家那里买的，也是精品；主人不喝可乐雪碧（也不允许他们的孩子吃麦当劳、肯德基这些"垃圾食品"），饮用的水是从原产地包装生产的，果汁是新鲜水果榨出来的……

算下来，这一桌"简单"的饭菜或许并没有多么昂贵，但每一个细节之处，无不体现着主人对品质的极端追求。这是大富大贵人家的做派，明确地宣示着主人的尊贵身份。贵人的命值钱，当然不能让那些可能沾染了农药的蔬菜、用人工合成饲料喂养的鸡以及流水线上生产的垃圾食品所伤害，哪怕是微不足道的一丁点。

在对食品安全的忧虑下，中国的有钱阶层也开始形成对所谓生态食品的强烈偏好。超市的有机蔬菜，即使价格贵上好几倍，但总是有人购买。最新的趋势是，富人们开始向某个生产基地定向采购经过精细管理的蔬菜、水果和肉产品。

孔老夫子说："食不厌精，脍不厌细。"当世间的山珍海味吃遍之后，只有选料和制作的精细才能体现品尝者与众不同的身份。我们在《红楼梦》中看到的一些离奇的食谱，无不是豪门望族挖空心思制造的。**当某个人向你绘声绘色、不厌其烦地介绍某一道菜的选料之严格、加工程序之细致、味道之独特时，他的意图绝不是向你传授烹饪技法，而是传递他生活优裕的信息。**因为只有在生活品质达到一定境界之后，才会转而追求如此细致的享受，并品鉴得出食品中的细微差别。古往今来的美食家，如明代的李渔，近代的梁实秋、林语堂，无一不是富足的上流人士。

在居室的装饰和陈设上，很多富人追求简约、自然。但简约不等于简陋，在细节上仍然能体现出富人的与众不同。一个水龙头、一个桌垫、一个烟灰缸，可能都经过主人的精挑细选，甚至是专门从国外运回来的。家具的外观可能看起来很朴素，但采用的都是上等的木材，经过了工匠的精雕细凿。

在出行、接待方面的细致讲究，具有更加明显的炫耀效果。西方国家的明星、名人在这方面有一套完整的方法。2005年9月，苏格兰阿盖尔公爵托·伊·坎贝尔来到上海，为某品牌的苏格兰威士忌作形象推广。见面会的地点选在上海四季酒店的VIP会客室里。为体现公爵的尊贵身份，组织者对参加见面会的来宾和记者人数进行了严格的筛选和限制；门窗紧闭，窗帘拉得严严的；每个人都被正告，手机必须设置为振动，大家的互相交谈都要用气声发音。然后，在来宾和记者们正襟危坐、满怀期待之时，公爵出场了。人们感动地发现，原来公爵是一个彬彬有礼、和蔼可亲之人。

私人化服务

你要在家里洗碗吗？你家里请了保姆吗？恐怕稍有成就的人士都会羞于对前一个问题回答说"YES"，对后一个问题回答说"NO"。保姆从20世纪80年代重新进入中国城市家庭以来，其功能已经逐步从照顾双职工家庭的小孩和生病的老人，转变为家庭经济实力的符号。家里请了两个或三个保姆，成为人们最愿意与他人分享的"隐私"。北京慈善家李春平说："我雇用了20多人替我打理日常生活，其中4个负责打扫房间，4个护士，数个洗车工人等。"

保姆尚属"初级阶段"。近年来，针对财富人群的更高级别的私人服务在国内逐渐兴起，成为一种新的财富标志。这些专门服务林林总总，包括私人管家、私人健康顾问（私人医生、理疗师、保健师）、私人健身教练、私人形象顾问、私人律师、私人理财顾问、专用厨师等。**私人服务的好处不仅在于它更周到、更体贴；还能充分体现出你的重要性。**在当下的中国，哪怕是拥有其中一项，也能立即使你的形象上一个档次。比如在名片的某个部位印上"私人律师×××"之类的一排小字，顺便提起星期天要去见自己的"私人健身教练"，都能让你在朋友、客户面前显得意气风发。

私人管家一向是豪门之家奢华生活的标志，在中国消失了多年，现在重又出现在一些"大户人家"之中。"土管家"的月薪一般几千元不等，而"洋管家"（洋人或有留洋背景的）在北京、上海市场的年薪，据称达到了20万元以上。雇用高级管家的家庭大多是商务人士、高级白领、影视明星、政府官员以及外国公司驻京总裁等。管家的价值在于哪里？不仅在于为你打理繁琐的、复杂的事情，更在于为你做一些举手之劳的简单事务。当你回到家里时，有人毕恭毕敬地为你接下手提包、挂好外套；当你看的报纸都有人为你事先熨烫过，以免你的手指沾上油墨而损害健康，你有什么理由不认为自己是个重要人物？

娱乐明星是使用私人服务最多的群体。工作上，有经纪人和创作团队围绕在他身边，生活上则有专门的造型师、化妆师、发型师等一干人等随时为他服务。这些人当然必须是行业内的行家里手。

为了满足富人们对私密性的要求，境外有不少私人银行，专门为富人们提供针对性的服务。一些大众银行也纷纷开设私人银行部。私人银行的投资理财功能往往要弱于大众银行，服务费用更高，但有严格的保密措施。这些银行的客户通常依靠朋友介绍取得，存款、取款都有专人接待和专门的空间，甚至提供上门服务，以保证客户不与生人打照面。大提琴家马友友就是欧洲历史悠久的私人银行LGT的客户，该银行的董事长菲利浦亲王亲自拜访了他，在共进晚餐后达成了协议。目前，国内银行的私人银行业务也已展开，只能银行来找你，你不能主动找银行，是这类业务的发展模式。

在使用的物品上，富豪与权贵们是手工制作和小额定制的天然拥护者。流水线的效率再高，品牌再高档，那也是面向公众的，只有手工的、定制的东西才能显出自己的不一般。从北宋以来，中国的每一任皇帝都要不惜巨资，委派官窑烧制皇宫专用的瓷器，烧制出来的多余的瓷器统统砸毁。英国王室则是当今使用定制服务的代表，王室成员的服装、珠宝和随身用品都是由指定的供应商专门制作，上面没有品牌标签。

由于公众对高档品牌快速模仿的风气日盛，近年来，奢侈品销售在西方有走下坡路之势，一些曾经高高在上的名牌逐步失去标明身份的符号价值。当Prada成为制服、当LV已经人手一只时，怎么能体现你卓尔不群的地位呢？即使是所谓限量版，也抵挡不住市场的炒作与跟风模仿。于是，一些奢侈品制造商开始恢复最初的单件定制的传统，为买家单独设计、制作独一无二的名贵货品。LV的首席执行官伊夫·卡塞勒说："你可以让我们帮你的小提琴定制一只琴匣。如果你是个茶道高手，你也可以让我们给你的茶具定制一个盒子。总之，无论你想做什么，我们都能做得到。"LV最赚钱的生意就是它的非销售版手袋，当设计师用两年时间为顾客定做一件产品时，你是不用担心满大街都是一样的手袋这种情景出现的。

美国前总统小布什与伊拉克前总统萨达姆有不共戴天之仇，但他们有一个共同点，就是都穿着向意大利同一家鞋店订购的手工皮鞋，而且差不多是同一种款式、同样惊人的价格。鞋店老板维托在伊拉克战争之前"有些哭笑不得"地说："他们既然都穿着我们制作的鞋子，就应该调整好步调，以和平而不是战争结束这场对峙。"

非市场化待遇

市场是一个高效率、低成本的东西，却似乎是身份的对立面。 人们倾向于认为，凡是大众化的、人人都能轻易享受到的服务，都不是尊贵的。出租车的"贬值"是一个典型的例子。在20世纪80年代，因为量少价高的原因，开出租车还是一件受人尊敬的工作，的哥们在机关大院、居民区内几乎畅行无阻。但90年代之后，随着数量的快速上升以及价格的下降，出租车的地位一落千丈，小区的物业人员说不能进就不能进。

高度市场化造成的结果是，有点身份的人出门办事，都不愿乘坐出租车。在政府机关，稍有级别的干部外出，一定要有公车接送，哪怕公车是一辆破旧一点的车。如果单位的车子一时安排不过来，宁可等上一天半天。企业的高层领导出差到外地，当地的关系单位就会派车接送。其实这种做法实在"劳民伤财"，接待人员和司机要从所在地赶到机场、车站，举着牌子等半天，电话联系多遍才能接到人。为什么不能自己打出租车，不但节省费用，而且更加方便？因为出租车是一种完全市场化的交通工具，人人掏一点钱就可用，而专车则是一种只针对本人的特殊待遇。

所以，大凡有点身份的人，总要想办法弄到一点市场上没有的、一般人享受不到的东西。五星级酒店的经理与各类名人、明星接触最多，他们最能了解这些大人物的特殊要求。越是位高权重，越是牌子大，要求也就越多、越高。即便是成龙这样以"好心""平易近人"著称的大哥，也仿佛不提出些特殊要求来，就会觉得自己不像个人物——当然是以安全或者"个性化"的名义提出。

为了让这些有钱有势的大主顾舒心，酒店一般也乐于满足这些特殊化的要求。在五星级酒店和大型会展中心，都有供贵宾使用的专用电梯、VIP通道、贵宾休息室以及红地毯。走在这样的路上，坐在这样的屋子里，当然感觉与普通人大不一样。在这方面做得最突出的当数纽约沃多芙酒店。这间巨大的酒店分为两个层次：1~27楼是公共空间和酒店客房，28楼以上被称为waldorf towers（塔楼）。塔楼是酒店中的酒店，全部是豪华套间和公寓，入住的客人非富即贵。塔楼有自己独立的入口和小check-in大堂，有自己的私家电梯。客人抵达酒店，会在小check-in大堂受到值班经理亲人般的欢迎。入住手续也可以在抵达之前遥控办妥，所有客人都像回家一样进进出出。

非市场化待遇是一种对自我身份的宣示。

俄罗斯尤科斯石油公司前总裁霍多尔科夫斯基被捕后，一直被关押在莫斯科北部的"水兵寂静"监狱。即使身陷囹圄，这个前首富依然与其他犯人大不一样。他的狱友回忆说，霍氏每星期都要换被套、床单和衣服，但是他宁可把衣物扔掉，也不愿把它们交给监狱工作人员清洗。他的家人会不断给他送来新的。他根本不吃监狱的饭菜，食物全靠家人送来。为了让他总能吃上新鲜的水果，家人每星期要送两次。

　　这种超出正常标准的特殊待遇，具有非市场化、非交易性、非大众化等特点。它带给人们的不单是更好的服务、更多的便利，更是一种难得的优越感。在特权社会，获得超市场待遇的主要手段是政治权力，按级别进行划拨、配给或凭票据购买。在享受这种特殊待遇的同时，也享受着别人的艳羡和自己内心的优越感。步入市场化社会之后，大部分待遇由市场——也就是金钱分配，人与人在金钱面前取得了平等。但是，有权有势者仍然有办法通过人际关系、内部信息、优势谈判地位等，继续获得并享受种种特殊待遇，与普罗大众进行区别。

　　特权是一件与社会发展潮流相悖的东西。某些人享有特殊待遇，总会让其他人不愉快，但这并不排除人们对特殊化的追求。 在权贵阶层，特供商品有着悠久的历史，现在种类有扩大之势——从特供烟、特供酒、特供大米、特供服装，到特供菜、特供肉、特供油，无不是市场上买不到、不许对外出售的东西。民间社会，特殊化待遇也同样有着广阔的市场。困扰中国各大足球俱乐部的一大难题，是所谓"要看球拿赠票，要买票不看球"现象。这样，一场球赛的上座率看似不错，但是自己掏钱买票的没有几个。上海申花足球队的老总吴冀南曾诉苦说："有的人打车来取球票，来回的打车钱都比球票价格高，这就充分说明他并不是在乎这点钱。"其中的道理是，"如果球票是通过关系要来的，这就说明自己的门路大、关系广，在朋友中就比较吃香。"

第 *26* 节

打破常规：规则是为大众准备的

[**"例外者"**] 在社会通行的规则与惯例面前，权势人物总是会在某些时候、某个地方越一下位，出一下格。似乎不这样，就难以显示自己高高在上的地位。在他们的眼中，这些规则和惯例主要是用来约束大众的，自己是游戏规则的制定者和修订者，当然可以例外。

[**保守**] 当大众的消费偏好、生活方式、思想观念已经发展到一个新的阶段时，权贵们仍然不为所动，固执地坚持传统的做法与习惯。……这里面隐藏的一种社会观点是，赶时髦是浅薄的年轻人或暴发户所为，只有经过历史检验的东西（包括思想）才是可靠的。

1917年，辜鸿铭被蔡元培请到北京大学当教授。此时大清的辫子已剪除多年，但辜氏仍然在脑后拖着一根灰白相间的细小辫子，戴着瓜皮帽，穿着长袍，成为校园一景。他还不知从哪儿找来一个同样是清朝遗老打扮的人力车夫，每天拉着他去北大讲西方文学。据说他第一次上课，一进课堂，学生就哄堂大笑。辜鸿铭不动声色，走上讲台，慢吞吞地说："你们笑我，无非是因为我的辫子。我的辫子是有形的，可以马上剪掉，然而，诸位脑袋里面的辫子，就不是那么容易剪掉的啦。"一语既出，四座哑然。

当时北大有不少洋教授，颇受尊重，但辜鸿铭从不把他们放在眼里。有一天，新聘的一位英国教授到教员休息室，见到这样一位老头蜷卧在沙发上，留着小辫，长袍上秽迹斑斑，便朝他发出不屑的笑声。辜鸿铭也不介意，用一口纯正的英语问他尊姓大名，教哪一科。洋教授见此人英语如此地道，为之一震，回答说教文学。辜鸿铭一听，马上用拉丁文与他交谈，洋教授语无伦次，结结巴巴接不上来。辜鸿铭质问说："你是教西洋文学的，为什么对拉丁文如此隔膜？"那位教授无言以对，仓皇逃离。

直到1928年去世，辜鸿铭一直拖着辫子、穿着马褂走街串巷，引得各色人等议论纷纷。可他如秋风过耳，若无其事。恨之者视他为顽固腐儒，爱之者称他为爱国志士。据北京大学毕业的震瀛等人回忆，辜鸿铭在北大执教时，"很得学生爱戴，胡适之先生也比不上"。

辜鸿铭是中国文化史上的一位怪杰。他的这番打扮，也是古往今来特立独行、惊世骇俗的典型。显然，这是有意表演给别人看的。胡适当时在《每周评论》杂志发表文章说："现在的人看见辜鸿铭拖着辫子，谈着'尊王大义'，一定以为他是向来顽固的。却不知当初辜鸿铭是最先剪辫子的人，当他壮年时衙门里拜万寿，他坐着不动。后来人家谈革命了，他才把辫子留起来。辛亥革命时，他的辫子还没有养全，他戴着假发结的辫子，坐着马车乱跑，很出风头。这种心理很可研究。当初他是'立异以为高'，如今竟是'久假而不归'了。"

一般人要达到与众不同的目的，会采取标新立异的手法，辜氏却是标

"旧"立异。这种明显的逆时代潮流而动、复古守旧的做法，一方面如他所声称的那样，表明了自己对中华文化从一而终的立场；另一方面，更是强烈的自我标榜：我才是中华正统文化的捍卫者！只有我才敢打出复古大旗！在当时"咸与维新"的社会氛围下，他不顾众人侧目长年以蓄辫自得，带有明显的恃才傲物的意味，显示了自己作为留洋博士的特殊权利。

与辜鸿铭同时代的学者温源宁认为，辜氏之行为"一则目空一切，二来有点儿愤世嫉俗"。这也难怪，举国上下，似乎只有他最有资格不把从西洋舶来的新式文明放在眼里。辜氏何许人也？生在南洋，学在西洋，婚在东洋，仕在北洋；精通英、法、德、拉丁、希腊、马来亚等9种语言，获得了13个博士学位；第一个将中国的《论语》《中庸》用英文和德文翻译到西方，声名显赫。这样一个在西洋文明中浸淫多年、满口洋文的旷世奇才，是最不怕人家以"老顽固""老封建""腐儒"相称的。

辜氏别出一格的做法，我们可以定义为"打破常规"。这是权势人物展示自我身份的独特手段。它常常以两种面貌出现：一、无视人们惯常的做法与普遍的规则，扮演一个"例外者"的角色；二、抗拒时尚潮流，死守传统样式。前者显示自己位高权重的特殊地位，可以不受常规束缚；后者表明自己根基深厚，是正统传人。

"例外者"

在社会通行的规则与惯例面前，权势人物总是会在某些时候、某个地方越一下位，出一下格。似乎不这样，就难以显示自己高高在上的地位。在他们的眼中，**这些规则和惯例主要是用来约束大众的**，**自己是游戏规则的制定者和修订者**，**当然可以例外**。不过奇怪的是，公众对于他们"不拘小节"、与众不同的出格举动，往往表现出很大的谅解甚至兴趣。其心理动因可能是，人们内心里也渴望这样一种自由自在的生活，不用守规矩，当然爽快。

比尔·盖茨对穿着打扮很不讲究，大多数时候穿着T恤之类的便装。在40岁以前，人们很少看到他正儿八经地穿西装打领带，即使是在正式的论坛或颁奖典礼上。据说，普通人在大街上与盖茨不期而遇，有时候会看到他穿着不合身的衣服，领子上还有头皮屑。不过，没人去指责他的品位或态度有问题，更没人会怀疑他的财富和身份，反而认为他有个性。《哈里·波特》系列小说中的那个戴着厚厚的圈圈眼镜、头发凌乱、衣着老土古怪的主人公，居然就是以他为原型塑造的。

对穿着特别不讲究、间或以邋遢面貌示人的权势人物非常多。爱因斯坦长年披着一件黑色皮上衣，不穿袜子，不结领带，裤子有时既没有系皮带也没有吊带。他和别人在黑板前讨论问题时，一面在黑板上写字，一面要把那像要滑落的裤子用手拉住。他的头发也是留得长长的，不加修饰，这对当年被称为"贵族学府"的普林斯顿大学的学生来说，无疑是非常惊异的事。有学生说，希望上帝叫他把头发剪掉。

除着装之外，权势人物还有很多地方以"例外者"的姿态出现。不带钱是很多大人物的特点。英国女王伊丽莎白出门时，身上从来不带一分钱，如果想买东西就让仆人拿钱，这是英国王室的传统，以显示王室成员的尊贵。希特勒自1933年登上总理宝座后，就回避亲自接触钱，付款的事情都交给了副官绍布。巨人投资公司董事长史玉柱经常外出旅游，但身上从不带一分钱，付账一律由司机和随从掏钱。这个作风即使在巨人大厦倒闭、他自己负债累累的情况下也不曾改变。

必须指出的是，要做一个"例外者"，绝对是有条件的。比尔·盖茨的着装和发型风格，很多IT界和设计界人士非常喜欢并热衷效仿，似乎这样才显得有个性，才是技术高手的标志。不过形象专家警告说，这种效仿是危险的举动！比尔·盖茨这样做，那是让人喜爱的优点；其他人这样做，却是不可原谅的缺点。**人们只愿意接受顶级人物打破常规，如果你还没有到那个地位，最好还是规矩一点好。**

经济学家张五常在香港大学授课时，从不备课、从不用讲义、从来不写黑板，有一次因此被评为教学最差的教授。但他不以为意，照样如此，他的课堂上也照样人满为患。张五常还说："我从来不用名片。在港大这么多年，我房门上挂的牌子只写着张五常的英文名字，没有教授的头衔，也没有说自己是博士。"名片是无名者的身份证，头衔是信心不足者的强心剂，有如此高知名度、高学问的人，要名片干什么？要头衔干什么？

保守

保守是权势人物打破惯例的另一种形式。当大众的生活方式、消费偏好、思想观念已经发展到一个新的阶段时，权贵们仍然不为所动，固执地坚持传统的做法与习惯。对于刚刚出现的时尚新潮，更是不屑一顾。这看上去似乎很"落伍"、很"过时"，但他们不仅没有丝毫难为情，而且非常自豪，以传统的继承人和捍卫者自居、自傲。

这些与大众喜好迥然不同、逆时代潮流而动的举动，其实是权贵们沉默的声明："我属于有资历的、有根基的阶层。""我们才是正统的。""我有自己的主见，不屑于跟随和迎合潮流。"这里面隐藏的一种社会观点是，赶时髦是浅薄的年轻人或暴发户所为，只有经过历史检验的才是好东西。

比较而言，西方上层社会对传统的喜好更为明显，保守作风更加浓厚。以穿着为例，上层社会人士的服装大都制作很精良，但款式、用料通常很保守，颜色也以简洁的、暗淡的色调为主。女士们只有在纪念性的日子或特定的社交场合，才会穿上稍微鲜亮一点的衣服，戴上少量的首饰（基本是祖上传下来的）。这种传统——正统的着装，是主人较高社会地位的象征。对手表的选择，他们会青睐于历史悠久的百达翡丽、江诗丹顿、宝玑等几个牌子，再老一点的人会戴汉密尔顿。劳力士因为时间太短，尚不足以进入他们的视野。这种特立独行的选择与坚持，是新兴的富豪们一时难以学到的。有资料显示，俄罗斯的很多政要显贵，包括总统普京，莫斯科市长卢日科夫，俄罗斯能源动力公司总裁、私有化之父丘拜斯，阿尔法银行总裁彼得·阿文等，都是百达翡丽的拥戴者。俄罗斯联邦委员会原主席米罗诺夫、国家杜马议员阿列克谢·米特罗法诺夫等，戴的则是宝玑表。

在娱乐和运动方式上，权贵阶层仍然恪守着一百多年前的习惯，比如骑马、打猎（猎狐或猎熊）、马球、击剑、庄园或城堡度假、假面舞会等。马在传统的农业社会是威猛和英武的象征，贵族是不能没有马的（当然都是血统纯正的名马），尽管它所费不菲。直到今天，养马、骑马、赛马仍然是上层社会必备的功课和标志性爱好。这一习气传播到中国，越来越多的成功人士竞相效仿。荣氏家族的掌门人荣智健是香港赛马会的董事，被谈论马经的报纸尊称为"荣大董"。他在英国伦敦的私人马场里养着四匹分别名为"天潢""活力先生""奔腾"和"昆仑"的冠军级名马。据说，荣智健一有空便会抽时间探望几匹爱驹，饲以它们最喜欢吃的薄荷糖，间或一试身手。

英国贵族一直将猎狐作为引以为豪的休闲运动。轻裘肥马，在随从和成群猎狗的簇拥下追猎狐狸，这幅绅士猎狐图在英国乡村存在了300多年，并发展出了一套套的"猎狐经"。2005年2月，英国上院经过史无前例的激烈争吵之后，表决通过了禁止猎狐的决议，理由是这一做法过于残忍。但留恋这一传统的贵族们认为，"这个禁令的真正动机是阶级问题，是下层社会对上层社会生活方式的嫉妒"。

西方的中上层阶级大都喜欢购买高档汽车以显示身价，但是顶级的富豪和有家族传承的老贵族，是不愿意在这方面走在前面的。有的人甚至特地选择雪佛兰、福特、普利茅斯之类的低档车，在型号和颜色上也是普通得不能再普通，还可能是略带风尘的二手车。从汽车上看，别人根本想不到它的主人竟会是一个大人物。《格调》一书的作者保罗·福塞尔分析了其中的原因："根据他们的循古原则，汽车的历史过于短暂，不配进入古典风范的行列……购买最便宜最普通的车，表明你并没有认真对待这么易于购买的产品，从而不至于损害了你的等级形象。"总而言之，车必须是乏味的。如果你在这上面过于认真，显示出过多的兴趣，则说明你很可能不是真正的上流社会人士。

中国同地由于近百年的战乱，传统断裂，文化上的自豪感几近荡然无存，上层人士以拥有最新的、时尚的东西为荣。不过，近几年来，随着财富的积累和身份意识的增强，保守之风在上层人士中有逐步回潮之势。传统的中式家具、中式建筑、中式服装日益受到欢迎。在一些电影颁奖晚会上，大佬们竞相以唐装亮相，几成一景。也许不久之后，长衫马褂会再度出现在日常社交之中。

一些文化名人则以对流行文化和科技产品的抗拒，来为自己塑造传统守卫者的形象。信息时代，手机似乎是每个人的必备之物，但余秋雨就宣布自己不用手机。如果一定要与别人联系，他就向找他签名的粉丝借用手机；如果别人要与他联系，只能给他的秘书打电话。余秋雨笑言："看看我就知道了，没有手机还是能生活的。"当然他也承认，的确有不方便的时候，"在机场，他们总是找不到我，我就算早到了，也永远见不到接我的人。"不过他有自己的高招，"我会立刻找到最近的投币电话。但现在的机场太大，找一个磁卡电话真不容易，有了急事就只好到处借手机用。"

类似的还有童话大王郑渊洁，自称从不看电视、不看书、不用手机；先锋艺术家艾未未据说家里没有电视机，朋友们有自拍的电影作品拿过来，他就把整面的白墙当作幕布，用投影仪打在上面看。[34]

第 27 节

品头论足：这事我说了算

[公开批评] 批评是刺激性最强的品头论足方式，强烈地彰显出评论者高人一筹的江湖地位。没有雄厚的资历和十足的底气，一般人是不敢公开批评他人的。

[公开赞扬] 无论是从性格、品德上，还是从能力、业绩方面，公开、细致地称赞他人，都有意无意地显示了自己的主导地位。只有一种情况例外，那就是以崇拜、敬仰的口吻，而且言语简短。

[指点] 对他人给予关爱式的指点、提出建议或希望，也体现着行为人的特殊身份。只有身居高位的权威、地位更优越的家长，才有资格给他人以这样那样的保护，提出这样那样的要求。

在2012年1月的中国互联网产业年会上，当当网CEO李国庆再次抨击京东商城CEO刘强东"太不懂事"。他直言其扩张思路有问题，放着每年4000亿规模的服装市场不发力，却与当当争夺300亿的图书市场，"既没有战略也不懂事"，"把中国第一个上市电子商务公司股价打下去，对你有什么好处？"

当当网2010年12月在美国上市后，京东商城就开始在图书领域和当当打价格战；原本不是很重视3C产品的当当网，也开始在3C价格上和京东血拼。李国庆说："我就得跟他比价，我毛利率从25.5%给打到19.5%，丢了6个点。当当一年30亿元的规模，毛利率掉6个点没关系，我还能挺在19.5%，这里面神机妙算多了，要不然我还能赢利？""他们也天天跟我们比价，去年他们3C毛利率还10%，今年一折腾估计就3%了，京东200亿元的规模，亏一个点就大钱，多亏一个点就大事。所以我要批评一下，你这是在做生意吗？"

李国庆批评刘强东，完全是一派长辈教训小辈的口吻，劈头盖脸一点不留情面。唉，谁让人家年纪比你大，出道也比你早，你一个做小辈的不听话，还净跟人家对着干呢？你看年龄跟你差不多的凡客诚品的陈年，就比你乖多了，在当天的论坛上李国庆就不忘狠狠地夸了他。

李国庆说："你看人家陈年怎么做事。我这边路演时，他就说你缺利润吗？如果缺我给你多投点广告。我就说你还是在商言商。我们竞争的时候，每年还要喝两顿酒。他说你上市股价高，对我们公开上市、私募都有好处，这才是懂事！"

一骂一夸，李国庆把自己作为中国电子商务老大的派头展露无遗，透露出一股子过来人的优越感。

对其他人公开地品头论足，不管是肯定还是否定，进行指点还是提出期望，都包含着一种居高临下、把控局势的姿态，是位高权重者的特权。强势人物经常以此来显现自己的优势地位，它向外释放出的信号是："我是权威！""我是裁判者！""这里我说了算！""我的地位在他之上！"

如果说一般的评论是对事不对人、就事论事，那么作为一种显示自身优势地位的方式，品头论足侧重于臧否人物，直接给他人下定义、作评语。敢于这样做的通常是上司、师父、前辈、资深专家、行业领袖等位高权重的人物，一些自信心强大、牛气冲天的强人也偶尔会作出类似举动。不过，如果评论者的优势地位得不到被评论者的承认，则有可能遭到后者的反抗："你算老几？你有什么资格评论我？"

以评论他人为职业的媒体撰稿人、活动评委、咨询顾问人士，由于他们的话属于参考性意见，对被评论者的刺激要小得多，所以人们一般不把他们的评论看作显示身价之举。

公开批评

公开批评是刺激性最强的品头论足方式，强烈地彰显出评论者高人一等的江湖地位。没有雄厚的资历和十足的底气，一般人是不敢公开批评他人的。

2006年第五期的《收获》杂志刊登了作家孙甘露对王朔的访谈。王朔在谈话中大肆炮轰中国的知名导演，认为以张艺谋、陈凯歌、冯小刚为代表的第五代电影人"最多是尚且黑白分明又被刻意简化的昨天"，"第五代巨匠，就从《卧虎藏龙》到《英雄》到《十面埋伏》到《无极》跟了一路的老外，已经跟恶心了。就跟第五代那种历史宏大叙事似的，人家现在也看恶心了"。

也有他稍微看得上眼的："我觉得也就顾长卫的这两部戏，《孔雀》和《立春》很不回避"，但是，"它也是正在远去的今天早上，虽然连着今天，但还不是此刻"。而第六代电影人代表人物贾樟柯的表现也是每况愈下："我觉得《小武》像意大利电影。他们（外国人）看得懂，也会喜欢。那个电影大概是贾樟柯电影中最无心机的。接着《站台》野心就太大了，痕迹也出来了。《世界》是一次不成功的商业片试探，再没有比世界公园更笨拙的隐喻了。"

他的总体评价是："这一行整体水平确实不高，钱挣得不累"，所以他准备"将来没得玩的时候"也当一把导演,"只有当导演才能取得利益最大化,把以后这二三十年的钱宽宽余余挣出来"。

这些话放出来,让电影圈很是闹腾了一阵子。在对这些风头正劲的大导演进行毫不留情的批评的同时,王朔也分明在提醒人们,"我老早就在影视圈浸泡过,对电影是有发言权的!""入不了我的法眼,就算不上一个好东西。"

自2000年以后,王朔淡出了文学圈和影视圈。2006年他为徐静蕾执导的电影《梦想照进现实》担纲编剧,票房却惨淡无比。尽管如此,王朔仍然心气十足。毕竟他曾经大红大紫过,影响过整整一代青年,也包括冯小刚、贾樟柯这样的后起之秀。让王朔感到安慰的是,这些导演对他的批评大体服气,所以他这谱基本上算摆出来了。

很多大佬、权威对处于下位者、弱势者进行批评已成为习惯。或许他们没有明确的自觉,但在肆意地行使这一权力时,居高临下的优越感显露无遗。从2004年开始,素以稳健著称的万科房地产公司遭遇了新起的顺驰集团的挑战。顺驰掌舵人孙宏斌公开声称,将在3年之内赶超万科,成为行业第一。2006年初,万科董事长王石在一个论坛上语出惊人地说:"顺驰与万科根本不能同日而语。这种黑马其实是一种破坏行业竞争规则的害群之马。"他还为顺驰下了结语:"如果把握好节奏,顺驰能够成为一家非常优秀的公司。但现在它要为盲目扩张造就的奇迹付出代价。"

如果不是行业领头羊,一般不会有人敢如此评价另一个知名企业。两个多月后,孙宏斌在接受记者采访时尴尬地回应说:"万科和王石一直是顺驰和我学习的榜样,我不相信王石会说这样的话。王石即使说过类似的话,也要放到当时的语境下,来完整地理解他的意思。"

没料到的是,王石的话还真是应验了。过后不久,孙宏斌就栽了一个大跟头,被迫让出顺驰集团的股权。几年之后他另起炉灶再战地产江湖,却再也不敢跟万科叫板了。

公开赞扬

在中国的经理人队伍中，恐怕没有谁比杨元庆更能体会赞扬背后的滋味了。从2001年起，36岁的杨元庆就从柳传志手中接过联想集团的大旗，担任公司的总裁兼CEO。退居二线的柳传志在多次公开演讲和接受采访时，对这位自己中意的"年轻人"大加赞赏，说他是"哭着喊着要进步"的人，并给他打了90分的高分（柳给自己的评分只有80分）。

柳传志还将"联想系"内的几位"少帅"进行了对比。"这几个人基本都是很正派、很正直的人，把企业利益放在第一位，学习能力很强，做什么能钻进去、能学得很有一套。元庆对IT行业、对PC业务本身的感觉特别好，什么时候该做什么事，该什么样的体制、该什么样的价格，从头到尾感觉很好；郭为跳出画面看画的感觉比较好，经常站在外面把这个事情看得更远。"

在2004年底联想收购IBM全球PC业务、杨元庆接任董事长（柳传志改任非执行董事）之后，柳传志仍不忘对这位爱将公开褒奖："杨元庆这几年有很大的进步。一是很上进，对自己有很高的要求，定了很高的目标；二是为人正派，能处处从公司利益着想；三是最关键的，他在沟通方面比以前有了明显的进步。他提出了'坦诚、尊重、妥协'的沟通三原则，而且也真正去这么做了。特别是妥协这一点，他能做到很不容易，说明他真的成熟了。我相信在元庆的管理下，联想的前景是十分美好的。"

在柳传志频频放出这些"美言"的同时，杨元庆明显"失语"。没有人得知这位年轻少帅的内心感受。媒体和资本市场都认为，联想集团仍是"柳传志的天下"，遇到联想的大事小事仍习惯性地询问柳的意见。

从柳传志的本意看，他对杨元庆的褒奖，无疑是想帮他树立良好的公众形象，"扶上马送一程"。不过他或许有所疏忽的是，"无论是对杨元庆公开的赞许与肯定，还是委婉的建议与批评，柳传志都自觉不自觉地将自己置于裁判的位置。"有记者直率地指出："尽管大多数情况下柳传志都是褒多贬少，但这种强势裁判的角色，仍然可能对杨元庆的权威和自信心造成影响。"

2005年之后，柳传志谈到联想和杨元庆时含蓄了许多。当年3月方宏进专访柳传志时，要求柳给杨元庆和郭为打分，柳传志明确拒绝："咱们俩老熟人，老熟人也不能打这个分，我真的要打分，我把他们俩叫在一块儿，咱们单独说你多少分，说说就完了，这个大庭广众之下，打这个分怎么行啊。"㉟

无论是从性格、品德上，还是从能力、业绩方面，公开、细致地称赞他人，都有意无意地显示了自己的主导地位。只有一种情况例外，那就是以崇拜、敬仰的口吻，而且言语简短。曾有记者问杨元庆对柳传志的看法，杨简单地回答说："柳总是除了我父亲之外，对我影响最大的人。"

公开指点

对他人给予关爱式的指点、提出建议或希望，也体现着行为人的特殊身份。**只有身居高位的权威、地位更优越的家长，才有资格给他人以这样那样的保护，提出这样那样的要求。**

郭德纲走红之后，相声界大腕纷纷发表看法。姜昆"谨慎"地表示："希望今后他的相声段子一定避免庸俗化，节目通俗而不庸俗是相声安身立命的根本。"他还说："郭德纲充其量是一个相声演员，他愿意传承相声艺术、以低票价为观众演出，我非常提倡，也希望给予他更多的爱护。但有人把他弄成'揭老底战斗队'，我不高兴；又有人把他捧成'新的侯宝林'，我也不赞同。"㊱

如果是一个普通观众说这些话，郭德纲会满心欢喜，这表明观众心里有他啊，意见听不听是另一回事。不过话搁在姜昆前辈口里出来，郭德纲想不仔细听都难。人家指出你的问题，提出期望，说明人家握有话语权，是规则的制定者；人家关心你，爱护你，说明人家的地位还在你之上，你还是受关心、受爱护的对象。

像各种大赛的评委一样，对处于同一行业、职业、单位的人进行对比并排出座次，是一种更引人注目的品头论足方式，显示出评论者对全局的把握能力。

香港经济学家张五常时常"青梅煮酒论英雄"，对内地他欣赏的经济学人进行一番品评。被他圈点的主要是北京大学的学者："周其仁的研究路子与我的最接近"；"在理论题材方面，张维迎和我比较接近，他的师父是拿了诺贝尔经济奖的，张维迎有天分"；"我认为樊纲是一表人才"；"林毅夫的师父提拔过我，他师父的师父也提拔过我，所以，我跟他的渊源很深，相交多年"。

对经济学家来说，能得到张五常的点评还是一种荣幸，因为其他人他根本懒得置评。一番点评下来，张五常作为学界师长和前辈的身份恍然若现。

第五章 摆谱

赢家的秘诀

诱惑很大，风险也很大。我们以营销与传播学的视角观察摆谱行为，发现它是一种以确定高昂价格、树立高贵形象为目的的营销传播。高收益伴随着高风险，摆谱之路必然充满着惊险与刺激。

成功者大都是摆谱的行家。他们的摆谱有如行云流水，恰到好处而又不露痕迹。显摆者轻松自在，接受者心悦诚服。

从这些精于世故的赢家身上，可以找到一些共同的素质和通行的规则：他们信心良好、定力十足，似乎上天规定了他们是强者；他们对自己当前的价值有着近乎本能的判断，知道该显摆到什么程度，何时对何人摆出一副什么面孔；在大量的实践中，他们将各种摆谱手段、技巧掌握得娴熟自如。人们在不知不觉甚至满心欢愉之中，向他们缴械投降。

看上去，摆谱似乎是与生俱来的本能，是一个人性格的外化。但作为一门经验的艺术，或许经过长时间的耳濡目染和细心揣摩，拙笨者也能叩开其门。

第28节

在诱惑与危险之间

《三联生活周刊》曾报道过这样一个事情：1991年，陈凯歌筹拍《霸王别姬》，希望以此冲击国际影坛。在男主角的选择上，他首先想到的是"请外国大牌明星"。由于尊龙在《末代皇帝》《龙年》里都有出色表演，陈凯歌比较中意于他，认为他"更洋气，扮相更好"。但是，在剧组与尊龙的经纪公司进行联系时，对方开出的苛刻条件让剧组闻所未闻。十几年后的今天，此片执行导演张进战还记得清清楚楚：

第一，由于不知道开机时尊龙会在哪个国家拍戏，所以剧组必须为他同时定几个国家的机票；

第二，尊龙的两只狗要与他同进同出，所以一般的酒店没法入住；

第三，必须为尊龙配备两个保镖、两个仆人、一个台词老师、一个普通话老师、一个形体老师；

第四，尊龙每天洗脸刷牙必须用外国或中国香港空运来的矿泉水，更不用说食品饮料了；

第五，要配备宿营车，还得有专用的网球场和游泳池。

这些要求在明星制发达的今天已不算离谱，但对于第一次与境外明星建立联系的《霸王别姬》剧组来说，"那个感觉是，中国内地的东西没法让人活"。最后剧组的五人小组投票表决，在其他四人一致反对下，陈凯歌不得放弃了选用尊龙的想法。

《霸王别姬》上映后声名大振。尊龙拍完《蝴蝶君》来到中国，通过他人介绍认识了张进战。张进战仍然"记仇"，尊龙听罢大呼冤枉，说他当初并不知道经纪公司开出的条件，"《霸王别姬》太棒了，我没能参与太遗憾了"。

由于外国经纪公司提出的条件太高，让中方剧组难以承受，尊龙未能参与到《霸王别姬》的演出中。我们可以认为，这一摆谱行为没有成功，让尊龙失去了一次扩大影响的机会。这正是摆谱的风险所在。

不过，一次交易的不成未必是摆谱的失败。虽然尊龙未能成行，但中方并没有否认他的身价，只是表示自己承担不起。尽管"生意不成"，但"价格还在"，中方"不买账"，但并没有"不认账"。通过这次交道，中国电影同行对"影帝"的气势留下了深刻的印象，在心理上也为他划定了一个价位。

作为一种独特的人类行为，摆谱总是在诱惑与危险之间徘徊。诱惑在于，成功的摆谱能让行为人在他人面前树立一个良好的形象，取得一个有利的地位，甚至将自己的形象与地位向上抬升，"卖出一个高价钱"；危险在于，它可能让人们对行为人敬而远之，交易无法达成，甚至产生反感，对他的出价"不认账"。总之，摆谱是一种独特的、惊险的"成人游戏"，高价格伴随着高风险，溢价与风险共存。

但是，只要有诱惑存在，就会有人积极尝试、大胆实践，摆谱的大道上总是熙熙攘攘，人满为患。根据收益与风险的比较，那些处于上升阶段并希望进一步提高身价（形象）的人，从摆谱中获得的回报最大，因而他们也是摆谱的生力军。对某些行业的某些人士来说，摆谱几乎是他们真正的职业。

摆谱是一种极端的营销传播

从营销与传播学的角度分析，我们可以将摆谱视为一种自我形象的营销与传播行为：通过展示强势资源、传播强势信号，将自己（个人、组织、产品）的高贵身价、美好形象推广（传递）给他人。

摆谱包含了营销的全部要素：产品——个人的形象与身份；价格——身价与档次；通路——面对面的直销，或者通过其他人、其他媒介的分销；促销——多种特殊的包装推广手段。**通过种种微妙的宣传推广手段，摆谱者将自己较高端的形象以全价或加价卖给消费者。**

摆谱也包含了传播链条的完整的内容：传播者——摆谱的行为主体（个人、组织）；传播对象——显在或潜在的受众（一个或多个接受者）；传播内容——关于个人（产品、组织）的身份信号；传播的媒介与手段——言行举止、活动、实物消费等。我们可以将摆谱视为一个人格（产品、组织）形象的传播过程。**通过身体的与物质的、直接的与间接的、单层次的与多层次的多种传播手段，摆谱者将自己的高贵身价信号传播给接受者。**

但是，摆谱是一种特殊的营销与传播行为。其特殊性表现在：

——在价格上，采取高价策略，以维护其高端形象。摆谱走的是类同于奢侈品的厚利少销路线，以显示或抬高身价、追求品牌溢价为第一目标，而不会像很多营销行为那样低价竞争、薄利多销。即使销售受阻，也不能以牺牲品牌形象为代价低价倾销。普通的营销希望自己卖得出去，卖一个应有的价钱；摆谱则不惜以卖不掉为代价，追求一个更高的价格。

——在广告宣传的诉求上，以传递强势形象为目标。大量的广告宣传以扩大受众的认知度、增强产品的亲和力（情感联系）为目标，但摆谱仅仅侧重于传递"优质""高档"的信息，追求的是美誉度中的高品位。通俗地说，很多广告告诉别人"我是谁""我非常适合你"，摆谱则试图告诉别人"我很好""我了不起"。

——传播的内容更多是信号性的，而缺乏具体、详细的信息。信号也是信息的一种，它的特殊性在于，信号是一种简化的、概念化的信息，没有一般信息所具有的细节性、具体化的内容。比如，你看到某甲戴着一块劳力士手表，可以感觉到他是一位成功人士；你听说某乙拥有私人飞机，大致可判断出他是更有钱的富豪。但这两个人到底有多少钱，并没有具体的信息进行说明。摆谱行为向外传播的主要是自身的身份信号，缺乏具体、详细的信息。

——销售动机含蓄、隐蔽。普通的营销有明确的销售目的，希望对方接受或购买自己；摆谱以树立高端形象、塑造个人品牌为中心，销售目的要隐蔽得多。它只是向对方展现自己的魅力，对方是否"购买"则要看着办——"如果你的条件不够，我还不卖给你呢！"如果其他营销会告诉别人"我很好"，摆谱则告诉别人"我难以得到"。这种做法常常掩盖住摆谱的本来面目，显得它只是"橱窗的展示品"。

——促销手段边缘化、极端化。摆谱的两类基本手段——"热脸"和"冷脸"，前者成本高昂，后者危险性大。"热脸"以"眼见为实""真凭实据"为手段，将传统的市场推广手段运用到极致，奢侈、铺张，所费不菲。一旦达不到预期的目的，巨大的投入就打了水漂。"冷脸"以"隐藏""拒绝"为潜台词，试图在交易过程中将买方市场转变为卖方市场，以欲擒故纵的方式让对方求着自己，实质是一种"反营销"。不过，**如果对方不愿意或者无力支付昂贵的价格，将会陷入"有价无市"的困境。**

由于以上这些特殊性与极端性，摆谱对行为主体具有一定的破坏性，是一种危险的"成人游戏"。概括来说，它面临着六种风险：

1. 可能导致对方不接受你的高昂价格，交易无法达成。这是摆谱面临的主要风险。摆谱是摆谱者对他人的高昂"叫价"，而且接近于单方面的"定价"，缺乏议价的机会。买方如果感觉这种价格太高，往往会放弃交易的努力，而不是与之讨价还价。不过，即使交易不能达成，只要对方认为你值这个价，就不能被视为摆谱失败。**只要你坚持自己的出价，"生意"不成"价格"在，你的身价——品牌形象就定格在那里了。**

当然，并不是摆谱必然增加交易失败的可能性。在很多情况下，摆谱反过来增加自身的吸引力，促成交易的成功。比如艺术大师的傲气、冷漠，让观众和演出公司都趋之若鹜；职业经理人的"拒绝挖角""要条件"，往往会进一步坚定用人单位的信心。

2. 可能降低摆谱者的亲和力。**摆谱是亲和力的天敌。**人们通常更喜欢与自己地位相同、或者低于自己的人打交道，而对高于自己的人采取敬而远之的态度。摆谱为自己塑造高高在上、高人一等的形象，必然在接受者与自己之间形成心理距离。人们对摆谱啧有烦言，很大程度上就是因为这方面的原因。

魅力型政治领袖、大企业的领导人、非营利性组织的核心人物，为了增加对公众的亲和力，大多有意以朴素的、平民化的形象示人，甚至要展现自己的某些细小缺点。比如美国前总统小布什经常挽起袖子，在自己的庄园里亲手干一些体力活，他的口吃、吃饼干被噎住的新闻总让老百姓津津乐道。伊拉克战争结束后，因为在伊拉克没有找到大规模杀伤性武器，他甚至制作了一部滑稽剧拿自己打趣。尽管经常有媒体评论他是美国历史上最傻的总统之一，但人们仍愿意再次投票给他。

不过，**更多的人（特别是政府官员和企业经理人）宁可少一些亲和力，也要多一些尊重**。以明星为例，喜剧明星以其大众化的（甚至比常人更低的）艺术形象，赢得普罗大众的喜爱，人们从他们身上看到了人性的弱点和生活的平凡，进而产生强烈的共鸣；偶像明星、天王巨星则要靠经常性的摆谱维持自己高高在上的形象，这种刻意制造的距离感也能够激起大众的崇拜和仰慕。虽然人们对喜剧明星的亲近感要大得多，但笑星们似乎并不乐意。著名相声演员李金斗说，他在大街上走路、到餐馆里吃饭，经常有人叫他的名字要他说两句，他感到很烦恼，不希望自己的儿子再干这个行当。笑星们虽然在舞台上毫无架子，但在生活中，他们还是希望人们给予自己更多的尊敬。

周润发在拍摄《满城尽带黄金甲》时，要求制片人张伟平在片场为自己单独提供带厕所的房车。遭到拒绝后，发嫂立即要中断拍摄，张伟平不得已只好满足所有条件。电影上映后，余气未消的张伟平向媒体爆料此事，指责周润发"耍大牌"。发哥随后反唇相讥："每个演员在市场上有本身的身价，我去好莱坞拍戏和在亚洲地区拍戏都是用同一份合约，合作是你情我愿，有问题是不是应该在签约前讲清楚，这是合约精神。"

发哥是一个架子大、不好打交道的人吗？与他合作过的很多人透露，其实发哥的性格是很宽容的，在片场对要求合影的人几乎有求必应，还经常准备一些巧克力给大家吃。看来，发哥对别人好是一回事，要求别人尊重他是另一回事。在维护自己的身价上，发哥是毫不含糊的。

3. 可能影响摆谱者的知名度。"冷脸"采取的是低调、被动的策略，以"隐蔽""拒绝"为表现方式，很可能影响外界对他的认知与了解（当然，也可能反而增强人们对他的兴趣）。有的清高之士让别人觉得"不食人间烟火"，高深莫测，高不可攀，人们只好敬而远之。即使是"热脸"，其销售目的也相对含蓄、隐蔽。这都对摆谱者的自我销售造成了一定障碍。

摆谱的传播方式以私底下的、个人之间的人际传播为主，较少使用公开的、大面积的传播方式，甚至对后者有一种本能的排斥。这一方面是为了维持信息的不透明、不对等状态，另一方面的原因是，摆谱行为大多是不能拿到桌面上供人剖析的。摆谱在大多数时候与知名度、交易机会存在着矛盾，难以两全其美。

4. 可能使摆谱者付出高昂的经济成本。在"热脸"的很多手段中，不管是"讲排场"还是"高消费"，都是花费巨大的。这些花费可能对摆谱者造成巨大负担。清代实行捐官制度以后，出现了大量有官衔而无实缺的官，谓之候补官。候补官要递补上一个实缺极为不易，可能要等上许多年时间，甚至永远补不上。而当了候补官，大小总是一个官，就需要维持官的体面排场，如雇用长随、酒食征逐、交际应酬。而候补官由于没有实际差使，也就没有这方面的收入，往往弄得穷困不堪，甚至饥寒而死。

在现代社会，演艺明星的吃穿用度都不能搞得太简朴，再加上助理人员的开支等，加起来不是一笔小数。有的明星在事业的黄金期过去后，为避免此类庞大的花销，干脆退出圈子甚至远走他国采取隐身策略。坊间流传的说法是，"你要是玩不起，就别玩"。

5．可能造成交易的慢速与低效。摆谱是要花费时间的，摆谱者与摆谱对象的沟通常常是间接的、曲折的，信息传播具有慢速、滞后的特点，这造成交易的效率相对低下。不过，"欲速则不达"。摆谱带来的交易困难，可能反而让对方更加珍惜来之不易的机会，加快交易的进展。

6．可能损坏对方对你的信任。在大量的摆谱行为中，当事人难免对自己进行美化、文饰甚至拔高。如果摆谱的内容可信度低，对方心生怀疑，势必降低对你的信任度；如果具体内容被对方识破，其后果更是灾难性的。**对方因为对你的摆谱内容产生怀疑，或者在求证后拒不承认你的身价，是摆谱的真正失败，也是摆谱面临的最大风险。**

摆谱风险评估

摆谱面临的风险要素	风险发生的频率	风险强度排序
前期成本高昂	1	4
拒绝接受并损害信任度	2	1
影响知名度、减少交易机会	3	3
因价高而无法达成交易	4	2
亲和力下降	5	5
交易速度慢、效率低	6	6

造成以上这六种风险的原因，一方面可能是由于摆谱的技术不善——设定的目标不合理，或者采取的方法不当，另一方面也可能是摆谱行为本身具有的不确定性。任何决策与行为都有风险，摆谱作为一种以确立高昂价格、传播高贵形象为中心的活动，风险也当然高于普通的营销与传播行为。要完全避免风险是不现实的。摆谱者应该问的是，自己是否愿意承担、有没有能力承担失败

的后果？换句话说，是否敢于"赌一把"？是否"亏得起"？对有的人、有些情境来说，摆谱并不是适宜的选择。

当然，以上六种风险，都只是一种可能性，并不是必然的结果。高明的摆谱者能够有效地规避这些风险。

职业摆谱者

在巨大的溢价收益面前，总是有人愿意大胆尝试。这里有一个问题：哪些人是最积极、最活跃的摆谱群体？有人认为，成功者或位居高位者拥有的资源多，所以自然是摆谱的主要人群。无权无势、地位低下者手中没有多少资源，他们有什么摆谱的资格？又拿什么来摆谱呢？

从下表的对比中可以发现，**决定摆谱频率的主要因素不是拥有的资源，而是主观的意愿与摆谱的收益**。在不同的社会阶层中，摆谱的意愿、收益与频率高度同构。

摆谱各因素的阶层比较

	拥有的资源	摆谱意愿	摆谱目标	给他人的可信度	获得的收益	摆谱频率
顶层	很多	较低	显示、维护身价	很高	较小	较低
中上层	较多	较高	显示或抬高身价	较高	较大	较高
中层	一般	很高	以抬高身价为主	一般	很大	很高
中下层	较少	较高	抬高身价	较低	较大	较高
底层	很少	较低	抬高身价	很低	较小	较低

中间阶层是摆谱的主力。他们最迫切地希望进一步提高自己的地位与身价，实际上也存在着这样的可能。 摆谱带给他们的收益显著，因而他们的摆谱意愿高，频率高。**摆谱对他们来说，是一次次向上跳跃的努力，是迈向成功之路的秘密武器。**

对两个处于极端位置的社会阶层而言，其摆谱行为具有一定的独特性。一个极端是顶层。当财富、权力、名声等优势资源积累到一定的程度之后，其摆谱的收益将大大降低（特别是在他的强势领域）。在现代社会，资源的公开性大大提高——企业主的财富体现在占有的企业股权上，政府官员的权力体现在其职务上，知名专家学者的成就也被媒体广泛报道——这些信息已广为人知，无须他们在这些方面再进行自我宣传。比尔·盖茨、李嘉诚需要提醒别人自己很富有吗？毛泽东、邓小平需要告诉别人他们是国家的掌舵人吗？爱因斯坦、袁隆平需要向人们证明自己的专业能力吗？不仅不需要，他们还要努力弱化人们的这种印象，以增加自己的亲和力。

娃哈哈集团董事长宗庆后在穿着上不讲究，有一次记者问他为什么，他回答得很明白："我现在就是穿得土里巴唧的，人家也不会轻看我。等你做到我这个份上，说不定也会和我一个样。"巨力集团执行总裁杨子也表达过同样的意思，他说："我现在并不是用衣服来衬身价，戴一个铁戒指别人也不会介意。我若穿一双布鞋，也是个性，是回归自然，所谓的复古主义，要看谁在穿。"

在另一个极端，底层人士因为缺乏必要的资本，摆谱给别人的可信度低，再加上他们通常自认为难以和主流人群进行攀比，对大幅提高自身地位的期望不高，因此他们也不是摆谱的主要群体。不过，这是一支庞大的摆谱后备军，只要条件稍有改善，他们就不会放弃向上迈进一步的努力。

还有人认为，摆谱是上位者对下位者的单向度行为，下位者怎么敢在上位者面前摆谱呢？事实不是这样的。每个人都是摆谱的主体，每个人也可能成为摆谱的对象。**摆谱不一定是以超过对方为目的，而是试图在对方面前显示或抬**

高自己的身价。下位者对上位者的摆谱不仅普遍，而且同样有效，关键是他是否有足够的勇气与智慧。

在现实生活中，有一些职业（或角色）的人士高度依赖于自身的形象、地位来获取机会，增加收益，摆谱对他们来说至关重要，几乎须臾不可离开。在某种程度上可以说，摆谱就是他们生存之道，是他们真正的职业——

1. 管理者。不论是在政府部门还是企业内，管理者的摆谱都是普遍现象。尽管管理风格有所不同，但"官架子"却是共通的。通过居高临下的语调、各种汇报程序、独立的办公室、分级掌握的信息以及对权力的高调行使等多种方式，管理者把自己和下属区别开来，树立自己的权威感。

有的管理者愿意和下属保持更多接触与沟通，但管理者毕竟是管理者，与下属的距离和差异是难以抹平的。在人们口头上赞扬某人"平易近人""和群众打成一片"之时，"有魄力""霸气""雷厉风行"的管理者似乎更受到推崇。

有分析认为，所谓的"官架子"在管理实践中有多方面的功能：首先是让下属产生心理压力，担心自己工作完成得不好而被斥责；其次是使管理者免于经常被小事打扰，下属遇到困难首先想办法自己解决；再次，掩饰管理者某方面能力的不足，接触得越多，缺点也暴露得越多。

2. 演艺明星。演艺明星是公众视线中最明目张胆的摆谱人群。可以说，明星的光环一大半是摆出来的。衣食住行必然奢侈豪华，私人生活必然多姿多彩，举手投足必然神气十足，出门必然前呼后拥，演出必然拥趸云集……这些都是明星风范不可缺少的一部分。

除了这些火热的场面，明星还必然有冰冷的一面。明星身边围绕着一群专职的经纪人、保镖、助理，帮助打理日常琐事与生意事务，并将明星与"粉丝"、记者甚至演出公司隔开，以传递其不同凡俗的身份，维持一定的神秘感。经纪公司还要煞费苦心地安排明星的行程——不能露面太多，露面就必须兴师动众、场面隆重。

在演出市场不景气的情况下，明星们用更多的时间花在摆谱上，苦心制造公众形象。摆谱成了本职的工作，演戏、唱歌反而成了一个噱头。**记者们总是抱怨明星的迟到、难找，但他们不知道，这是明星和公众之间一种心照不宣的契约。**明星如果和普通人一样没架子，那还像明星吗？老百姓也会不答应！

明星普遍采用的摆谱方式

	表 现	手 段	诉 求
1	兴师动众，场面盛大	大场面	名声
2	身边大群助手围绕	展示道具	财富、权力
3	保镖、经纪人阻拦陌生人	设置障碍	名声
4	锦衣玉食，宝马香车	高消费	财富、品位
5	墨镜，行踪保密	神秘主义	名声
6	花天酒地，绯闻	追逐时尚	品位
7	向演出公司开高价、向酒店提出多种特殊要求	要条件	财富、名声
8	透露身价信息，说明工作安排密集	"自吹自擂"	才能
9	在观众到齐后再出场	让别人等待	名声
10	港腔或夹杂英文	"装腔作势"	知识、品位
11	向别人发脾气	大动干戈	权力

3. 咨询顾问人员。现代社会分工催生出大量为企业（及部分成功人士）提供专业咨询服务的职业，包括战略顾问、品牌顾问、营销顾问、公关专家、形象顾问等。这些机构和个人在企业面前是典型的"乙方"，"拉关系""求人""请客送礼""看别人的脸色行事"，是这个行业普遍的心态。在明显不平等的格局下，咨询顾问人员能向自己的衣食父母摆谱吗？是的，恰恰他们最需要。**商业的根本规则是利益的交换，如果对方不认可你的价值，任凭你作揖下跪、哭爹喊娘都没用。**优秀的咨询顾问人员都是摆谱的行家，他们能巧妙地扭转自己的弱势地位，从单方面求人变为平起平坐，甚至让对方反过来求自

己。从中他们获得的不只是业务量,更有高昂的价格和利润。

4. 专家与艺术家。具有特殊成就、身份或能力的专业人士、大学教授,通过"走穴"(比如担任会议嘉宾、出任兼职顾问或独立董事、撰写文案等)获取的"外快",常常是本职工作的数倍。不过,不同的专家从"走穴"中获得的收益也相差悬殊。其中的原因除了自身资质外,摆谱水平的高低也是重要因素。很多人不得不费尽心思考虑的是,如何在谋取最大利益的同时,不损害自己的权威地位和良好形象。

书画艺术家、古典音乐家、纯文学作家也面临着同样的问题。由于其工作性质具有非商业、精神性的一面,像娱乐明星一样公开地作秀与自我叫卖是不适宜的。"高尚""高雅"是他们的价值所在,也是他们的"卖点",但商业化又会损害这种价值和"卖点"。要达到两者兼顾、名利双收,摆谱之道就应运而生。

5. 中高级职位的求职者。对谋求初级工作的人来说,也许显示出自己的积极性就够了,但如果想谋取一份较高级的职位,单方面的主动和热情是不行的,还必须同时调动起对方的欲望,让对方也产生同样的热情——相信你的实力,承认你的价值。精明的求职者能够根据个人的实力及需求关系比较,适时展露出"热"与"冷"的两手:一方面充分展露自己的优势和特长,显示出自己对所谋求职位的充分把握;另一方面敢于对单位提出要求和疑问,表明你是有选择性、有条件的。

6. 企业形象代表。企业形象代表一般是企业的最高层领导,有的是企业的新闻发言人。他们的个人形象代表着企业的公众形象,所以,维护他们的良好形象是一项重要的任务。一些训练有素的公司,其领导人出席的场合、活动流程等都经过了充分的准备和精心的安排。场面尽可能高规格,会谈对象基本对等,事先解决好细节和难点,领导者仅仅扮演最后签字和开香槟的光辉角色。

7. 谈判代表。谈判其实无时不在,每一次交易、合作都经过了一次谈判。不管是非正式的还是正式的,不管是大对小还是小对大,摆谱都是必要的技巧之一。高明的摆谱者能利用信息不对称的局面,塑造自己的强势形象,表明坚强的信心与决心，让自己一方占有更优势的地位，获得更有利的结果。自吹自擂、制造紧张、满不在乎、坚持条件、"最后通牒"……都是谈判中的摆谱之道。

8. 销售经理。对企业的业务拓展经理和房屋、时装、轿车等大宗商品的销售人员来说，摆谱是必不可少的基本功。**优秀的销售员在自己的"上帝"面前丝毫没有低声下气，而是将"求着顾客"式的强行推销转变成"让顾客求你"式的顾问式服务。**他们的工作重点不是让顾客购买商品，而是让顾客感觉到商品的"品质好""值钱""稀缺""俏销"，进而主动向销售人员"求购"。

在国内房地产供不应求的几年里，售楼员把这一种技巧发挥到了极致。资深经理告诫新入行的售楼员：在顾客进入售楼处后让他自己转两圈，不要过早搭理他；对他有意向的楼盘，回答是已经预订完，或者只剩最后两套；在顾客回家等待几天后，通知他有人退订了一套……一番较量下来，购房者花了大价钱还感觉占了便宜。

9. 收藏品经营者。在古玩字画收藏行业，摆谱是比眼光、经验、门路更重要的本领：一则因为这一行业的信息严重不对称，真真假假，虚实难辨；二则因为商品的价格几乎完全建立在心理基础上。如果没有这一门的本领，就趁早甭玩这一行，那样你不仅收不到便宜货，也卖不出好价钱。在北京琉璃厂、潘家园这些地方，只要是买主看中的玩意，经营者都会告诉你，那是不可多得的好货，有来头，给你是割肉放血了。如果从柜台底下拿出某个玩意给你过目，那绝对是给了你天大的面子。

10. 高档商品与服务的消费者。消费者也要摆谱吗？当然。不会摆谱，你就不一定是"上帝"，甚至要反过来受"欺负"。在两类情况下摆谱的作用尤为明显：一是在消费高档商品与服务时，摆谱可避免"店大欺客"；另一种是面对性能与价格信息不透明的产品时，摆谱可以避免"挨宰"。特别是高端商品与服务的经营人员，他们在长期的观察中培养起了一种敏锐的直觉，谁有钱谁没钱，谁是舍得花钱、经常在这上面消费的主儿，能立马分出个八九不离十。对一个他们认为没有消费能力或消费习惯的主顾，即使对方已经付了钱，其服务态度、服务质量也会差一截。进了这类场合，不管最后买与不买，消费者一定得表现出十足的自信和自在，千万不能露怯。

11. 择偶的女子。几乎每一个恋爱期的女孩子，都会被父母、同学、闺中密友传授一些"择偶之道"，并很快变成一个摆谱行家——很多是出于女性保护自己的本能。**除了以"热脸"向众多男生展示自己的魅力与身价外，更多采用的是向主动求爱者示以"冷脸"，其花样之繁多，心思之细密，充分体现了人际关系的斑驳程度，以及人类在特殊时期可以迸发的智慧。这些手段包括：**

神秘主义：尽可以打扮得花枝招展，仪表谈吐上摆出一副大家闺秀的气派，但千万不能和男生们"打成一片"。"寻常看不见，偶尔露峥嵘"，才会让他们兴致盎然，各处打听你是何方神圣，也掂量掂量自己够不够资格展开追求。

"守株待兔"：等别人来追你吧。即使是对自己心仪的男生，也不要表现出主动。精心给他创造机会，但要装着是一副被动、矜持的样子。这丝毫不意味着你没有选择权，而是因为你大权在握。现在国内的电视相亲节目非常火爆，综观各类配对成功的例子，极少有"女追男"成功的。如果男方没有对你心动，你再积极主动也是枉然。

拒绝：在男方作出示爱表示后，不管是谁，不妨先拒绝一次再说（当然方式可以委婉一点，也可以坚决果断，视你对他的感觉以及你自身的吸引力而定）。如果怕伤了他的心，找一个借口好了。不要担心他会跑了，你可以再给他创造机会的！那样，他会有失而复得、如获至宝的欣喜。在电视相亲节目中我们看到，如果某男子看中了某位女子，不管该女子有没有为他留灯，他都会执著地单方面向该女子表明爱意。

制造紧张：不管事实如何，你都可以向某一追求者暗示，还有若干男生在排队等候。没有人会查得出的。如果是事实，那更好了，把别人送来的鲜花、贺卡之类的东西放在他能看到的地方，最好让他目睹一次别人接送你的场景。

要条件：要他为你买多少次单、或者必须有房有车之后再谈，这样的要求都显得你层次不高。要求他把头发梳理干净、戒掉烟酒总可以吧，要求他先通过某次考试、拿到某种资格证书也是完全说得过去的。激励他的上进心，他还会感谢你的。

让对方等待：给他一个考验期吧！只要你没有明确答复他，每一天对他都等同于一种折磨。

大动干戈：为了避免他对得到的东西不珍惜——这样的毛病多数人都会有，找一两次机会，对他的某种行为大声娇斥，扬言要各走各的路，让他产生"所得非所有"、随时仍有可能失去的担忧。

当这些手段一条条运用下来，男生大都会乖乖就范。女生将得到自己最理想的人选，而且让对方倍加珍惜。只可惜，多数男生都未参悟此道，只知道一个劲地穷追猛打、讨好卖乖甚至死缠烂打，自己成了俘虏还浑然不知。

第29节

不打无准备之战

1908年，清代最后一位皇帝宣统继位，摄政王载沣监国。1909年1月，载沣因担心袁世凯的北洋势力日益壮大，遂以袁世凯有"足疾"（实际并没有）为由，强令他退休回老家养病。袁世凯回到河南彰德府（今安阳市）洹上村老家，表面上以垂钓度日，暗中却与自己亲自训练的北洋六镇军队保持着联系，等待机会的到来。

1911年10月武昌事起，清廷派丁荫昌领军前往镇压，但丁荫昌根本指挥不灵。袁世凯的旧部冯国璋跑到洹上村向他请教，他给了六个字的方针："慢慢走，等等看。"于是，这些军队便以需要准备为名拖延出发时间。清廷无奈，只好电请袁世凯出山，委任他担任湖广总督。袁世凯嫌官小，回电说"足疾未愈"，无法行动。内阁总理大臣奕劻于是派内阁协理大臣徐世昌到洹上村，劝他出山。袁世凯又提出六项条件，重点是立即立宪和改组内阁。军情紧要，清廷只好再升任他为钦差大臣，统辖湖北军政事务。袁世凯领命，但仍旧待在河南指挥北洋军队。清廷不得不再次让步，让奕劻退位，正式任命袁世凯为内阁总理大臣。这时，他才威风八面地开进北京。三次任命，前后不到一个月时间。

后世对袁世凯的心机、权谋有各种道德评判。如果仅就目标与手段来说，袁无疑是一个老练、娴熟的摆谱高手，以平头百姓之身，韬光养晦，很快位极人臣。他的一举一动，无不是经过深思熟虑，有备而来：暗地里与旧部保持密切联络，并指使他们消极抵抗朝廷的命令，为自己积累摆谱的资本；看准了清廷底气虚弱，有求于自己，所以敢于以婉拒、提条件、拖延等方式向朝廷显示自己的实力（包括权力、声望、能力等），直至得到满意的结果；有限度地与朝廷角力，步步为营，避免引发正面对抗。无论是设定的目标、运用的手段，还是选择的时机及分寸，都拿捏得恰到好处，实现了自己利益的最大化。

摆谱是一场人心的博弈。要在博弈中取胜，首先要做好充分的准备，不打无准备之战。这种准备既包括思想上的准备，也包括客观条件的准备，想好了、看准了再做。在这方面，中国传统的士人与官僚阶层具有丰富的智慧。

具体来说，摆谱的准备工作包括三个主要内容：一是给自己定位——摆什么谱。我处在什么位置？要到达什么位置？适于向外界传达什么信息？二是为摆谱创建筹码——有"谱"可摆。为了具有说服力，需要争取到哪些强势资源？有些资源是可以在明确目标的指导下迅速地获得的。三是选择适当的摆谱对象以及时机——摆给谁看。有的放矢，适时而动，才能提高命中率。

定位：设定恰当的目标与诉求

摆谱是一种自我身份、形象的营销和传播。**优秀的摆谱者对自己应该传播一种什么样的身份、形象（摆的是什么"谱"），具有明确的目标和准确的定位。**"我是这个领域的权威"，"我是艺术大师"，"我是正在快速上位的新秀"，"我是一个小有所成的商人"，"我是有社会责任的好人"，"我是不容侵犯的狠角"，"我是地位稳定的管理者"……这样的目标定位加上有说服力的证据，以适当的方式传播出去，将在别人眼中建立起你的身份和形象。

要保证摆谱目标的准确性，一般要回答以下三个问题：

"我希望在别人心目中建立一种什么形象？"

"我希望建立的形象是否有足够的资源支撑？"

"根据接受对象（受众）的心理，建立哪一种形象对我最有利？"

理清了这三个问题，才能设定一个恰当的目标和诉求，摆谱才能发挥最大的效用。在袁世凯向清廷摆谱的案例中，他给自己设定的目标接近一个"拯救者"的角色——"我是来拯救朝廷的（是护国公而不是革命者），理应得到大位"。他从朝廷手中获得了他能够获得的极限，而他也拥有让朝廷信服的强势资源。

具体而言，设定摆谱的目标，首先要明确的是摆谱的方向。我需要侧重显示自己哪一方面的优势？是有钱还是有权？是有能力还是有道德？**如果定位偏离了自己的优势资源（比如一个学者突出自己的财富，一个明星突出自己的教育背景），势必难以达到目的，并造成他人认知上的紊乱。**

而且，一个人不可能样样都行。在构成一个人优势地位的诸多方面中，拥有一两项已经足够赢得他人的尊敬与重视。如果试图显示自己样样都行，而且都是顶级，不但难以让人相信，还可能反而不受欢迎。谁愿意总和一个样样都超出自己的人待在一起呢？**魅力型领袖都是缺点明显的人——即使没有缺点，也要想办法弄出点来！**

接受对象（受众）的心理也极大地制约着摆谱的目标选择。一般说来，接受对象在乎什么，你就得显摆什么，由不得你任意发挥。在一个刚刚摆脱饥饿、又被激发起物质欲望的社会或群体中，人们最看重的是金钱，这时候显示你的经济实力无疑是最有吸引力的；在一个尚未完成民主化改造、个人自由发展机会有限的社会，人们对权力充满崇拜，显示你拥有的权力是一件受欢迎的事情；而在社会普遍富裕、生活自由度高的社会（或群体）中，展示你的才华、品位与修养更能让你胜人一筹。

然后要确定的是，对选择的摆谱目标，应该定位在一个什么程度上。比如说，你想告诉别人你是一个有钱人，那么到底是大富之家，还是仅仅丰衣足食？如果定位过低——比如一个超级巨星将自己放到一个二流歌星的位置上，显然是对自己不利的。如果目标定得过高，缺乏相应的资源支撑，则会让人觉得"离谱"，难以得到他人的认同，你可能要因此承担失去一个职位或一笔生意之类的代价。

即使在某一件事上能够获胜，但如果胜得太多，也会让别人心有不甘、心怀怨愤，并为今后的发展埋下隐患。

国美电器老板黄光裕在与时任永乐电器董事长的陈晓洽谈并购的过程中，双方就价格问题僵持不下。最后黄光裕给陈晓写了一封信，信的大意是：你多拿一点还可以，你拿太多不行……假定你太贪了，现在我就是让着你，将来我心情不好见面就骂你，你也很不好受，日子也不好过。黄光裕讲的这个道理起到了一定作用，陈晓稍微松了口，谈判取得了进展。不过，他们后来还是闹翻了。

实际上，每个求职者都面临着同样的选择。尽可能地谋取一份更高的薪水或者职位，是每个求职者的目标，但如果定得太高，即使东家当时答应了，也有可能在下一次裁员或职位调整时，想办法把"吃亏"的部分找补回来。

适当地给自己提高身价是可以被接受的。这正是摆谱的重要功能所在。一个企业员工表现得像一个管理者的样子，他才有可能被提拔到那样的岗位。在政治竞选过程中，这样的现象更加明显。一个候选人在确定竞选某个领导职位之后，就必须提前"上岗"，一言一行看起来似乎他已经处在这个职位上，这样选民才可能相信你有能力做他们的领导人。按照市场经济的原则，产品的价格取决于买家的接受程度。**只要别人接受、认同你的出价，你就值这么多钱。**

"建谱"：创建摆谱的筹码

要摆谱，首先要有"谱"可摆，否则就可能让别人觉得你"没谱"。这个"谱"就是你显摆的筹码和资本，是价值所在，而摆谱只是让自己获得一个应有的或更好的价格。**摆谱的高手都是有心人，在确定了自我的身份目标之后，老早就开始有意识地建立、积累相关的摆谱资源。**我们将这种创造自身价值、为摆谱累积筹码的过程称为"建谱"。

相对来说,"建谱"是一个长时间的工作,是需要付出巨大努力的,它决定的是个人(产品)的价值;而摆谱是一个短时间的过程,是一种面对他人的技巧与策略,它影响的是个人(产品)的价格。

有些东西(比如购买的奢侈品、获得的高级职位)具有多种实际用途,便于摆谱只是它的功用之一;而有些东西主要是为摆谱而存在的,"建谱"和摆谱几乎融为一体,同时进行。一般来说,获得后一类东西要容易得多、快速得多,效果也看上去立竿见影——比如想方设法获得一个奖项、称号或荣誉头衔,花钱拿一个MBA、EMBA之类的文凭,和某某名人拉上关系,到外资企业待一年半载等,都可以迅速地为自己"镀一层金"。此外,还有下面这些快速的"建谱"方式——

语言:一口不夹杂方言的普通话,可以让人相信你从小受过良好的教育,不是从小地方出来的。不过,能模仿多种方言是另一回事,说明你见多识广,阅历丰富。能说一口流利的外语当然更好了。

求学经历:拥有被社会公认的学习"背景"总是有用的。比如,西方上流社会的子弟一般在少年时,都会被父母送到有名望的私立寄宿学校。每天早上,在纽约的上东区街道上,你能见到由家庭教师陪伴的穿着洁净校服的学童去私立学校上学。进这样的中小学校比进一所名牌大学都难,它不仅是为了让孩子获得更好的教育,也在孩子身上打上了一个"高贵"的印记。越来越多的中国家长意识到这一点,不惜代价将孩子送到有名的小学、中学,长大之后则出国留学,让孩子有一个留学生的身份。

师承:郭德纲早年曾跟随多位师父学习相声,包括高祥凯、杨志刚等人。成年后他在北京闯荡多年,一直不温不火,更难以融入主流圈子。2004年6月,他以传统的摆酒磕头的礼仪,正式拜侯宝林之子侯耀文为师父。有人认为他这是"跳门",借师父当梯子,心术不正。对此郭德纲的解释是,以前的那些老师都没有行拜师之礼,拜侯耀文为师的目的,"就是拿一个身份证,我是正统传人,相声有一个家谱,你的名字会在上面"。

家世:希腊船王奥纳西斯发迹之后,为了改变自己的"乡下佬"和"海盗"形象，向著名的希腊女歌唱家玛利亚·卡拉斯展开了惊人的求爱行动。他买下了一艘加拿大军舰，把它改装成了世界上最大的游艇，这就是举世闻名的"克里斯蒂娜"。尽管当时二人都是有家室的人，但卡拉斯终于未能抵挡住这个世界最富有男人的狂热"爱情"而向他投怀送抱了。不过，奥纳西斯并没有就此满足。1963年11月，美国总统肯尼迪遇刺，他立刻赶到白宫，安慰原第一夫人、也是世界上最有名的女人——杰奎琳·肯尼迪，并开始他长时间的追求计划。他差人每天早晚两次送一大束红玫瑰到杰奎琳的寓所，从不间断。其时，奥纳西斯的老对头尼亚尔霍斯娶了美国汽车大王福特的女儿。奥纳西斯相信，若能娶到杰奎琳为妻，他在希腊的生意竞争者眼中，就会升格为奥林匹斯山上的诸神之一。工夫不负有心人，1968年10月，奥纳西斯与杰奎琳成婚，震惊世界。

形象气度：衣着打扮永远是重要的，"人靠衣裳马靠鞍"。精神气质也明白地告诉别人你的现状。社会阅历丰富的人说，他一眼就能从对方的身体语言和精神状况中，看出对方是有钱还是没钱、是顺利还是落魄、是主管还是跟班。进入21世纪后，干练的身材、健康的肤色被看作成功者的标志，而肥胖臃肿被看作工作劳累、生活质量低下、精神萎靡不振的特征。将时间和金钱投入到健身、减肥之中，是一件具有高回报率的事情。

瞄准：选择恰当的情境和对象

摆谱是一种有意识的传播行为。它不是为了孤芳自赏，大多数情况下也不是针对所有人，而是有特定的目标对象的。传播的对象不适宜，或者选定的时机不恰当，不仅可能起不到显示和提高身价的效果，还可能造成负面作用。

在《三国演义》中有这样一段情节：玄德（刘备）来到（诸葛亮的卧龙）庄前，下马亲叩柴门，一童出问。玄德曰："汉左将军、宜城亭侯、领豫州牧、皇叔刘备，特来拜见先生。"童子曰："我记不得许多名字。"玄德曰："你只说刘备来访。"——童子本是实话直说,童言无忌,但刘备自讨了没趣。

2005年1月17日,上海东方卫视举行电视剧《大明天子》的开播新闻发布会。很多到场的记者非常失望,因为原定出席发布会的该剧女主角俞飞鸿没有来。主办方介绍说,俞飞鸿的经纪人向他们提出了三点接待要求:一是要住五星级酒店,同行3人,要开3间房;二是3张由北京飞上海的来回机票,其中2张要头等舱;三是把记者的采访要求事先传真给她,并附上记者名单,保证发稿不是小豆腐干……东方卫视拒绝了对方的要求,最终女主角缺席见面会。

俞飞鸿的经纪人随后回应说,东方卫视的活动是商业活动,提这些要求根本不算过分,"作为当红一线女星,坐头等舱、住五星级酒店非常正常,圈里的明星都是这样"。

显然,俞飞鸿的经纪人提出三点接待要求,不仅仅是出于舒适与经济上的考虑,还想借此凸显她的"当红一线女星"的身份。不能说他们没有这种权利。但是,他们没有考虑到具体的情境和对象,以致缺席事件被渲染成一个负面消息。

在这起不成功的摆谱案例中,俞飞鸿和她的经纪人显然没有认真考虑摆谱的对象:第一,你面对的摆谱对象是电视台而非其他企业,它们在当前的中国仍是牛气烘烘的机构,在明星面前不会有仰视姿态。在这样的机构面前摆谱,风险当然要大得多。第二,这是你主演的戏,在记者看来,出席开播仪式应是一种义务。你要不来,就是不给记者面子。

从策略上讲,明确地针对某一对象进行显摆,往往也会让人产生抗拒和逆反心理。**高明的摆谱者会有意识地模糊传播对象,扩散传播焦点,让对方感到不是专门针对他的。**如果采取的是"热脸",会同时面向很多人;如果采取的是"冷脸",则会解释说:"这是我们一向的做法","这是上头的要求"等。

在两类人面前是不宜过度显摆的:一是对你十分知情的人。摆谱的重要前提是信息的不对称。对知根知底的老熟人过度摆谱,会显得多此一举,而且拉大了彼此的距离。商人、艺人在自己熟悉的小圈子里，也会以本色的、性情的作风，增加彼此间的亲近感和信任感。赵薇随着身价的看涨，先后购买了两辆宝马、一辆道奇公羊豪华保姆车和一辆奥迪A6，后来还添置了一辆300多万元的保时捷跑车。但到母校北京电影学院参加硕士学位课程班学习时，她开的都是相对便宜的奥迪A6。

二是对你无直接利害关系的人。对这些人显摆，不仅可能浪费资源，更阻碍了双方交往的可能性。一般来说，**成功者对无直接利害关系的人都是非常亲和平易的。**在世界财富论坛上，那些平素呼风唤雨的大老板，出行坐的都是普通的公交车，有的还拉着吊环站在车厢中间。

有两类人群对一个人建立"自我"、获得身份具有特别的意义：一类是故旧，包括邻里乡亲、大学同学、昔日朋友等；一类是与自己身份相等的同侪。**这两类人是一个人心灵中的镜子，他从中看到自己的影子，并据此确立或更改"自我"。**成功与否，身份如何，都要以这两类人为参照。因而，他们是不可避免的摆谱的对象。

在中国人的心目中，人生的最得意之处莫过于衣锦还乡。千百年来，这样的故事在中国大地上一再上演。民国时期的作家林语堂写道："假设中国南方和北方各出了一个不肖之子，他们都被父母一顿棍棒赶出了家门，20年后浪子回头衣锦还乡……一般而言，北方父母将会看到一群挎枪的马弁簇拥着一位骑着高头大马的将军，而南方的父母会看到一群挑箱笼的脚夫拥着一位穿金戴银的商人。"虽然表达方式不同，但荣归故里几乎是每个人内心深处的愿望。

在流动性强的商业社会，人们交往的对象以同事、朋友为主。这些人逐步取代同乡、同学，成为一个人形成自我的主要参照物，也是摆谱的主要对象。与李嘉诚同时代的香港富豪，几乎都奋斗在商战前沿。他们这样辛苦的动力在哪里？肯定不是为了钱，钱对他们早已没有意义，他们需要的是，以这种不断的成功来证明自己的商业眼光和掌控能力。这样，他们就可以在牌桌上骄傲地对自己的老友说："我这一笔又赚了多少！你们看看，我还没有老吧？"一般人难以体会到的是，几个老友投过来的一丝赞赏的目光，对这些亿万富翁多么重要。

《大狗》一书中指出:"缩小观众群乃是不挥霍式炫耀的要点。**你其实不需要让所有的人都能够懂得你的炫耀。你只需要让那些必要的观众——他们的好感和信任可以带给你生意机会、地位的提升或是性爱的欢乐——理解你的炫耀**。想笼络太多的对象只会降低你的品位和赢得没文化的暴发户的恶名。"对美国的富人来说,摩纳哥、棕榈滩、亚斯平,"是世界上硕果仅存的几个地方,让你还可以公开佩戴贵重的珠宝"。每到周末,这里就停满了各式私人飞机,满眼都是珠光宝气的阔人。只有在这些地方,他们才可能放纵平时被压抑的炫耀的欲望,在身份相称的群体能接受的范围内相互攀比,彼此欣赏。

第30节

必要的技巧与尺度

  1962年10月,在美苏严重对峙的形势下,爆发了震惊世界的"古巴导弹危机"。美国的侦察飞机发现,苏联正在古巴秘密部署数十枚可能装有核弹头的导弹,目标瞄准美国的各大城市。经过一连三天夜以继日的紧急研究,10月22日,美国总统肯尼迪发表广播讲话,宣布将对驶往古巴的进攻性军事装备实行海上"隔离",并将"对苏联作出全面的报复性反应"。肯尼迪在公开讲话中威胁说:"我们不会过早地或不必要地冒全球性核战争的风险。在核战争中,甚至胜利的果实也是到嘴的灰烬。然而到了必须面对这种风险的时候,我们也决不畏缩。"

  随即,美军的大批潜艇、军舰及航空母舰编队驶往预定位置。在佛罗里达和邻近各州,美国集结了二战后最庞大的登陆部队准备参战,而且世界各地的美军基地也进入戒备状态。战略空军司令部司令托马斯·S.鲍威尔将军命令用明码向五角大楼发报,指出战略空军司令部已经"严阵以待"。这一个"破绽"是故意露给苏联情报机构看的。他相信,"最重要的是要让苏联人知道战略空军司令部的戒备状态"。

  10月24日,在68个空军中队和8艘航空母舰护卫下,由90艘军舰组成的美国庞大舰队封锁了古巴海域,拦截苏联船只和潜艇。

  赫鲁晓夫没有料到,古巴导弹基地会这样快被发现,而且美国会这样快实行了海上封锁。他原来认为秋季是飓风季节,会妨碍美国U-2侦察飞机的越境飞行；而且正值美国大选，即便发现，肯尼迪政府也不会采取激烈行动。13个小时后，苏联发表强硬回应，谴责美国的海上封锁是"海盗行为"，宣称苏联船只决不会服从美国海军的命令；如果美国对苏联船只采取任何干涉行动的话，苏联将不得不采取必要和适当的措施。

在10月的最后几天里，形势越来越危急，核战争一触即发。联合国和国际人士展开了斡旋。美苏之间发布了十八九篇首脑级声明，肯尼迪和赫鲁晓夫之间措辞严厉的书信往来竟达五封之多。10月26日，赫鲁晓夫给肯尼迪写信，"如果美国作出不会入侵古巴、也不允许别人入侵的保证，并且，如果撤回自己的舰队，不再搞隔离，这就会使一切马上改观"。第二天，赫鲁晓夫再次写信，要求美国从土耳其撤出类似的武器。

美国时间10月27日，肯尼迪给赫鲁晓夫回信，采取他的弟弟、时任美国司法部长的罗伯特·肯尼迪的建议，不理会他的第二封信的内容，仅仅同意了赫鲁晓夫第一封信的内容。同时，肯尼迪派其弟弟向苏联驻美大使传话，美国不能在威胁和压力下作出撤走土耳其的导弹的决定，还特别强调，"时间已经不多，要么是苏联同意撤除他们的导弹，要么是美国采取进一步的行动，苏联必须在第二天给出回答"。

克格勃和军事情报机关得到报告，美军已经整装待发，进攻古巴的信号可能在几小时内发出。赫鲁晓夫招架不住了，他决定抓住这一台阶体面地让步。10月28日，莫斯科电台广播了还没有来得及校阅的赫鲁晓夫的回信。古巴导弹危机结束了。

这场危险的核讹诈游戏，也是两个超级大国之间的摆谱技法大战。在危机持续期间，双方领导人的神经高度紧张，没有人愿意发展成一场核战争，但双方态度都表现得非常强硬、毫不示弱，运用多种摆谱手段及策略：既有虚张声势的口头威胁，又有耀武扬威的实力展示；既有明目张胆的公开炫耀，又有装着无心的暗地泄露。虚实结合，明暗互补。

美国在军事实力上胜人一等，在摆谱上也技高一筹，最终占了上风。不过，美国没有过度运用自己的强势地位，适度让步，给对方留有余地，避免了对方的过激反应和局势的失控。此后，美苏关系进入一个既对抗又对话、既斗争又妥协的新阶段。

摆谱是一种危险的游戏。在使用或"冷"或"热"的各种摆谱手段之时，如果技巧运用不当，分寸掌握得不好，也可能弄巧成拙，让摆谱者丧失宝贵的机会，损害自身的利益。

现代传播学理论发现，传播不是单向度的，接受对象有很大的选择权和主动权，质疑与抗拒是每一个接受者在信息面前的首先反应。摆谱作为一种身份信息的传播，要达到正面的、预期的效果，应该充分考虑对方的接受心理，运用恰当的技巧，掌握合理的分寸。

在现实生活中，失败的摆谱案例可谓比比皆是。**人们之所以对摆谱产生负面的印象，很大程度上就是因为这些拙劣的、生硬的摆谱行为所致。**换句话说，不是因为他摆了谱，而是因为他不会摆谱！

一般说来，高明的摆谱具有以下这些特征：综合运用多种摆谱手段；虚实结合，可信度高；自然而然，不露痕迹；控制强度，适可而止；不激起接受对象的逆反心理和对抗行动。总之，要让对象信服、接受，产生正面的效果。

综合运用，先"热"后"冷"

在对摆谱手段的叙述中，我们归纳分析了"热脸""冷脸""温脸"等三大类型的二十多种摆谱手段。多数情况下，"热脸"主要为正在向上攀爬、企图心强的人士所采用，"冷脸"主要为掌握着某种稀缺资源、或者自信心良好的强硬者所采用，"温脸"主要为功成名就的权势人物所采用。这些花样繁多的摆谱手段，其诉求的侧重点、效果的显著性以及风险性也有所不同。根据目标诉求及对象的不同，选择合适的摆谱手段是非常重要的。

在摆谱实践中，单独选用一种摆谱手段的时候是比较少的，往往会打出

"组合拳",让对方印象深刻,难以抗拒。而且,**大多数时候是先"热摆"后"冷摆"——先以"热脸"制造声势,强力推销,然后以"冷脸"吊足胃口,提高要价。**

2005年,国内音乐碟片销量最好的歌手不是朴树,也不是周杰伦,而是一位名字让人陌生而又熟稔的新人——刀郎。这位从四川音乐学院走出去的歌手,没有像其他歌手一样参与打榜、开歌友会,更没有频频在媒体上抛头露面,但他的专辑《2002年的第一场雪》却创造了内地唱片市场不曾有过的疯狂畅销业绩。

按唱片工业的惯例,一个歌手及其唱片要在市场上走红,通常需要经过打榜、专访、举办歌友会这些流程,并频繁地在媒体上宣传造势。而刀郎却走了一条与众不同的成功路径,可以简单归结为一句话:"只闻其声,不见其人。"前者是"热脸",后者是"冷脸"。

在"闻其声"方面,通过销售终端展示和盗版造势,彰显刀郎音乐的受欢迎程度。2004年1月,俏佳人旗下的大圣公司从推出《2002年的第一场雪》专辑一开始,就要求所有的销售网点每天放上至少两个小时的刀郎音乐,让刀郎的歌声无时不在。不断的播放让消费者以为这是最畅销的产品——因为每个人都认为店主不会总播放滞销的音碟。于是,很多消费者不由自主地扑向这个"流行"。部分人的购买与传播,又带动了新的消费人群的盲从与跟进。

唱片公司甚至不惜通过盗版的发行网络去推销刀郎的正版唱片。刀郎的盗版唱片也有十几张之多,全都是换汤不换药的版本,顾客走到哪儿都能看到刀郎的唱片。人们普遍认为,有盗版的东西肯定是好东西。这样几招下来,刀郎声势大振,街头、出租车都开始飘荡着他的《2002年的第一场雪》。

做到了"闻其声"之后,唱片公司和刀郎在"不见其人"上做得也非常到位。刀郎原本是新疆叶尔盖河中下游阿瓦提县的古地名,也是刀郎文化的发源地。歌手刀郎的原名叫罗林,改名刀郎,使他和古老的尚待发掘的刀郎文化形成了某种对接,增加悬念。刀郎本人也在南疆寻访老刀郎人,整理编订一些濒临失传的刀郎音乐。在媒体对他的兴趣逐渐增加之时,刀郎仍然保持低调,不接受采访,不参加打榜和歌友会,让成群的记者无可奈何。并且,在刀郎的所有唱片上一律看不到刀郎本人的照片。这更增加了公众对刀郎的好奇。数家媒体飞赴新疆并安营扎寨,目的只有一个:调查刀郎。

在唱片热销之后,各地经销商、唱片店不断要求追加供货数量,不知是有意还是无意,唱片出版的速度总是不能满足追加的数量,不时出现消费者买不到货的局面。这进一步促进了刀郎唱片的热销。[57]

可以认为,刀郎及其唱片之所以能迅速走红,除了其音乐本身的特点外,一个重要原因是他们恰到好处地运用"热""冷"两种摆谱手段:先通过"大场面""运用名号"制造声势,引起关注,然后通过"神秘主义""制造紧张""拒绝"等方式,进一步调动公众的兴趣,提升其作为艺术型歌手的形象。这是两个相辅相成的环节。如果只有后者没有前者,或许刀郎也可能逐渐得到认可,但不会红得这么快;如果只有前者没有后者,那么刀郎可能只是被归为又一个流行歌手,不会达到众人追捧的热度。

刀郎唱片摆谱手段一览

	表现	手段
1	销售网点频繁播放,进盗版渠道,多个版本	大场面
2	以新疆一种古老音乐的发源地——刀郎为歌手名称	运用名号
3	不发布个人照片、不参加打榜和歌友会	神秘主义
4	不接受媒体采访要求	拒绝
5	不主动约请记者	"守株待兔"
6	唱片经常断货	制造紧张

在摆谱手段的"冷""热"运用上，不同位阶的人有不同的选择与侧重。一般来说，正在向上攀爬的、不太成功的人适宜更多地采取"热脸"——毕竟知道你的人不多，"先混个脸熟"是有益处的；但是，对已经功成名就、名声在外的人来说，则宜更多地采取"冷脸"；如果属于权贵级人物，则要求更高，应以"温脸"为主了。如果一个事业成功的人仍然像一个新秀一样到处招摇大摆POSE，则让人感觉有失身份，甚至会怀疑他是不是外强中干、信心不足了。人们会问："您一个如此成功的人，还用得着这样来推销自己、讨好别人吗？"

唐骏就是这样一个典型的例子。在获得了"中国打工皇帝"的美誉之后，唐骏就应该给自己降降温，更多地以"冷脸"甚至"温脸"示人了。但是，他似乎对自己过去的高调做法形成了路径依赖，出名、炒作成了瘾，仍然四处抛头露面，上电视，作演讲，出书，一遍又一遍讲述自己的职场成功经历。不少老江湖看在眼里，心里为他着急惋惜：都做到这个级别了，挣的钱也以亿万计了，怎么心态、做派还像个打工仔呢？应该矜持一点、神秘一点才对啊！

最终，唐骏在自己的名声似乎如日中天之时，阴沟里翻了船。翻船的原因不是别的，而是他自吹自擂过了头，牛皮吹大了，吹多了。虽然唐骏解释所谓加州理工学院的博士学位是别人讹传，自己并没有说过，但没有人相信这一点。

由虚到实，可信优先

摆谱是一个人（组织）力量的展示。从策略上讲，少不了虚虚实实，真真假假。**在不具备某种资源、或者实力达不到某个程度的时候，依靠大张旗鼓、夸大其词、虚张声势的方法抬高身价，我们称之为"虚摆"。**

虚摆是实力不够者自壮声威的武器，以此让对方对自己产生更高的评价，或逼迫对方作出让步。要运用这种武器，既要有过人的意志力（信心与决心），又要有高度的技巧。在《三国演义》中，诸葛亮在魏军压境、城中守备空虚的情况下，不得已采用了一回空城计。他传令将城门大开，再派若干士兵扮作百姓洒扫街道，自己一个人坐在城头凭栏而坐，焚香弹琴。这种大胆举动再加上他的镇定自若，吓住了多疑的司马懿。司马懿恐内有埋伏，命令退兵。蜀军得到了调整、撤退的机会。

吴士宏应聘IBM的故事曾广为流传，是另一则空城计的故事。1985年，学了一年半许国璋英语的吴士宏壮起胆子到IBM去应聘。两轮笔试和一次口试，吴士宏都顺利通过了。面试进行得也很顺利。最后，主考官问她："你会不会打字？"

"会！"吴士宏条件反射般地说。

"那么你一分钟能打多少？"

"您的要求是多少？"

主考官说了一个数字。吴士宏环顾了四周，发现现场并没有打字机，马上承诺说可以。果然考官说下次再考打字。但实际上，吴士宏从未摸过打字机。

面试结束，她飞也似的跑了出去，找亲友借170元买了一台打字机，没日没夜地敲打了一个星期，奇迹般地达到了考官说的那个水准。不过，公司一直没有考她的打字功夫。她一直做到IBM华南区的负责人。

不过，这种虚张声势是一种危险的动作，只能作为权宜之计。诸葛亮的空城计也只能使用一次。诸葛亮料定司马懿还会再来，如果再使用空城计肯定骗不了他，于是率领部下弃城而走。吴士宏的"小小牛皮"如果被当场（或事后）揭穿，很可能就要立马走人，成为公司内外的一个笑谈。她之所以能够侥幸过关，一是她看到现场没有打字机，二是吴士宏下决心学会打字，把"虚"变成了"实"。

一般来说，适度的文饰、夸张在人们的接受范围内。但是，如果"虚摆"摆得太"离谱"，难以让人相信，那么后果轻则让人生厌，重则遭到严重打击。

在桥牌游戏中，玩牌者经常会夸大其词，虚张声势。不过，博弈论的创立者诺曼发现，玩牌虚张声势的频率在某种标准可以赢钱，低于或高于某个标准，输钱的概率就比较大。这可以理解为，一个人如果适当地"吹牛"，别人信以为真，可以给他带来好处；如果他玩得过了火，人们就会识破，对他嗤之以鼻。一旦获得了"吹牛者"的名声，那就无异于那个叫嚷"狼来了"的孩子，再大吹特吹都起不到任何效果。曾经有媒体报道，一位在美国留学的中国学生自称是爱新觉罗后裔，把美国人唬得一惊一乍的。后来经核实纯属子虚乌有。从那以后，这个留学生的日子就不好过了，说话再没人信。

虚张声势的策略要取得成功，归根结底就是要藏好自己的"底牌"。不过，在调查手段发达、媒体无孔不入的年代，藏好"底牌"并不是一件容易的事，特别是对知名人物来说。女歌手爱戴曾在许多媒体面前聊起自己的身世，说自己的外祖父是西班牙人，自己身上有1/4的西班牙血统。很快有记者跑到她在四川崇州的老家，考证出她是"100%的中国人"，并引用她的乡亲的话说："啥子西班牙哟，她就是崇州女娃子么，都是吃串串香、咂咂面长大的么。"

摆谱要取得成功，关键是让对方相信。事实是最具有说服力的，真刀真枪才能让人深信不疑。高明的摆谱者总是适时将自己拥有的某些真实资源展示出来，增强别人的信任度。**我们把这种如实地展示自己的稀缺资源的摆谱方法，称为"实摆"。**

实摆是摆谱取得成效的保证。在古巴核危机过后，肯尼迪总统回忆说："决定性的因素是我们集结在佛罗里达的常规军事力量，它使赫鲁晓夫相信，他的对手是十分认真的。如果他不屈服，就真的可能出兵古巴。有趣的是，一旦让他相信了这一点，几乎不需要开展什么外交活动，他就同意退却了，而且几乎不曾考虑什么丢面子的问题。"

明暗结合，自然而然

从显露的技巧上，摆谱有"明摆"和"暗摆"之分。**"明摆"**指目的明显、手法高调与直接的摆谱方式,别人比较容易看出其用意;"暗摆"是指目的隐晦的、不经意的、间接的摆谱方式,接受对象不易觉察到其中的摆谱动机。比较而言,"明摆"的效果要差一些,常常会让他人感觉做作、修养不足,甚至还会让人对其可信度产生怀疑:"既然是有意做出来给别人看的,你肯定要把最好的甚至经过夸张的东西拿出来,说不准还是伪装的呢!"人们会本能地认为,你的真实状况很可能不像表面上的那么光辉。

为了避免让人感到"虚伪""做作",增加可信度,高水平的摆谱大都以"暗摆"为主,显得漫不经心、自然而然,甚至装着要掩盖的样子。比如,"顺便提起"与某个大人物的会谈,"偶尔"让你发现他为某大公司服务时的照片,"说漏嘴式"地泄露某个秘密……这种做法的潜台词是:"我只是偶尔让你知道这些信息而已!""我不是专门来针对你的!""我犯不着专门告诉你!"这些信息如同"随风潜入夜,润物细无声"的细雨一样,被接受对象在不知不觉、舒舒服服的状态中吸收。一些长时间身居高位者,在心理上已经将自我的优越感固定化,更是不会认为自己的行为是刻意摆谱。他会说:"我一直就是这个样子,这就是我的真面目!"

在这些高明的摆谱者身上,一般人是很难看出明显的摆谱痕迹的。他们出现在你的面前时,大多是一副和颜悦色、平易近人的神情,有的还十分谦逊、礼貌。不过,早在你见到他们之前,他们已经做足了功课,让你先入为主地心怀一分敬畏;见面之后,因为他们出乎预料的平易、随和,你又平添了一分感动。

或许因为摆谱有一个类似于"虚伪""做作"的坏名声,极少有人承认自己的做法是刻意而为。**寻找托词,将摆谱动机隐藏在其他实用功能之中,是常用的"暗摆"技巧之一**。比如,拿出大部分积蓄购买了一部豪华轿车,很少有人会承认说这是为了显示身份,绝大多数人都会说:"这个车子性能很好""我喜欢这种款型";在华贵场所大摆宴席,请来各方有身份的宾客,也会说是为了回报各方关照,让客人分享自己的喜悦;身边围绕一大群随扈,会解释为事务太多,或者为了安全需要。**客观上,纯粹用于摆谱的行为是比较少**

的，大部分包含摆谱意味的行为都具有其他的实际功能，摆谱者可以很方便地找到一个堂而皇之的理由。

另一类"暗摆"的方法就是委责给别人，自己装出一副不知情、不情愿、被动无奈的样子。这一类做法最典型的就是"热脸"中的"他人烘托"与"冷脸"中的"设置障碍"。在论坛主持人对演讲者的众多头衔、显赫履历作出隆重的介绍之后，演讲者会说这是主持人的过分抬举，搞得自己压力很大，其实自己只是一个很普通的人；当拜访者费尽周折、等待多时终于见到某个大人物（领导人或明星）时，大人物会满脸责怪地说："这都是秘书（助理）没有安排好，让你久等了！"搞得对方要反过来宽慰他，或者事后对人感叹："阎王好见，小鬼难缠。"

其实，这都是当事人与下属、邀请者之间或明或暗的约定——没有演讲者提供的资料，主持人哪里知道他最新的头衔和完整的履历？没有大人物的授意与教导，秘书、助理们哪里敢自作主张把客人挡在门外？下属、邀请者为摆谱"背黑锅"，摆谱者就可以做一个"平易""真诚"的好人了。

适可而止，过犹不及

玛利亚·凯莉在自己的事业不景气的时候，还是保持着乐坛歌后的架子。某次她在伦敦为新专辑做宣传，让助手预订了15个房间。由于抵达酒店的时间是凌晨，凯莉让酒店经理在房间外面的走廊两边都摆上大蜡烛，她人一到蜡烛就点亮，以示尊重。但酒店方面认为这是故意摆谱，没把它当回事。凌晨2时，凯莉抵达酒店时，发现没有摆蜡烛，她大光其火，拒绝进入酒店，还让车队在酒店外面的大街上绕行。她的随从把经理叫起来，说普通的走廊摆设、照明设备不能让凯莉满意，必须将地毯全部清洗干净，换上鲜艳的红地毯，然后再摆上漂亮的蜡烛。一切如意之后，凯莉这才进入房间。

后来酒店经理气愤地向媒体控诉说："再大牌的明星我们也接待过，但是玛利亚的要求的确过分。就她的身份而言,我们觉得她不配。"这件花边新闻被媒体广泛报道,让凯莉的形象受到了一定损害——受损的原因不是因为她摆了谱,而是因为摆得太过头,致使酒店对她的身份提出了质疑。

对方"不买账"问题并不大(可能是他支付不起),"不认账"则是真正的失败。明星的摆谱现象最普遍,但他们提供的经验教训也最多——摆谱最好适可而止,否则,过犹不及。即使你拥有强大的优势资源,如果过度地运用这种优势,把自己的地位、力量优势标榜得太露骨、太招摇,也可能让对方认为无法接受,并引发他人的嫉恨、敌视与非议。在古巴导弹危机中,美国政府经过反复商讨,最后采取了有限威慑、有限行动的策略,从外海隔离开始逐步向苏联施压,同时积极妥协,见好就收。如果一开始就威胁说要夷平莫斯科,或者采取军事打击行为和石油禁运,有可能让苏联高层恼羞成怒,孤注一掷。

摆谱是一种辅助性、边缘性的自我营销与传播策略,不是达成目标的必要途径,更不是唯一途径。适可而止、含蓄低调是摆谱成功的重要原则。使用的强度过大、频率过高,必然或多或少地露出破绽,也促使对方发展出相应的对策,如同一个武器用多了,杀伤力必然递减一样。一位曾在高露洁公司任职的经理人讲述了他经历过的一件事:

20世纪90年代中期,某4A广告公司参加高露洁公司的广告投标,花了两个小时的时间为高露洁的老外们作演示。该公司以图文并茂、外加以小故事的方式给老外讲述中国市场的复杂性和特殊性,三个频频出现的关键词是"关系、面子、政策"。在第三个小时的开头,一个有30年国际公司工作经验的老江湖愤然将其打断,指出其过分夸大文化差异,制造不确定性和恐惧感,目的在于导出"没有我们公司,没有我们中国人,你们老外将会寸步难行"的结论。

招标会的结果是,该公司的投标以失败告终。这种失败正是过度摆谱导致的。

尊重对象，遵守规则

过度运用自己的优势，开出的条件过高，有时候会让对方不仅无力接受，还会觉得受到了伤害。在尊龙经纪公司向《霸王别姬》剧组提出的条件中，"尊龙每天洗脸刷牙必须用外国或中国香港空运来的矿泉水"这样的条款，虽然不是直接对剧组的贬抑，但仍然让头一次接触外国明星的剧组感到"受到了侮辱"。合作失败了。如果直接对准摆谱对象本人，把自己的"高贵"建立在贬抑对方的基础上，摆谱失败的可能性将更大。

2006年4月7日晚，EMC大中华区总裁陆纯初回办公室取东西，到门口才发现自己没带钥匙。此时他的私人秘书瑞贝卡已经下班。陆纯初试图联系她而未果。数小时后，陆纯初还是难抑怒火，在深夜1时通过内部电子邮件系统给瑞贝卡发了一封措辞严厉的"谴责信"。陆纯初在这封用英文写就的邮件中说，"从现在起，无论是午餐时段还是晚上下班后，你要跟你服务的每一名经理都确认无事后才能离开办公室，明白了吗？"陆在发送这封邮件的时候，同时传给了公司几位高管。

让陆纯初没有想到的是，他碰到的是一位"史上最强女秘书"。瑞贝卡以一封咄咄逼人的邮件进行回复，并让EMC中国公司的所有人都收到了这封邮件。这件事在网上吵得沸沸扬扬，瑞贝卡不得不离开公司。陆纯初也于当年4月底被召回美国述职，5月上旬提出辞职。虽然公开认为的原因是业绩不佳，但沸沸扬扬的"秘书门事件"，显然加速了总部另请高明的决定。

陆纯初平素作风强硬，做事强势，在工作中数落下属已成习惯。以往挨过他剋的下属们都是忍气吞声，但这一次却"栽"在一个小秘书手上。

也有人力资源专家认为，瑞贝卡的做法也欠妥当。假如她上班后跟老板解释一下，再道个歉，事情就过去了。但双方"顶牛"的结果，是两败俱伤。

伤害传播对象的自尊心是摆谱的大忌，招致的往往是反感和排斥。毕竟，平等是每一个人内心的愿望，没有人希望自己在别人面前太过低人一等（虽然这可能是事实，虽然每个人内心中也希望自己高于他人）。如果你比他略高一点，你可能是他模仿、追赶的对象，但如果遥不可及，就失去了沟通的前提。在这方面，底层群体表现得特别敏感。如果你在一个贫困社区摆放一辆豪华轿车，在一个工厂车间里穿西服打领带，都可能被视为对他们自尊心的直接挑战。

前几年，赵本山到兰州参加活动，很多记者闻讯赶来，包围着要采访赵本山。现场组织者见状，态度粗暴地驱赶记者。记者们一气之下，招呼着都要离开。眼看没人理睬了，组织者着急了，反过来请求记者留下。在当晚的酒桌上，赵本山亲自给记者们敬酒赔不是。记者们舒了口气，终于在明星面前打了场胜仗。

有经验的摆谱者会装出其行为不是专门针对某一对象的样子，尽量避免让接受对象产生受到贬低的感觉——自己的"高贵"不是相对对方而言的，而是以自己的同类群体或其他假想人群为参照系的。其隐含的说法是："这是我们的惯例和规定，不是专门针对你的""我是一个有身份、有地位的人，但并不意味着你的身份、地位比我低""我只是在我的行业、领域受到尊重，和你的领域不搭界，所以你不必气馁"。

睥睨公认的价值观与通行的游戏规则也是危险的。这些价值观与规则因为得到了普遍认可，人多势众，如果有人越位、越矩，人们在批评时就会有恃无恐、理直气壮（只有极少数权势人物才可以偶尔突破一下成规）。比如公然浪费、在发布会上迟到、用钞票点香烟这类举动，常常会招致人们的反感和抨击。

第 31 节

自己与自己的较量

有一次，叶茂中到北京一所高校演讲。有学生问他，策划人与企业客户是什么关系？叶茂中戏谑地说，策划人就像京城名妓，给钱就脱裤子，给得越多脱得越快。

叶茂中的戏言，表达了营销策划人在现实中的无奈。这也是大多数处于下位者（贫困者、乙方、下属等）面临的真实处境。面对强势的"老板""上帝""甲方"，很多人卑躬屈膝、委曲求全，但仍然要被对方呼来喝去，形同牛马。

但是，这种状况并不是所谓下位者的全部，也不是必然。从王志纲《我们是丙方》的文章中可以看出，作为乙方的他，不仅凭三寸不烂之舌从贼精贼精的老板们的口袋中掏出了大把银子，还找回了策划人的尊严，颇有上古谋士的遗风。

"经常与我们一道为老板提供服务的业界同仁，常常愤愤不平地问我们：'我们同样是乙方，为什么你们在老板那里那么牛？不要说老板，连他手下的职业经理人都经常把我们骂得狗血淋头，却从来没有人敢对你们指手画脚？倒看见你们的总监常常牛气冲天地教训对方，这是为什么？'我开玩笑说：'我们不是乙方，而是丙方。'"

在市场经济的活动中，只有需要接受服务的一方和提供服务的另一方，也就是甲方与乙方，何来丙方？王志纲是这样定义的："所谓丙方其实就是一个特殊的乙方,它既不用看甲方脸色行事,也不用像别的乙方那样当孙子,而是具有超然而独立的地位,且备受客户的尊重和信赖。"

一般来说,乙方有四大特点:第一,吃饭得自己掏钱,甲方吃饭也得你掏钱;第二,只有你请别人的规矩,没有别人反过来请你的道理;第三,当乙方还要懂得给回扣;第四,当乙方必须随叫随到,吃得苦,忍得气,受得罪。

王志纲的工作室当然是乙方,但他别出心裁地认为自己是丙方,并相应地给自己定下了四条规矩:第一,吃饭甲方掏钱,自己从不请客;第二,只有别人请自己,没有自己请别人的,"老板们都知道我的习惯——从不敬酒";第三,从不给对方回扣,也从不要人家回扣;第四,与对方平起平坐,不是大爷,但也绝不是孙子。

王志纲说:"丙方的地位和说法传递了三种层面的观念:其一是一种生活态度。独立的人格,尊严的地位,同流而不合污,和光而不同尘。其二是一种另类的生存方式。本来是乙方,却获得了甲方前所未有的礼遇和尊重。其三是内心的一种精神自豪感。这种'第三种生存'对他人来讲怎样我不知道,但于我来说却是当老板做生意办公司的底线,如果让我被老板呼来唤去,骂得像孙子,我宁可不做!"

不少人认为,王志纲的所谓"丙方"说法只是一种自我标榜,很难相信他每次都能当"丙方"。但作为一个商人,王志纲敢于作出这种姿态,把一份在人们眼中要靠别人"施舍"、看别人脸色行事的工作变得有尊严、受尊重,无疑是值得学习的。他的现身说法告诉人们,"乙方"也是可以摆谱的——不仅**有必要**,而且**有可能**!

王志纲有什么资格摆谱?他摆的什么谱?有人会说,他有丰富的知识、有新华社的从业经历。不能说这些东西没有用,但都不是主要的,具有和他同样资历(甚至远远超过他)的人成千上万,在强势的甲方面前,这些东西都可能变得无足轻重。其实最根本的,是王志纲所坚持的态度,一种自信、自尊与决心:"独立的人格,尊严的地位""内心的一种精神自豪感""如果让我被老板呼来唤去，骂得像孙子，我宁可不做！"

我们发现，善于摆谱的人无一不具有良好的自信。人们为这些人创造了一个新名词——"牛人"。"牛人"的"牛"，既有自信的意思，又有善于摆谱、惯于摆谱的含义，自信与摆谱融为一体。**是不是敢于摆谱，摆谱水平如何，关键不在于他是否处于一种优势位置，而是取决于他是否拥有足够的信心与决心。**从很大程度上说，摆谱是自己与自己的较量。

相信自己：摆给自己看

自信是摆谱的先决条件。如果自己都不相信自己，如何让别人相信呢？而**要让别人相信你，接受你是一个具有某种地位的人，首先要在内心中把自己放到那个地位上，显摆给自己看。**

2002年9月，竞选英国下一届首相的保守党领袖伊恩·邓肯·史密斯接受BBC电视台记者的采访。记者问道："你认为自己能出任下一届首相吗？"他犹豫了一下，目光下垂，语气不坚定地说："是的，我可以，但我需要努力争取。"几分钟之后，电视台收到不满意的观众的电子邮件及电话录音："他自己都不相信自己能成为首相，让我们如何相信他可以做我们的首相？"

西方有句名言："你可以先装扮成'那个样子'，直到你成为'那个样子'。"如果换成中国式的句式就是："欲谋其政，先处其位。"这并不是要你越位干政，而是必然在心理上、行为方式上为"谋其政"做好准备。只有你先有了这个模样，别人才能接受你、信任你，把你推上这个位置。

这种自信心从哪里来？一种可能是，出于你所拥有的某种优势资源。比如你的出身、你创造的或继承的财富、你掌握的某种技能、你曾经拥有的职权与名利、你获得的某种奖励与社会评价，甚至就是某个人对你的赞扬……寻找到一两样这类东西，把它作为自己建立信心的基础。

一些没落贵族与社会贤达的后代，并没有从祖上那里继承任何东西，但他们往往表现出超于常人的自信，言谈举止中透露一股大家子气。为什么？因为他在内心中认为，"我出身名门，我就应该不同于凡俗"。即使他自己变得穷困潦倒，外出时仍然"驴倒架不倒"。

毕业于美国哈佛大学、耶鲁大学等几所名校的学生，大多具有浓厚的精英意识，行事作风与其他普通大学的毕业生明显不同。人们说，这些毕业生的头顶上仿佛有一道光环。中国北大、清华的毕业生也多少有一些这样的意识。很难说他们在三四年的时间里比别的学校学生多学到了多少东西，但学校的名声相当于一种催化剂，让他们对自我产生了高于其他人的期许。

工作的神圣性、荣耀性也是自信的源泉之一。教师、医生、警察、公益组织的成员、艺术工作者、领导人物的助手、明星的跟班等，这些人的自信心一般比较强。他们的工作能力并不一定比其他人突出，却自认为从事的是更光荣、更有价值的工作。僧侣的自信心与社会地位是一个更有意思的现象。他们与乞丐一样一无所有，点点滴滴都要靠众人施舍，但在施舍者面前，丝毫没有其他受施者的唯唯诺诺。他们以神的名义获得了自信，他们可以认为这些施舍都是给了神，为了神。

不过，并不是所有人都能很容易从拥有的资源或者工作特性中找到信心的依托。对大多数人来说，信心最强大的、永不枯竭的来源，是一个人的心底，或者说是性格。也就是说，**自信，它几乎不需要任何理由，是一股来自内心的力量。它可以是无中生有、从天上掉下来的，是上天赋予个人的一种权利。**为什么两个拥有同样背景、同样工作的人，自信心却大不相同？很多身处社会底层的人，看上去照样牛气烘烘、霸气十足？他们自己决定了自己。

在马云创办阿里巴巴之初，孙正义在很短的时间内就决定投资给他，很大一部分原因就是他看中了马云的自信。孙正义说："我坚信，一切成功都是缘于一个梦想和毫无根据的自信……"

如何增强自信心？基本的方法就是自我暗示，自我激励，建立起自我的身份意识。心理学家认为，人格塑造就是一个自我选择、设计、实践与提升的过程。任何人都可以根据自己的愿望为自己进行定位，并一步步成为自己想成为的那种人。他人可能在一段时期内不认同你的这种定位，这就要看你是否能够为之不断努力，是否有足够的毅力与他人的成见进行斗争。

美国心理医生罗西诺夫忠告推销员："你要推销的第一个对象，是你自己。你越是对自己有信心，越能表现出一种自信的气概。你必须确信自己有权呼吸，有权占有一个空间，而且在任何地方都感到很自在。"地产大亨唐纳德·特朗普的告诫更进一步："自信不是你对自己断断续续地重复：'我会做到'，而是没有任何条件地信任自己。"只要你确信"我就是这种身份的人"，那你差不多就是那样一个人了。

随着时间的推移，习惯成自然，这种由自我暗示、自我激励带来的自信心将会逐步固化，成为自我的一部分。大人物的一些释放强势信号、显示自己身份的举动，我们称之为摆谱，但他们会认为那根本不是用心策划的刻意行为，只不过是与其身份、地位相称的行为，或者说是自己强大信心的不经意外露。如果有人问王志纲，他在老板们面前的"丙方"做派是不是一种摆谱？他绝对不会承认，还会反过来质疑提问者："这就是我的本色啊！我有这个实力和资格，就应该这样行事，有什么不对吗？"

这就是摆谱的高级"境界"：从感觉不自然、不真实到认为理所当然，从煞有介事地刻意而为到成为一种习惯，甚至性格。

沉住气：摆谱的"绷"与"屏"

是否敢于摆谱取决于一个人的自信心，**摆谱的真实感与可信度如何，同样取决于人的自信心**。特别是在紧张的、困难的情况下，能不能沉得住气，"将摆谱坚持到底"，更是取决于其信心是否强大。高明的摆谱者总是表现得信心百倍，镇定自若，即使大军压境，仍然不慌不忙，气定神闲。

诸葛亮的空城计之所以取得成功，他的从容不迫起到了关键作用。当司马懿的前哨向他报告城头的情况时，司马懿开始并不相信。他在城外仔细观察，看到诸葛亮在城楼之上笑容可掬，琴声不乱；而扮作百姓的士兵在诸葛亮的严令之下低头洒扫，旁若无人。司马懿不能不更加怀疑城内有埋伏，下令退兵。

一般人在开始时大都乐意为自己定一个高的身价，但一旦遇到别人的拒绝和抵制，或者自身的处境恶化时，就立即放低身段，委曲求全，甚至露出一副可怜巴巴、摇尾乞怜的神情，与昔日的高昂判若两人。事实上，这样做并不能取得正面的效果，不仅以前摆谱所积累的、提升的形象荡然无存，还会让别人产生报复性的轻视。

一位报纸副刊编辑讲过一个故事：国内某位颇有些名气的作家，文采出众，曾是各报刊专栏争相邀请的对象，据说稿费标准至少千字千元。他受领导指示向这位作家电话约稿，对方一口回绝说，大量的约稿还没来得及写，没时间顾及他们报纸。编辑信以为真，认定这是一位难得的大腕，正想着如何找机会与他套近乎。但没过一个月，这位大腕竟主动把稿子寄过来了。编辑说，他不但没有受宠若惊的感觉，以前的崇拜感也消退了许多。以后对他的来稿，好用则用，稿费也从众。这事在圈内流传开去，该作家的价码猛地大跌。

个人的摆谱与商业谈判及大宗物品的销售过程非常类似，**能否沉得住气，耐力与定力如何（人们称之为"绷"和"屏"），对结果具有直接的影响。**表面上看，它是与对方的对抗，其实是与自己的较量。一旦为自己确定了某种定位（开出了某种价格），如果没有合适的理由和台阶，中途退却、自降身价无异于自乱阵脚，是一件危险的事情。

仍然以王志纲为例。这些年来，王志纲之所以在咨询专家中受到格外的尊敬，很大程度上在于他能够坚守自己的"底线"，抱定达不到条件"宁可不做"的决心。这样确实可能失去了一些利益和机会，但只要绷得住，你就将自己定格在那个位置上。有遭受损失的风险，但也可能赢得更多。

附录

摆谱成功案例

卡拉扬：大师级的摆谱艺术

原柏林爱乐乐团总指挥卡拉扬已经去世20多年，但仍然让这个世界无法忘怀，这不仅是因为他天才般的音乐才华，还因为他高傲、强硬、不可一世的个性。可以毫不夸张地说，卡拉扬既是音乐的大师，也是摆谱的大师。其摆谱手法之纯熟，运用之高妙，令许多在这方面费尽心机的流行歌手望尘莫及。

他这样对待主顾

之所以称他为摆谱的大师，是因为他早在成为公认的音乐大师之前，甚至在自己处境艰难、饥肠辘辘的时候，就已经充分显露出摆谱的"天才"。这是一般人很难做到的——人们大多是在事业有所成就之后，架子才开始变大，手脚才开始变阔。

二次世界大战后，因为卡拉扬曾加入纳粹，苏联当局下令禁止他登台演出，原定的音乐会也取消了。他的工作、生活环境都非常糟糕。他住在一座街区公寓八楼上，同一个不相识的人共住一个房间，既无钱又无工作，甚至连工作的可能性都没有。EMI唱片公司的制作人瓦尔特·列格看到他陷入困境，提出愿意与他合作录制唱片。让列格大开眼界的是，卡拉扬没有马上答应，而是用了半年的时间，与他一点点讨论合同内容，直到完全清楚和满意。列格回忆了当时他们洽谈的经历：

"我给卡拉扬挂电话，问他是否愿意跟我共进午餐，我们好好谈谈这事。卡拉扬说很抱歉，他正要睡觉，但下午4点可以见我。就这样，下午4点我赶到了约定的地点。"

"我们开始了交谈。我试图把谈话引向业务讨论，但他却明显地只想闲聊闲聊……我们差不多天天见面，关于合同的谈判延续了6个月……他并不急于签约。我从未见过任何人能像他那样，处在那样的境况下内心仍那么宁静，那么泰然自若……我们的合作为卡拉扬名利双收奠定了基础。"

如果换了别人，在朝不保夕的情况下，遇到送上门的"美事"，早就乐不可支地把人家抓牢，生怕到手的机会跑掉了。但我们的大师却一点不急，表现得从容不迫，不惜让大主顾一等再等。

他这样对待老板

1954年，柏林爱乐乐团总指挥富特万格勒去世。在几位可能成为继任者的候选人中，卡拉扬的位置最有利。富特万格勒去世的当晚，卡拉扬接到哥伦比亚演出公司总经理安德烈·梅顿斯从纽约打来的电话。安德烈告诉他，富特万格勒同哥伦比亚公司签有明年春天率团访美演出的合同，若要继续履行合同，除非卡拉扬接替指挥，否则哥伦比亚演出公司将宣布该合同取消。卡拉扬回答说，只有在柏林爱乐指定他为富特万格勒的继任者的前提下，他才能同意："有一点是明确的，我不能以试用的身份，而只能以乐团未来指挥的身份赴美。"

对柏林爱乐总指挥的最终任命权在柏林市参议院。柏林参议院给卡拉扬答复，要看他访美演出的结果再作定夺。于是卡拉扬与乐团商定，先以特邀指挥的身份一起去美国巡回演出。卡拉扬给柏林市长鲁伊特挂了个电话，建议就访美一事开个记者招待会，请市长在招待会上当众向他提问，问他访美归来后会不会接手乐团。市长照办了。当市长问他时，他回答说："我非常乐意！"

访美演出期间，乐团选举卡拉扬为他们的新音乐总监（这是柏林爱乐的传统，音乐总监要由乐团全体团员推选）。返回柏林后，这一选举结果得到了参议院的批准。但接下来便是合同之争。"我告诉他们我必须拥有选择经理的权利，"卡拉扬说，"我还对他们讲，合同必须写明我这音乐总监是终身之职。除非我知道自己不会被撤换，我才可能全副热情地投入工作。我还说，要是他们觉得签终身合同有难处，写成99年也成。这对他们来说是破天荒，他们从来还没有签过什么'终身合同'。磨了12年合同一事才最终达成协议，所以在乐团工作头12年我根本就没有合同。我等待着，直到我的要求得以实现。"

卡拉扬的要求最终一一实现。为此他不惜拖延了12个年头，宁可没有合约，也不要一份自己不满意的合约。此后，卡拉扬统治了柏林爱乐30多年，直到1989年心脏病发作倒在排练现场。

他这样对待观众

如今，音乐爱好者一想起卡拉扬，脑子里就会立即浮现出他指挥时那统帅般的雄姿：总是穿着一件高领衫（有时是一件神父式的红色或黑色披风），从头至尾双目微闭，神情冷峻，右手挥舞着指挥棒，左手紧握着拳头，似乎整个柏林爱乐乐团只是他手中的一件乐器，严格按照他的意愿发出他所需要的声音。此情此景，让全世界所有热爱音乐的人都如痴如醉。

卡拉扬绝对不讨好观众。在演出开始之前，他极少进行演前致辞（只有一次，那是二战后在美国的第一次演出，因为有媒体批评他曾是纳粹分子，开演时仅有25位观众，他例外地进行了简短的致辞）；演出过程的间隙，他始终一言不发；演出结束后，他也不会长时间在现场逗留——有时候，他趁着大厅内一片安静,放下指挥棒径自离去。他到哪里去了?有一架直升机停在剧院附近,将他送到千里之外的海边!

虽然有观众声称讨厌他的帝王作风,却心甘情愿地为他付钱,500美元一张的入场券总是销售一空!有人来到剧场,竟然就是为了看他不可一世的神情。有一位维也纳乐评家半开玩笑地说:"哪怕卡拉扬指挥的不是乐团,而是一套立体声音响系统,人们也乐意花钱去看。"

他这样对待乐团成员

卡拉扬曾直言不讳地说:"指挥就意味着专制。"他用铁腕的手法来训导像柏林爱乐这样的超级乐团,使乐团保持良好的纪律秩序。他曾对团员们说:"你们还要什么?要不要投票决定我该怎么指挥?"

他在柏林交响乐团排练马勒的《第五交响曲》,共排练57遍后才感到满意。在维也纳国家歌剧院,一次排练德彪西的歌剧《佩利亚斯与梅丽桑德》时,整整三个月中,他不让乐队休息。乐手们联名提出要休息,卡拉扬执意不允。于是,乐手们开始了集体罢工。无奈之下,院方瞒着卡拉扬,中断排练,放假几天。卡拉扬闻讯后愤然提出辞职。于是,演员、乐手们再次罢工,可这回,是恳请卡拉扬复职。

排练场上的卡拉扬不苟言笑,一脸冰霜,令所有乐手心中充满恐惧。当他不在演出现场时,他的眼神是直视的,很少变动,透露出不容置疑的严厉与权威。柏林爱乐的团员们说,他是一位"威严的父亲"。尽管有人对这种"独裁者"作风有所不满,但仍愿意接受和服从。景仰和怨恨交织在乐手们的心头。

铁腕有时也会遇到难题。1982年,75岁的卡拉扬与乐团成员爆发了一次冲突。由于乐团的一个首席单簧管席位空缺一年多,卡拉扬希望把自己看好的女单簧管手梅耶吸收进来。乐团执行了近百年的内部管理条例中有一条规定:录用新成员的决定由乐团全体成员投票作出,但指挥有否决权。经过对梅耶的试奏与观察，乐团管委会认为一来她年纪太轻，资历尚浅（当时她23岁），二来她的演奏音色与木管乐器组的同事存在着较明显的差异，短时期内难以融合，最终投票否决了卡拉扬的提议。

卡拉扬生气了，他决定向乐团团员宣战！12月3日，他向全体团员写了一封公开信，宣布"乐团的旅行演出、萨尔茨堡音乐节和洛桑音乐节、歌剧和音乐会的录音、电视及电影拍摄以及所有音乐制品的制作，通通暂停"。

这些演出与录音是乐团成员的重要收入来源。卡拉扬试图以"饿死他们"来迫使乐团让步。1983年6月，事情有了转机，乐团答应梅耶试用一年。这使卡拉扬感到满意。不过，梅耶的去留仍是问题。卡拉扬私下警告乐团说，如果梅耶试用期到后被赶走，他将要"采取行动"。也许因为意识到续聘希望渺茫，梅耶自行退团了。愤怒至极的卡拉扬将自己的警告付诸行动，他取消了一场原定由他指挥、柏林爱乐演奏的萨尔茨堡年度音乐会。更让人想不到的是，卡拉扬自掏腰包用飞机接来维也纳爱乐，取代柏林爱乐登台，他甚至不怕麻烦重印了节目单。

对于柏林爱乐来说，这是最大不过的羞辱。乐团书面通知卡拉扬，他们将不参加预定于当年8月在萨尔茨堡音乐节的演出，并威胁要停止与卡拉扬合作拍摄贝多芬九大交响曲的电影。一位乐团成员说："我们要向他证明，我们的权利、我们对乐团机构的责任不是可以出售的。他绝没有想到我们会如此反抗。他终于看到了我们不是闹着玩的。"

卡拉扬也不示弱："他们不能说'我们不演奏'，因为我有终身合同。如果说他们丢了面子，那么没有面子也得演出！"话虽这么说，乐团成员的威胁也是卡拉扬难以承受之重。特别是电影拍摄工程，更是他的命根子，为此他已花费了大笔资金。最后在德国有关部门的协调下，双方相互妥协，重修旧好。

他这样对待自己

卡拉扬对自己的衣食住行、生活消费毫不怠慢。他是古典艺术家中高消费的代表。1938年，当他第一次取得国际上的成功后，就买下了一辆宝马跑车和一艘游艇，并把游艇定名为"卡拉扬号"。他先后购买了多部豪华跑车。到20世纪五六十年代，随着名气的增加，他出入时都有名车接送，还有保镖车队随行。他还喜欢亲自驾驶一部红色保时捷狂驰一番。只要外出演出，他就坚持让乐团住最高级酒店，并鼓励大家穿名牌服饰。

值得一提的是他对私人飞机的喜好。卡拉扬有私人飞机驾驶资格。音乐会前，他经常载着穆特等美女演奏家、歌唱家兜风翱翔。但凡有新机型被他看中，便会立即买进，眼睛都不眨一下。有一次音乐会中场休息时，他和同样拥有飞行驾照和私人飞机的索尼公司总裁大贺典雄聊天。卡拉扬说自己又买了一架喷气式，问及装潢和改造驾驶舱的技巧。大贺说这款喷气式并非最佳款式。说者无心，听者有意，下次两人见面，卡拉扬已经将那架新飞机卖掉，换了大贺建议的款式。

在他人面前，卡拉扬绝口不谈自己的收入和乐团的经营计划。当有记者问及这方面的情况时，他会显得非常生气，直接拒绝。这使他的收入一直是个谜团，直到去世后外界才得以知晓。

从20世纪60年代开始，卡拉扬就投入巨大的资金与精力，将自己指挥的经典曲目拍摄成一部部电影。到1989年谢世，共完成了40多部。他要求画面上尽量少出现演奏者，尽量多地展示他自己，且镜头距离不超过5米。一部长45分钟的交响曲影片，其中可能有41分钟是卡拉扬的特写镜头。为了做到十全十美，他亲自向法国导演克劳泽特学习制片技巧，预拍多次之后才正式开镜，很多影片全部由他亲自剪辑。

虽然大师从事的是古典艺术，但也有和普通人一样多的欲望，金钱、权力、名声、美色……一个都不能少。和普通人不一样的是，他有足够的摆谱资本，也有过人的心智和技巧，在他的手上，摆谱之道被发挥到了登峰造极的地步。通过精心的包装和有力的维护，他为自己塑造了一个权威、高贵、才华横溢、不同凡俗的完美形象，得到了一个指挥家能够得到的最大利益。

卡拉扬摆谱一览

	表 现	手 段
1	与EMI推迟会面时间；谈判持续6个月	让对方等待
2	宁可睡觉不谈合同；引开话题只想闲聊	满不在乎
3	不以试用身份赴美演出；要求在乐团拥有选择经理的权利；要求签订终身聘用合同，为此不惜拖12年	要条件
4	神情冷峻，不苟言笑；总穿着高领衫或者神父式披风；闭眼指挥，拳头紧握	"装腔作势"
5	为录用一位单簧管手之事，对乐团成员威胁并实施经济惩罚	大动干戈
6	购买最新式飞机、豪华跑车、游艇	高消费
7	开飞机载美女兜风、住最豪华宾馆	场所烘托
8	出入名车接送，保镖车队随行	他人烘托
9	将自己的指挥场景录制成多部电影，强调个人的镜头	"自吹自擂"

尽管在批评者的眼中，这是一位玩深沉、耍性格、讲排场、自高自大、目空一切的天王，一位恃才傲物的"独裁者"，但绝大多数人仍对他佩服得五体投地，视若神明。他的地位和声誉甚至超过了一些欧洲国家的元首，所到之处，前呼后拥，众星捧月。

让我们看一下另一位性格不同的指挥家的命运：

20世纪早期另一位著名指挥家米特罗普洛斯，是诠释马勒作品的权威，为人温和、谦恭、与世无争，有"好好先生"之称。但是，就是这位可以称得上德艺双馨的艺术大师，却因为自己的软弱性格，一生都无法在他任职的乐团内树立自己的权威。在很多乐团，一些倚老卖老的乐手总是与他对着干，迫使他下台。米特罗普洛斯不得不从一个乐团转向另一个乐团，从一个舞台走向另一个舞台。因此，他在世时鲜为人知，一直到死后，人们才终于明白了他的伟大。

诸葛亮：求职者的摆谱艺术

《三国演义》中最出彩的故事，当数刘备三顾茅庐请出诸葛亮了。市场营销专家评论说，诸葛亮出山前的一系列作为，都是他为了抬高身价精心设计的，是对自己的整合营销传播。

事实上，《三国演义》是一部在史料基础上创作的小说。"三顾茅庐"除了基本的事实外，大部分的故事情节都是想象和虚构的。与其说是诸葛亮在摆谱，不如说是作者罗贯中在替诸葛亮摆谱——在罗贯中看来，只有如此作为，才能充分显示出诸葛亮智谋、清高的光辉形象；而他之所以选择这些手段，说明这些手段行之有效，能够被公众识别并认同。

诸葛亮在"躬耕陇亩"之时，"每尝自比管仲、乐毅"，又自号"卧龙先生"。管仲、乐毅何许人也？前者是春秋时期的名臣，曾经帮助齐桓公成就霸业；后者是战国名将，曾联合赵楚韩魏攻打齐国，攻占了齐国七十多座城池。尚且混迹于山野之中的诸葛亮敢于如此自吹自擂，虽然有很多人不以为然，但也不得不另眼相看。

正如刘备所言，"大丈夫抱经世奇才，岂可空老于林泉之下？"自视甚高、胸怀大志的诸葛亮岂会甘心永远做个农夫？不过他耐得住性子，沉得住气，没有自己到诸侯门前毛遂自荐，而是等着别人来请他。他知道诸侯争霸，急需人才，有用得着他的时候。

坐在家里消极地等待也是不行的。刘备之所以不惜三顾茅庐请出诸葛亮，很大一个原因就是多位高人的举荐褒奖。先是诸葛亮的好友徐庶在临去曹营之际向刘备专门推荐，接着又有当地名士司马徽在造访刘备之时大加褒奖。一个说诸葛亮好比麒麟鸾凤，有经天纬地之才，若得此人相助，不愁天下不定；一个说诸葛亮自比管仲、乐毅还是谦虚了，"可比兴周八百年之姜子牙，旺汉四百年之张子房也（按：张子房即帮助刘邦夺得江山的大将军张良）"。而徐庶和司马徽二人，前者是在刘备手下立有显赫战功的将领，后者是刘备非常崇敬的高人。这样两个人的极力赞扬，把急于争天下的刘备的胃口吊到了半空，恨不得立刻把诸葛亮网罗到自己麾下。难怪今天不少人力资源专家说，徐庶与司马徽都是诸葛亮的"职托"。

于是刘备准备了礼物，带着关羽、张飞去隆中拜访。第一次，诸葛亮一早就出门了。童子说，诸葛亮出门有两个"不定"：踪迹不定，归期不定。过了数日再去，诸葛亮头一天又被朋友崔州平约出去闲游了。其弟诸葛均说，这闲游是"或驾小舟游于江湖之中，或访僧道于山岭之上，或寻朋友于村落之间，或乐琴棋于洞府之内"，也是"往来莫测，不知去所"。童子与弟弟的一番叙述，更增添了诸葛亮的神秘色彩。

刘备在返程时回望诸葛亮的住处，但见"隆中景物，果然山不高而秀雅，水不深而澄清；地不广而平坦，林不大而茂盛；猿鹤相亲，松篁交翠"。此种素朴、雅致的环境，很好地烘托出居住者清高的品性。

有人戏谑地说，刘备在前往诸葛亮的草庐途中遇到的樵夫、农民、小孩，包括诸葛亮的朋友、弟弟、岳父，也都是诸葛亮精心安排的"托儿"。诸葛亮事先在刘备很可能来找他的路线上，教给樵夫和农民一首歌谣，歌中唱道："南阳有隐居，高眠卧不足！"他还找来当地的小孩子，让他们四处传唱美化自己的儿歌："卧龙，凤雏，二人得一，可得天下"，谁唱得好给谁糖吃。然后，又请来他的其他几位好友，让他们在刘备必经之路守着，给他当这个"托儿"。最后，请自己的岳父黄老先生也客串了一把。

刘备第三次出发前，斋戒三日，沐浴更衣。这一回倒去对了，诸葛亮前一天晚上回家。可是他并没有迎出来相见，大白天还仰卧在草堂几席上睡大觉。刘备不愿打扰，要等他睡到自然醒。这诸葛亮也怪，八辈子没睡过觉似的，"半晌，先生未醒"。又等多时，只见诸葛亮"翻身将起"，"忽又朝里壁睡着"。这样，刘关张又站了一个时辰，诸葛先生才吟着"草堂春睡足"的诗句醒来。让刘备一等再等，既考验了他的耐心，又进一步增加了他的急切之情。

这还不算完。诸葛亮起来后得知"刘皇叔在此立候多时"，也不急着相见，斥责童子"何不早报"，然后转入后堂更衣。人靠衣裳马靠鞍，这脸面上的事哪能不讲究？"又半晌，方整衣冠出迎"。出现在刘备面前的孔明，"身长八尺，面如冠玉，头戴纶巾，身披鹤氅，飘飘然有神仙之概"。

终于见到了。刘备诚心诚意邀请诸葛亮出山相助，诸葛亮却是再三推辞。书中勾画了他们的对话——

"茶罢，孔明曰：'昨观书（按：指刘备上次拜访时留下的书信）意，足见将军忧民忧国之心；但恨亮年幼才疏，有误下问。'

"玄德（按：玄德是刘备的字）曰：'司马德操（按：德操是司马徽的字）之言，徐元直（按：元直是徐庶的字）之语，岂虚谈哉？望先生不弃鄙贱，曲赐教诲。'

"孔明曰：'德操、元直，世之高士。亮乃一耕夫耳，安敢谈天下事？二公谬举矣。将军奈何舍美玉而求顽石乎？'

"玄德曰：'大丈夫抱经世奇才，岂可空老于林泉之下？愿先生以天下苍生为念，开备愚鲁而赐教。'

"孔明笑曰：'愿闻将军之志。'"

在诸葛亮道出"三分天下"的"隆中对"之后，刘备拜请诸葛亮"不弃鄙贱，出山相助"，并表示"当拱听明诲"，但诸葛亮还是称自己"久乐耕锄，懒于应世，不能奉命"。直到刘备哭着说："先生不出，如苍生何！"泪沾袍袖，衣襟尽湿。诸葛亮见其意甚诚，这才说："将军既不相弃，愿效犬马之劳。"

然后，刘备让关羽、张飞进来，拜献黄金与布匹等礼物。诸葛亮坚持推辞不受。刘备说，这不是聘大贤之礼，只是表示我的一点心意。诸葛亮方才接受。

在作者罗贯中看来，似乎不经过如此的三请四推，就不足以表明刘备的完全诚意，不足以渲染出诸葛亮作为"卧龙"的身价。

整个三顾茅庐的过程，可以说是一部求职者的摆谱大全。诸葛亮以一介山野村夫之身，要想得到一个好单位和好工作，本是一件需要自己放低姿态、全力争取的事。俗话说，人在屋檐下，怎能不低头？连李白这样才高八斗的狂狷之士，为了谋得一份差事，也写出了《与韩荆州书》这样溜须拍马、百般奉迎的文字，但诸葛亮却镇定自若，通过一系列精巧的摆谱设计，变被动为主动，不仅在职位上如愿以偿，还获得了老板的高度器重与尊敬。其间的自信与技巧，非后世的求职者所能比拟。

"三顾茅庐"中诸葛亮摆谱一览

	表　现	手　段
1	"每尝自比于管仲、乐毅"	"自吹自擂"
2	自号"卧龙先生"	运用名号
3	居于卧龙冈前疏林内的茅庐中	场所烘托
4	徐庶、司马徽、村夫等人极力褒扬	他人烘托
5	隐居于偏远之地；行踪不定	神秘主义
6	等刘备主动找他	"守株待兔"
7	两次来而未见；让刘备在堂前等他睡醒，起来后又更衣，半晌方出	让对方等待
8	头戴纶巾，身披鹤氅，有神仙之概	"装腔作势"
9	交谈中多次表明"懒于应世，不能奉命"；坚持推辞不受聘礼	拒绝

萨达姆：囹圄中的摆谱艺术

2003年12月，伊拉克前总统萨达姆·侯赛因非常狼狈地被美军从地洞里揪出。长时间暗无天日的地洞生活，使萨达姆变得非常虚弱，出现在电视画面上的他毫无斗志，仿佛一只任人宰割的羔羊。被美军关押后，萨达姆慢慢从虚弱中恢复，逐渐找回了昔日的强人感觉。即使已沦为阶下囚，他仍然时时强调自己是合法的伊拉克总统，神情傲慢，言辞犀利，一副统治者的做派。

2004年6月30日，在美英占领军已经将主权交给了伊拉克临时政府后，伊拉克特别法庭到秘密监狱里办理萨达姆的"法律移交"手续。萨达姆让法官们在一个房间里等了足足15分钟，才不紧不慢地踱了进来。在接下来的5分钟时间里，萨达姆显得非常蔑视在场的所有人：满屋子里的人都站着，可他却一屁股坐在椅子上，脸上充满不屑的表情。当主审法官沙拉比向萨达姆宣读他享有的权利，通告他当天将在特别法庭上接受公开传讯的时候，萨达姆非常傲慢地开口了："我是萨达姆·侯赛因·阿尔马吉德，伊拉克共和国总统。你今天是要传讯我吗？"

从2005年10月19日起，伊拉克特别法庭对他进行了多次公开的审理。萨达姆在法庭上始终摆出一副总统姿态，其精彩性大大超出了媒体的预料。庭审一开始，萨达姆就宣布"这个法庭没有合法性""我不承认这个法庭"。他还找到了一项特别武器：拒绝合作——即使是法官询问姓名这样一个程序性的问题，萨达姆也拒不回答："你们都知道我的名字，你们还问我做什么？我根本就不承认你们。"

不仅不回答，他还一再盯着法官质问："你是谁？我想知道你是谁？""你们到底是为谁服务的？你们到底受了谁的指使？"

在庭审过程中，他任意打断法官的讲话，广受国际社会关注的特别法庭只能忍之又忍。

他还以居高临下的口吻指着法官说："我是你的总统。我是你长达30年的领导人。在来到这个法庭之前，我从没见过你。假如我曾经在路上遇见过你，我不会不认得！"

在2005年11月28日第二次开庭审理时，有一个代表性的情节：主审法官阿明让萨达姆在文件上签字，他突然开始了他长篇的"开场陈述"。他向法官阿明抱怨：由于电梯故障，他不得不戴着手铐，拿着《古兰经》，在"外国卫兵"看押下爬了4层楼梯。因此，耽搁了很长时间才进入法庭。阿明平静地说，他会告诉警察，以后不要再发生这种情况。这时，萨达姆突然打断法官说："你是主审法官。我不希望你'告诉'他们，我要你'命令'他们。他们在我们的国家。你有主权。你是伊拉克人，而他们是外国人和占领者。他们是侵略者，你应该命令他们。"这种"义正词严"的突然爆发，受到了电视机前的很多支持者的欢呼。

在审判过程中，萨达姆大多数时候高昂着头颅，时常突然用手指着主审法官厉声呵斥，或者敲打桌子振臂高呼，俨然他仍然是伊拉克的当权者！两任主审法官阿明和阿米里因为管不住萨达姆的嘴，任由他咆哮公堂而被迫辞职。

在来到和离开法庭时，萨达姆走路大摇大摆，看上去神情振奋。他一上来就用一句常用的阿拉伯问候语向人们打招呼："愿和平降临你（意思相当于'你好'）。"在审判中短暂休息的时候，萨达姆向其他被告微笑，说大家的样子与最后一次见面时有了很大改变。在法官宣布休庭或者他被强制带离法庭时，他都会微笑着面对电视镜头。这些轻松、自信的举动，是胜利者、强势者的信号，萨达姆以此表明自己胜券在握（起码是道义上的），斗志昂扬。他说："就算我下地狱，我也不会表现出任何的痛苦表情，我是不会让你们称心如意的！"

王者不会被眼泪和控诉吓倒。当5名证人声泪俱下地控诉23年前那桩"屠村血案"时，萨达姆摆出最傲慢的神情在一旁聆听，眼神中满是不屑。

美国的肢体语言专家从他的行为中发现了一些典型的强势信号（萨达姆曾接受过专门的肢体语言培训）：他有时手里拿着笔在空中舞动，这是明显的进攻性、威胁性姿势；有时候他两只手的指尖顶在一起，这种"塔顶姿势"是一些曾经有权的人在需要赢得主动权或者自控权时作出的；他经常专注地瞪视法官，"像激光束一样想穿透你的身体"，这是"想让提问者感到害怕"。

值得一提的是，即使在遍布美国警卫的法庭上，萨达姆每次出现仍会受到总统级别的礼遇，被告席上的其他7名同伴每次都不忘起身迎接"总统先生"的到来。他那同母异父的兄弟巴尔赞甚至亲吻他的头来表示尊敬。萨达姆把自己在法庭上的"君王言行"作为赢得审判的一项策略，而其他几名同案被告在其中扮演着重要角色。

可以肯定，萨达姆在法庭上的一举一动都经过了认真的策划和准备。美国《时代》周刊评论说，萨达姆在法庭上的表演，也许并不能为他在法律上争取什么优势，但是作为他最后的宣传作品，萨达姆为自己塑造了一个与压倒性势力奋力斗争的传统阿拉伯英雄形象。虽然有专家还是在他身上发现一些"被击败"的迹象，不少反对者也不以为然地给予嘲笑，但总体上看，他后来的作为大大洗刷了他刚被揪出地洞时的狼狈与耻辱。守在电视机前的支持者们奔走相告：萨达姆是个英雄！他的"临危不惧的英雄气概"，大大鼓舞了支持者们的士气。在他的家乡提克里特，每一次审判都会引来大批追随者示威游行、高呼口号以示忠诚。不少电视观众对他奋力维护自己尊严的毅力感到同情。

萨达姆的摆谱是最艰难的摆谱。在非常不利的情况下，他先后运用了拒绝、"装腔作势"、运用名头、大动干戈、满不在乎、他人烘托等多种摆谱手段。这一事例也证明，即使在牢笼之中，一个人也有摆谱的权利。

（完）

主要资料来源

① 知识经济》，2004年7月号，作者刘韧。

② 《第一财经日报》，2006年4月10日，作者霍宇力、袁飞。

③ 《南京晨报》，2004年11月29日，作者周璇。

④ 《环球工商》，2006年第10期。

⑤ 《IT经理世界》，2005年第11期，作者闫文健。

⑥ 《解放日报》，2005年4月23日，作者丁波。

⑦ 《成都日报》，2005年1月21日，作者周洁。

⑧ 《中国财富》，2004年6月号，作者尹春洋。

⑨ 《中国企业家》，2002年7月号，作者边杰。

⑩ 《浙商》，2005年10月号。

⑪ 综合《IT经理世界》2005年第10期、《时尚家居置业》2005年9月号等媒体报道。

⑫ 《IT经理世界》，2005年第10期，作者闫文健。

⑬ 《财富》中文版，2004年7月号，作者路易斯·克拉尔。

⑭ 《外滩画报》，2006年1月27日，作者曾进、赵家当。

⑮ 《第一财经日报》，2005年11月25日，作者郝倩。

⑯ 《大公报》，2003年6月5日。

⑰ 《道路与梦想——我与万科20年》，王石、缪川川著，中信出版社2006年版。

⑱ 《沈阳日报》，2006年3月4日，作者陈凤军。

⑲ 《民营经济报》，2004年3月30日；《南京晨报》，2006年2月27日。

⑳ 《楚天都市报》，2004年11月8日，作者梅军、黄宏。

㉑ 综合《中国新闻周刊》《北京青年周刊》、上海电视台等媒体报道。

㉒ 综合《新闻午报》《新闻晨报》《外滩画报》等媒体报道。

㉓ 《半岛都市报》，2006年3月4日，作者杜恩湖。

㉔ 中央电视台《经济半小时》2003年12月报道。

㉕ 《环球企业家》，2006年第2期。

㉖ 《南都周刊》，2006年10月号。

㉗ 《三联生活周刊》，2007年第4期。

㉘ 综合《人民日报》《北京日报》《北京青年报》等媒体报道。

㉙ 《南方人物周刊》，2006年5月号，作者易立静。

㉚ 《中国企业家》，2006年第12期。

㉛ 《王石这个人》，作者周桦，中信出版社2006年版。

㉜ 《我与商业领袖的合作与冲突》，作者李玉琢，当代中国出版社2006年版。

㉝ 《赢周刊》，2006年9月5日，作者魏川。

㉞ 《新周刊》，2005年第10期，作者张冠仁、胡赳赳。

㉟ 综合中新社2004年12月13日、《IT经理世界》2004年第14期、第一财经频道《中国经营者》2005年3月25日报道。

㊱ 新华社2006年4月6日消息，作者邬焕庆、万一、邹兰。

㊲ 综合《21世纪经济报道》《中华工商时报》《中外管理》《中国商业评论》《商界名家》等媒体报道。

参考书目

1. 《有闲阶级论》，（美）托尔斯坦·凡勃伦（Thorstein Veblen）著，蔡受百译，商务印书馆1964年版。
2. 《格调：社会等级与生活品位》，（美）保罗·福塞尔(Paul Fussell)著，梁丽真等译，广西人民出版社2002年版。
3. 《大狗——富人的物种起源》，（美）理查德·康尼夫(Richard Conniff)著，王小飞、李娜译，新世界出版社2004年版。
4. 《博弈游戏》，白波著，哈尔滨出版社2004年版。
1. 《有闲阶级论》，（美）托尔斯坦·凡勃伦（Thorstein Veblen）著，蔡受百译，商务印书馆1964年版。
2. 《格调：社会等级与生活品味》，（美）保罗·福塞尔(Paul Fussell)著，梁丽真等译，广西人民出版社2002年版。
3. 《大狗——富人的物种起源》，（美）理查德·康尼夫(Richard Conniff)著，王小飞、李娜译，新世界出版社2004年版。
4. 《博弈游戏》，白波著，哈尔滨出版社2004年版。
5. 《第三种生存——王志纲社会经济观察录》，王志纲著，中国美术出版社2005年版。
6. 《你的形象价值百万：世界形象设计师的忠告》，英格丽·张著，中国青年出版社2005年版。
7. 《比尔·盖茨全传》，于成龙著，新世界出版社2005年版。
8. 《卡拉扬传》，（美）罗杰·佛汗著，杨荣鑫译，群众出版社1999年版。
9. 《中国中产阶层调查》，周晓虹著，社会科学文献出版社2005年版。
10. 《清代官场图记》，李乔著，中华书局2005年版。
11. 《文明的进程》，诺贝特·埃利亚斯著，三联书店1998年版。
12. 《搜索百度李彦宏》，汪瑞林著，经济日报出版社2006年出版。
13. 《忠诚的代价——美国前财长保罗·奥尼尔眼中的布什和白官》，罗恩·萨斯坎德著，李星健 宋宁、张帆、舒杭生译，人民文学出版社2004年版。

（京）新登字083号

图书在版编目（CIP）数据

摆谱：身份的潜规则/余不讳著. —北京：中国青年出版社，2012.11

（心理魔方系列）

ISBN 978-7-5153-1270-5

Ⅰ.①摆…　Ⅱ.①余…　Ⅲ.①成功心理–通俗读物
Ⅳ.①B848.4–49

中国版本图书馆CIP数据核字（2012）第275947号

责任编辑　李　凌
装帧设计　华夏视觉·李彦生

出版发行	中国青年出版社
社　　址	北京东四十二条21号　邮政编码：100708
网　　址	www.cyp.com.cn
门 市 部	(010)57350370
编 辑 部	(010)57350520
印　　刷	三河市君旺印装厂
经　　销	新华书店
规　　格	700×1000　1/16
印　　张	23.75印张
字　　数	300千字
版　　次	2012年12月北京第1版
印　　次	2012年12月河北第1次印刷
定　　价	36.00元

本图书如有印装质量问题，请凭购书发票与质检部联系调换
联系电话：(010)57350337